"十四五"普通高等教育本科部委级规划教材

服装材料实验技术

王　旭　韦玉辉　主　编
何海洋　胡宝继　副主编

中国纺织出版社有限公司

内 容 提 要

本书为"十四五"普通高等教育本科部委级规划教材。

本书系统介绍了服装材料的实验技术，内容包括实验数据统计与分析、基础实验设备操作方法等基础知识，服装材料的基本结构参数、微观结构与热学性能测试和分析，织物的力学性能、舒适性、外观性、尺寸稳定性、色牢度、功能性测试，以及羽绒羽毛性能测试。

本书主要作为高等纺织服装院校教材，也可供相关专业师生、纺织服装企业、技术监督部门和科研院所的工程技术人员及营销人员参阅。

图书在版编目（CIP）数据

服装材料实验技术 / 王旭，韦玉辉主编；何海洋，胡宝继副主编 . -- 北京：中国纺织出版社有限公司，2024. 10. --（"十四五"普通高等教育本科部委级规划教材）. -- ISBN 978-7-5229-2128-0

Ⅰ. TS941.15-33

中国国家版本馆 CIP 数据核字第 20248Y2C15 号

责任编辑：苗 苗　责任校对：高 涵　责任印制：王艳丽

中国纺织出版社有限公司出版发行
地址：北京市朝阳区百子湾东里 A407 号楼　邮政编码：100124
销售电话：010—67004422　传真：010—87155801
http://www.c-textilep.com
中国纺织出版社天猫旗舰店
官方微博 http://weibo.com/2119887771
三河市宏盛印务有限公司印刷　各地新华书店经销
2024 年 10 月第 1 版第 1 次印刷
开本：787×1092　1/16　印张：19.5
字数：379 千字　定价：59.80 元

凡购本书，如有缺页、倒页、脱页，由本社图书营销中心调换

前　言
PREFACE

　　近年来，纺织服装工业发展日新月异，各类新型服装材料层出不穷。随着消费者对服装功能性、舒适性等需求的日益增加，相应的材料检测项目也随之增多，并对测试技术提出了更高的要求，检测标准不断推陈出新，服装材料实验教学内容也有了较大的改变。

　　为培养高水平应用型、创新型人才，提高学生开展服装材料实验研究和科技创新活动的能力，本书的编写团队在参考现行纺织服装标准以及相关参考文献的基础上，结合多年的科研实践和教学经验，编写了这本《服装材料实验技术》。执笔者均为长期从事纺织服装材料研究及检测的优秀教师和高水平工程技术人员，实践经验丰富，专业能力突出，参编单位涉及纺织服装院校、企业、海关、研究院等。本书理论性和实用性较强，可作为纺织服装院校"纺织材料实验"及"服装材料实验"等课程的基础实验教材，也可作为毕业设计、创新创业、科研项目等综合性实践活动的参考书目，此外还可作为服装企业、研究院所、技术监督部门等企事业单位的产品检验、开发及性能分析的参考资料。在高校的实际教学活动中，可根据具体教学要求、学生专业方向和课时数选择相关内容。

　　本书主要内容有以下几个方面。

　　（1）以理论和实践相结合的方式，结合具体实例介绍服装材料检测中的实验数据统计与分析方法，包括误差与抽样、样本统计、参数估计、假设检验、方差分析、相关分析和回归分析。

　　（2）详细介绍了服装材料基础实验设备的操作方法、基本结构参数测试与鉴别分析、材料微观结构与热学性能测试方法。

　　（3）重点介绍了服装面料的力学性能、舒适性、外观性、尺寸稳定性、色牢度、功能性的测试方法与操作步骤，并对各项性能的影响因素进行剖析。

　　（4）介绍羽绒羽毛类材料成分、分类及基本性能的测试方法。

　　本书共分十一章，由河南工程学院、安徽工程大学、江南大学、惠州学院、上海嘉麟杰纺织科技有限公司、河南省纤维纺织产品质量监测检验研究院、上海海关工业品与原材料检测技术中心等多所高校和企事业单位共同编撰而成，具体分工如下：

第一章   河南工程学院   胡宝继、徐文青、王旭

第二章   河南工程学院   王旭

河南省纤维纺织产品质量监测检验研究院   余秀艳、胡广

第三章   河南工程学院   王旭

河南省纤维纺织产品质量监测检验研究院   刘洋

上海嘉麟杰纺织科技有限公司   王怀峰

第四章   河南工程学院   胡宝继

第五章   河南工程学院   何海洋

第六章   河南工程学院   王旭

第七章   安徽工程大学   韦玉辉

河南工程学院   何海洋、李亚娟

第八章   安徽工程大学   韦玉辉

第九章   安徽工程大学   韦玉辉

第十章   河南工程学院   王旭、杨雅岚

惠州学院   冯倩倩

安徽工程大学   韦玉辉

第十一章   江南大学   王清清

上海海关工业品与原材料检测技术中心   彭程程

全书整体构思和统稿由河南工程学院王旭负责完成。本书由王旭、韦玉辉担任主编，何海洋、胡宝继担任副主编。

本书得到了河南工程学院、安徽工程大学的资助，以及河南工程学院相关领导和同事们的关心和支持，万腾淑、徐忠林等同学的协助，编者在此表示衷心感谢。此外，本书在编写过程中参考了许多标准、教材、专著、论文、仪器说明书（宁波纺织仪器厂、南通宏大实验仪器有限公司等企业提供）等，引用了一些相关图表、资料等，编者在此谨向各位作者和相关工程技术人员表示诚挚的感谢。

由于编者的能力和水平有限，本书难免存在疏漏之处，欢迎广大读者批评指正，提出宝贵意见。

编   者

2024 年 8 月

教学内容及课时安排

章（课时）	课程性质（课时）	节	课程内容
第一章 （3课时）	理论与基础 （5课时）	·	实验数据统计与分析
		一	误差与抽样
		二	样本统计
		三	参数估计
		四	假设检验
		五	方差分析
		六	相关分析与回归分析
第二章 （2课时）		·	基础实验设备的操作方法
		一	服装标准
		二	实验用标准大气及试样调湿
		三	天平的操作
		四	恒温恒湿箱的操作
		五	服装材料的含水率和回潮率测试
第三章 （3课时）	方法与实践 （27课时）	·	织物结构参数测试与鉴别分析
		一	纤维鉴别分析
		二	织物中拆下纱线线密度测试
		三	织物匹长与幅宽测试
		四	织物厚度测试
		五	机织物密度与紧度测试
		六	针织物密度和线圈长度测试
		七	织物单位面积质量测试
		八	机织物鉴别分析
第四章 （3课时）		·	服装材料的微观结构与热学性能测试
		一	傅里叶变换红外光谱测试
		二	X射线衍射分析测试
		三	显微激光拉曼光谱测试
		四	紫外可见近红外光谱测试
		五	扫描电子显微镜测试
		六	差示扫描量热法热分析测试
		七	热重分析测试
第五章 （4课时）		·	织物力学性能测试
		一	织物拉伸性能测试
		二	织物拉伸弹性测试
		三	织物撕裂性能测试
		四	织物顶破性能测试
		五	织物耐磨性能测试
		六	织物接缝滑移性能测试
		七	织物硬挺度测试
		八	织物胀破性能测试
第六章 （3课时）		·	织物舒适性测试
		一	织物透气性测试
		二	织物透湿性测试
		三	织物热湿传递性（热阻和湿阻）测试
		四	织物吸水性（毛细效应）测试
		五	织物速干性测试
		六	织物接触冷暖感测试

续表

章（课时）	课程性质（课时）	节	课程内容
第七章 （3课时）	方法与实践 （27课时）	·	织物外观性测试
		一	织物折痕回复性测试
		二	织物抗起毛起球性测试
		三	织物抗勾丝性测试
		四	织物免烫性测试
		五	织物褶裥持久性测试
		六	织物悬垂性测试
		七	织物光泽度测试
第八章 （2课时）		·	织物尺寸稳定性测试
		一	织物尺寸不稳定的诱因分析
		二	织物缩水率测试
		三	织物干热熨烫收缩率测试
		四	织物经汽蒸处理后尺寸变化率测试
第九章 （3课时）		·	织物色牢度测试
		一	织物耐摩擦色牢度测试
		二	织物耐皂洗色牢度测试
		三	织物耐汗渍色牢度测试
		四	织物耐唾液色牢度测试
		五	织物耐干洗色牢度测试
		六	织物耐刷洗色牢度测试
		七	织物耐热压色牢度测试
第十章 （3课时）		·	织物功能性测试
		一	织物亲水性测试
		二	织物防水性测试
		三	织物阻燃性测试
		四	织物抗静电性能测试
		五	织物防紫外线性能测试
		六	织物防电磁辐射性能测试
		七	织物防钻绒性测试
第十一章 （3课时）		·	羽绒羽毛性能测试
		一	成分分析测试
		二	鹅、鸭毛绒种类鉴定
		三	蓬松度测试
		四	耗氧量测试
		五	残脂率测试
		六	浊度测试
		七	气味等级测试
		八	酸度（pH值）测试

　　注　本教材适用的专业方向包括：服装设计与工程、纺织工程、纺织材料与纺织品设计等。总课时为32课时。各院校可根据自身教学特色和教学计划对课程时数进行调整。

目 录
CONTENTS

理论与基础

方法与实践

第一章
实验数据统计与分析

章节名称：实验数据统计与分析　　　　**课程时数：3 课时**

教学内容：

　　误差与抽样

　　样本统计

　　参数估计

　　假设检验

　　方差分析

　　相关分析与回归分析

教学目的：

　　通过本章的学习，学生应达到以下要求和效果：

　　1. 了解实验数据统计的目的和衡量指标。

　　2. 学习并掌握实验数据统计与处理的方法。

教学方法：

　　讨论法、讲授法。

教学要求：

　　在掌握各类实验数据处理方法的基础上，进行实验案例数据处理和理论分析。

教学重点：

　　掌握样本统计、参数估计、假设检验、方差分析和回归分析等数据处理方法。

教学难点：

　　有针对性地根据实验数据特点，设计科学的实验方案及数据处理方案。

在生产实践和科研实验中，实验数据的科学统计和处理是发现问题、分析问题、解决问题的基础，也是反映事物的客观规律和内在联系的根本。掌握实验数据统计与分析的基本方法是科学设计实验方案、开展实验研究工作的前提，本章重点介绍误差与抽样、样本统计、参数估计、假设检验、方差分析、相关分析和回归分析等基本理论和数据处理方法。

第一节
误差与抽样

服装材料的各种测量，实际上都只能局限于全部材料中极微小的一部分，一般情况下都是从被测对象的总体中，抽取一部分个体进行实验，从而获得实验数据。

一、抽样方法

从总体中抽取一部分个体，简称抽样。根据抽取方式不同，可以得到不同的抽样方法，常见的抽样方法包括以下五种。

1. 纯随机抽样

纯随机抽样又称简单随机抽样，是在总体中以完全随机的方法抽取一部分个体组成样本（即每个个体有同等的概率被选入样本）。常用的方法是先对总体中全部个体进行编号，然后用抽签、随机数字表或计算机产生随机数字等方法，从中抽取一部分个体组成样本。其优点是简单直观，缺点是当总体较大时，难以对总体中的个体一一进行编号，且抽到的样本较分散，不易组织调查。

2. 系统抽样

若总体中的所有个体都有一个顺序排列号码，则可以先在给定的范围内随机抽取一个初始个体，然后按照事先确定好的，由初始个体确定样本中其他个体的一套规则抽取个体，这种方法被称为系统抽样或机械抽样。系统抽样中常见的一种方式是等距抽样，即先把总体中的所有个体排序，随机抽取一个初始个体，然后按照等间隔的原则抽取其他个体。系统抽样的主要优点是实施简单，只需要先随机抽取第一个个体，之后的个体按规定抽取即可。

3. 整群抽样

整群抽样就是按照一定的原则将总体分割成若干子总体，每个子总体称为一群，在这些群中随机抽取一些群，将抽出的群中的所有个体合在一起作为样本。整群抽样在分割群时，要使关心的特征指标在各个群中的分布相接近，每个群都可以很好地代表总体。该方法便于实施，节省费用，因而广受实际工作者的欢迎。整群抽样的主要缺点是精度差，效率不高。

4. 分层抽样

分层抽样就是按照一定的原则将总体分割成若干子总体，每个子总体称为一层，在每个层中单独地随机抽样，再把各个层抽出的样本合在一起作为样本。分层抽样的分层原则与整群抽样的分割原则相反。在实际问题中，人们关心的是总体的某项指标。在分层时，层与层之间个体的该项指标特征应该有区别，可按照所关心特征指标的大小将总体分割成若干不同的层。分层抽样组织实施起来比较方便，而且精度高，样本具有较好的代表性。

5. 多阶段抽样

多阶段抽样是将整个抽样过程分为两个或两个以上阶段，每个阶段使用的抽样方法可以不同，分步开展。例如，以一个学校作为总体，抽取若干班级，在抽中的班级中再抽取部分学生，就属于二阶段抽样。多阶段抽样的优点是便于组织抽样，由于各阶段可根据具体情况采用不同的抽样方法，这使抽样方式更加灵活和多样化，而且精度较高；其主要缺点是抽样过程较为麻烦，而且以样本对总体进行估计的过程比较复杂。

二、抽样调查中的误差

在抽样过程中，有很多因素可能使样本中的数据产生错误并导致错误的结论。因此应该分析产生错误的原因，以便减少错误。

1. 抽样误差

抽样误差是由于抽取样本的随机性造成的样本值与总体值之间的差异，只要采用抽样调查，抽样误差就不可避免。抽样误差的表现形式一般有三种：抽样实际误差、抽样标准误差和抽样极限误差。

（1）抽样实际误差：是指抽样估计值与总体指标值之间的离差，表示为 $\hat{\theta} - \theta$。

（2）抽样标准误差：是衡量抽样误差大小的核心指标，它就是抽样估计量的标准差，表示为 $\text{SE}(\hat{\theta}) = \sqrt{D(\hat{\theta})}$。

（3）抽样极限误差：是指以样本估计总体在某种概率意义下所允许的最大误差范围，通常用 Δ 来表示，即 $|\hat{\theta} - \theta| \leqslant \Delta$。称 Δ/θ 为抽样相对允许误差，一般表示为 γ。

在抽样调查中，抽样误差虽然无法消除，但可以运用数学公式计算并对其进行控制，控制抽样误差的根本方法就是改变样本容量。在其他条件相同的情况下，样本容量越大，抽样误差越小。通常情况下，抽样误差与样本容量的平方根大致成反比。

2. 非抽样误差

非抽样误差是相对于抽样误差而言的，它的产生不是由于抽样的随机性，而是其他多种因素引起的估计值与总体参数之间的差异。例如，由于调查计划不周，调查对象范围划分不清而产生的误差；在对总体中所有个体编号过程中，重复或遗漏了一些个体的编号而造成的误差；采集数据时，由于无回答或回答有误造成的误差；填写或录入调查数据时因失误产生的误差等。非抽样误差不能通过增加样本容量加以控制，只有在抽样调查的各个环节中实施各种质量保证措施才能加以控制。

思考题

在人体尺寸测量过程中，如何合理控制抽样误差和测量误差，以提高参数估计的准确性？请举例说明可能影响抽样误差和测量误差的因素，并提出相应的解决措施。

第二节
样本统计

实验测试结束后，需要对获取的实验数据进行整理和分析，以便从中寻找有用的信息，并把这些信息用某种方式表达出来，样本的统计特征数字和统计图表都是表达总体信息的方法。

一、样本的统计特征数字

从样本中提取总体信息时，常用的一种方法就是构造样本的函数，不同的样本函数刻画总体的不同特征。以下介绍一些常用的刻画样本分布的中心位置、离散程度和分布形态的统计特征数字。

为了方便，记 x_1，x_2，$\cdots$，x_n 是来自总体的一组样本数据。

1. 刻画中心位置的统计特征数字

（1）样本均值：称 $\bar{x}$ 为样本均值，简称均值，其中：

$$\bar{x} = \frac{1}{n}\sum_{i=1}^{n} x_i$$

均值对于大多数数据来说，是一种令人满意的刻画中心位置的度量，它的缺点是对极端值太敏感。

（2）众数：称 x_1，x_2，$\cdots$，x_n 中出现次数最多的数为众数，用 M_0 表示。如果样本数据中每个数出现的次数都相同，那么它就没有众数。如果样本数据中有两个或两个以上的数出现次数相同，且出现次数超过其他数，那么这几个数都是众数。众数的优点在于不受极端值的影响。

（3）中位数：将数据 x_1，x_2，$\cdots$，x_n 按从小到大排序，记为 $x_{(1)} \leqslant x_{(2)} \leqslant \cdots \leqslant x_{(n)}$。称 $M_{(e)}$ 为该组数据的中位数，其中：

$$M_e = \begin{cases} x_{\left(\frac{n+1}{2}\right)}, & 若n是奇数 \\ \dfrac{x_{\left(\frac{n}{2}\right)} + x_{\left(\frac{n}{2}+1\right)}}{2}, & 若n是偶数 \end{cases}$$

简单来讲，中位数就是数据按顺序排列后位于中间位置的那个数。它刻画了样本数据的中间位置，与众数类似，它的显著特点是对数据中的极端值不敏感，具有稳健性。

2. 刻画离散程度的统计特征数字

（1）样本方差和样本标准差：称 s^2 为样本方差，其中：

$$s^2 = \frac{1}{n-1}\sum_{i=1}^{n}(x_i - \bar{x})^2$$

称 $s = \sqrt{s^2}$ 为样本标准差。若 s^2（或 s）越小，则数据取值越集中；若 s^2（或 s）越大，则数据取值越分散。

（2）极差：将 x_1，x_2，$\cdots$，x_n 按从小到大排序，最大值与最小值的差称为极差，极差通常用 R 表示，即

$$R = x_{\max} - x_{\min}$$

显然，R 越大，数据取值越分散；R 越小，数据取值越集中。但是用极差表示数据波动时，因为它只利用了数据两端的信息，所以容易受极端值的影响。另外，由于极差没有充分利用数据提供的信息，因此反映实际情况的精度较差。

（3）四分位差：数据从小到大排序后位于25%和75%位置上的数，即四分位点。通常将位于25%位置上的数称为第一四分位数，记为 Q_1；位于75%位置上的数称为第三四分位数，记为 Q_3。将这两个四分位数之差称为四分位差，记为 Q_d，即

$$Q_d = Q_3 - Q_1$$

四分位差反映了中间50%数据的离散程度，其数值越小，说明中间的数据越集中。四分位差避免了极端数据的影响，但"掐头去尾"后仍然丢失很多信息。

（4）样本变异系数：称 CV 为样本变异系数，简称变异系数，也叫作离散系数，其中：

$$CV = \frac{s}{\bar{x}} \times 100\%$$

变异系数刻画数据的相对离散程度，它不受数值度量单位的影响。在比较多组数据的离散程度时，若均值相同，则可以直接比较样本标准差的大小；若均值不同，就要比较它们的变异系数。

3. 刻画分布形状的统计特征数字

为方便，记 b_k 为样本的 k 阶中心矩（k 为正整数），其中：

$$b_k = \frac{1}{n} \sum_{i=1}^{n} (x_i - \bar{x})^k$$

（1）样本偏度：称 $\hat{\beta}_s$ 为样本偏度，其中：

$$\hat{\beta}_s = \frac{b_3}{b_2^{\frac{3}{2}}}$$

样本偏度 $\hat{\beta}_s$ 反映了数据分布的偏斜方向和程度。若 $\hat{\beta}_s = 0$，则说明数据分布是对称的；若 $\hat{\beta}_s > 0$，则说明数据分布是右偏的，即右边的数据更为分散；若 $\hat{\beta}_s < 0$，则说明数据分布是左偏的，即左边的数据更为分散，见图1-1。

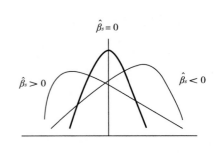

图1-1　样本偏度

（2）样本峰度：称$\hat{\beta}_k$为样本峰度，其中：

$$\hat{\beta}_k = \frac{b_4}{b_2^2} - 3$$

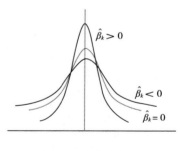

样本峰度$\hat{\beta}_k$反映了数据分布的陡峭程度。若$\hat{\beta}_k = 0$，则说明数据分布的陡峭程度与标准正态分布相当；若$\hat{\beta}_k > 0$，则说明数据分布比标准正态分布更陡峭；若$\hat{\beta}_k < 0$，则说明数据分布比标准正态分布更平坦，见图1-2。

图1-2　样本峰度

二、统计图表

数据中的大量信息都可以概括在图表中，图表让人一目了然。下面是几种常见的统计图表：

1. 频率分布表和直方图

频率分布表是对计量数据进行分组整理和初步分析的一种重要的统计数据表，其图形为频率直方图，简称直方图。通过直方图可以初步判断数据的分布形态，推断出数据采集过程中可能存在的瑕疵与错误。频率分布表和直方图的绘制步骤如下：

（1）数据分组：

①确定分组数目。根据样本容量n，确定分组数k。通常k取5~10的整数，组数的多少应以能够显示数据的分布特征和规律为目的，不宜过多或过少。在实际分组时，可以参考美国学者斯特杰斯（H.A.Sturges）提出的经验公式确定分组数：

$$k = 1 + \log_2 n \qquad\qquad （1-1）$$

根据式（1-1），可以得到表1-1作为确定分组数的参考标准。在实际运用时，要注意不能一味照搬公式，应结合数据本身的特点来确定分组数。

表1-1　分组数目参考表

n	15~24	25~44	45~89	90~179	180~359
k	5	6	7	8	9

②确定组距。组距d可根据全部数据的最大值x_{max}和最小值x_{min}及分组数k来确定，计算公式为：

$$d = \frac{x_{max} - x_{min}}{k} \qquad (1-2)$$

需要说明的是，并不是在所有情况下都采用等距分组，要具体情况具体对待，亦可采用不等距分组。

（2）计算各组频数和频率

适当选取略小于x_{min}的数a与略大于x_{max}的数b，将区间$[a, b]$分成组距为d的k个互不相交的小区间，并且计算样本观测数据落在各小区间内的频数n_i及频率，计算公式为：

$$f_i = \frac{n_i}{n}; \quad i = 1, 2, \cdots, k$$

（3）编制频率分布表

将分组区间、各组频数和频率绘制在一张表格中，即为频率分布表。

（4）绘制频率直方图

在x轴上截取各小区间，并以各区间为底，以f_i / d为高作小矩形，就得到频率直方图（若以n_i为高作小矩形，就得到频数直方图）。

例1.1   以下是某种纤维测试100次的直径数据（单位：mm），绘制出该组数据的频率分布表和频率直方图。

1.36	1.49	1.43	1.41	1.37	1.40	1.32	1.42	1.47	1.39	1.41	1.36
1.42	1.45	1.35	1.42	1.39	1.44	1.42	1.39	1.42	1.42	1.30	1.34
1.37	1.34	1.37	1.37	1.44	1.45	1.32	1.48	1.40	1.45	1.39	1.46
1.48	1.40	1.39	1.38	1.40	1.36	1.45	1.50	1.43	1.38	1.43	1.41
1.37	1.37	1.39	1.45	1.31	1.41	1.44	1.44	1.42	1.47	1.35	1.36
1.35	1.42	1.43	1.42	1.42	1.42	1.40	1.41	1.37	1.46	1.36	1.37
1.42	1.34	1.43	1.42	1.41	1.41	1.44	1.48	1.55	1.37	1.39	1.40
1.40	1.34	1.42	1.42	1.37	1.36	1.39	1.53	1.36	1.48	1.39	1.45
1.38	1.27	1.37	1.38								

解：首先根据式（1-1）确定分组数k，其中：

$$k = 1 + \log_2 100 \approx 7.64$$

在实际操作过程中可将数据分为8组，即$k = 8$。数据中的最大值为1.55，最小值为1.27，根据式（1-2）得到组距d为：

$$d = \frac{1.55 - 1.27}{8} = 0.035$$

选取一个略大的区间[1.26，1.56]，将其分为组距为0.035的8个互不相交的小区间，并统计落入各个小区间的频数和频率，得到频率分布表（表1-2）。

表1-2 纤维直径数据的频率分布

组序	分组	频数	频率
1	[1.26，1.295]	1	0.01
2	[1.295，1.33]	4	0.04
3	[1.33，1.365]	14	0.14
4	[1.365，1.4]	31	0.31
5	[1.4，1.435]	27	0.27
6	[1.435，1.47]	15	0.15
7	[1.47，1.505]	6	0.06
8	[1.505，1.56]	2	0.02

从频率分布表中，能够比较清楚地看出数据的波动规律：大约有一半的数据落在区间[1.365，1.435]内，而两端的区间内所含数据较少。

根据频率分布表，绘制出频率直方图，见图1-3。频率直方图在显示数据的波动规律上会更加直观。

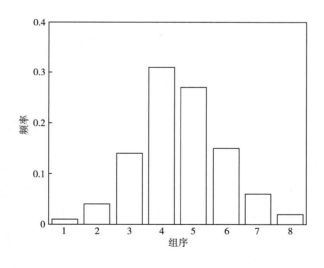

图1-3 纤维直径数据的频率直方图

2. 箱线图

箱线图是用五个数：样本数据的最小值、最大值、中位数、第一四分位数和第三四分位数，即$x_{(1)}$，$x_{(n)}$，$M_{(e)}$，$Q_{(1)}$，$Q_{(3)}$来直观展现数据分布特征的一种图形概括，见图1-4。

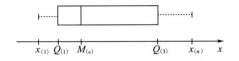

图1-4　箱线图

从箱线图中可以看出样本数据的如下分布特征：

（1）中心位置：中位数$M_{(e)}$所在的位置即样本数据的中心，在$[x_{(1)}, M_{(e)}]$和$[M_{(e)}, x_{(n)}]$中各包含样本数据的一半。

（2）散布情况：这五个数将$[x_{(1)}, x_{(n)}]$分为四个区间，每个区间内的样本数据都占总数据的25%。若区间较短，则说明样本取值较集中，反之就较分散。

（3）异常值：位于区间$[Q_{(1)} - 1.5Q_{(d)}, Q_{(3)} + 1.5Q_{(d)}]$之外的样本点被认为是异常值，常用符号"＋"标记。

（4）偏度：若中位数位于矩形的中间位置，则数据的分布较为对称；若中位数偏于矩形的左端，则数据的分布是右偏的；若中位数偏于矩形的右端，则数据的分布是左偏的，见图1-5。

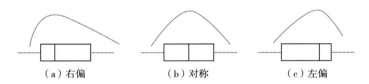

（a）右偏　　　　　　　　（b）对称　　　　　　　　（c）左偏

图1-5　三种常见的箱线图及其偏度

3. Q-Q图

Q-Q图是鉴别样本分布是否近似于某种类型分布的一种直观简便的图形。在很多统计软件中常用Q-Q散点图来检验数据是否来自正态分布。假定总体为正态分布$N(\mu, \sigma^2)$；样本数据为x_1，x_2，$\cdots$，x_n；$\Phi(x)$是标准正态分布$N(0, 1)$的分布函数；而$\Phi^{-1}(x)$是其反函数，Q-Q图即是由以下的点构成的散点图。

$$\left(\Phi^{-1}\left(\frac{i - 0.375}{n + 0.25} \right), \ x_i \right), \ i = 1, \ 2, \ \cdots, \ n$$

Q-Q图是正态分位数—分位数图，横轴是理论值，纵轴是样本值。若样本数据近似服从正态分布，那么Q-Q图上的散点应近似在直线$y = \sigma x + \mu$附近。

例 1.2 根据某种纤维测试 100 次的纤维直径（具体数据见例 1.1）绘制 Q-Q 图（图 1-6），并判断其是否服从正态分布。

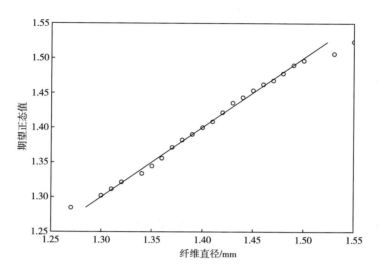

图 1-6 纤维直径的正态 Q-Q 图

解：从图 1-6 可以看出，该种纤维的纤维直径数据基本散布在一条直线附近，可初步认定纤维直径服从正态分布。

思考题

1. 请解释样本方差、样本标准差、极差、四分位差和样本变异系数在描述数据离散程度时的区别和联系。

2. 描述如何使用频率分布表、直方图、箱线图和 Q-Q 图来分析数据的分布特征。在数据分析过程中，这些统计图表各自的优势和局限性是什么？

第三节

参数估计

当对样本的分布有了大致了解后，下一步就是要根据样本去推断总体的分布和特征。参数估计是对所要研究的总体参数，进行合乎数理逻辑的推断。在很多实际分析中，取得样本数据后，对其总体的分布类型是已知的，但具体的分布完全由所含参数决定，这就需要利用样本对未知参数进行估计。当然，为便于从样本中提取总体的信息，往往需要构造样本的某种函数，如果函数表达式中不包含未知参数，就称此样本函数为一个统计量。参数估计的形式有两种：点估计和区间估计。

一、点估计

设 x_1，x_2，$\cdots$，x_n 为来自总体 X 的样本，总体的分布函数 $F(x;\theta)$ 形式已知，其中 θ 为未知参数，x_1，x_2，$\cdots$，x_n 为对应的样本观测值。

1. 点估计的定义与无偏性

点估计就是要构造一个适当的统计量 $\hat{\theta} = \hat{\theta}(X_1, X_2, \cdots, X_n)$ 作为 θ 的估计量，估计量的观测值 $\hat{\theta} = \hat{\theta}(x_1, x_2, \cdots, x_n)$ 称为 θ 的估计值。在这里如何构造统计量 $\hat{\theta}$ 并没有明确的规定，只要它满足一定的合理性即可。最常见的合理性要求是所谓的无偏性，即如果估计量 $\hat{\theta}$ 满足 $E(\hat{\theta}) = \theta$，则称 $\hat{\theta}$ 是 θ 的无偏估计。

2. 总体中常用参数的无偏估计

（1）总体均值：设总体 X 的均值为 μ，即 $E(X) = \mu$，则 μ 的无偏估计为：

$$\hat{\mu} = \bar{X} = \frac{1}{n}\sum_{i=1}^{n} X_i$$

这里的 $\bar{X}$ 称为样本均值，前面介绍的 $\bar{x}$ 就是 $\bar{X}$ 的观测值。

（2）总体方差：设总体 X 的方差为 σ^2，即 $D(X) = \sigma^2$，则 σ^2 的无偏估计为：

$$\hat{\sigma}^2 = S^2 = \frac{1}{n-1}\sum_{i=1}^{n}(X_i - \bar{X})^2$$

这里的 S^2 称为样本方差，s^2 就是 S^2 的观测值。

（3）由多个样本估计总体参数：以两个样本为例，假设两个样本来自同一总体，样本容量分别是 n_1 与 n_2，两个样本的样本均值分别是 $\bar{X}_1$ 与 $\bar{X}_2$，样本方差分别是 S_1^2 与 S_2^2，则总体均值 μ 的无偏估计为：

$$\hat{\mu} = \frac{n_1\bar{X}_1 + n_2\bar{X}_2}{n_1 + n_2}$$

总体方差 σ^2 的无偏估计为：

$$\hat{\sigma}^2 = \frac{(n_1-1)\ S_1^2 + (n_2-1)\ S_2^2}{n_1 + n_2 - 2}$$

二、区间估计

点估计给出了总体参数的具体估计值，但这个估计值误差有多大？可靠性如何？这些问题点估计都不能回答，而区间估计弥补了点估计这方面的不足。

1. 区间估计的定义

设有两个统计量 $\hat{\theta}_L = \hat{\theta}_L(X_1, X_2, \cdots, X_n)$ 和 $\hat{\theta}_U = \hat{\theta}_U(X_1, X_2, \cdots, X_n)$ （其中 $\hat{\theta}_L < \hat{\theta}_U$），对于给定的实数 α（$0 < \alpha < 1$），如果有：

$$P(\hat{\theta}_L \leqslant \theta \leqslant \hat{\theta}_U) = 1 - \alpha$$

则称 $1-\alpha$ 为置信水平（或置信度、可信度），称随机区间 $[\hat{\theta}_L, \hat{\theta}_U]$ 为 θ 的置信水平为 $1-\alpha$ 的置信区间，$\hat{\theta}_L$ 和 $\hat{\theta}_U$ 分别称为 θ 的（双侧）置信下限和置信上限。

从上述定义中可以看出区间 $[\hat{\theta}_L, \hat{\theta}_U]$ 包含 θ 的可能性是 $1-\alpha$，显然 $1-\alpha$ 越大，说明用该区间估计 θ 时的可信程度越高，通常取 $1-\alpha$ 为90%、95%或99%。

用区间 $[\hat{\theta}_L, \hat{\theta}_U]$ 估计 θ 时，除了要考虑可信程度，还要考虑估计的精度。精度可以用区间估计的长度来刻画，长度越短，估计的精度越高。但是，在样本容量 n 固定的情况下，可信度与精度相互制约：可信度增大，精度就会减小；精度增大，可信度就会减小。

2. 正态总体中常用参数的 $1-\alpha$ 置信区间

设 $X_1, X_2, \cdots, X_n$ 是来自正态总体 $N(\mu, \sigma^2)$ 的样本，$\bar{X}$ 为样本均值，S^2 为样本方差。

（1）总体均值：设 σ^2 已知，总体均值 μ 的双侧置信区间为：

$$\bar{X} - u_{1-\alpha/2}\sigma/\sqrt{n} \leqslant \mu \leqslant \bar{X} + u_{1-\alpha/2}\sigma/\sqrt{n}$$

其中，$u_{1-\alpha/2}$ 为标准正态分布 $N(0, 1)$ 的分位数，即 $P(X \leqslant u_{1-\alpha/2}) = 1 - \alpha/2$。
常用的一些标准正态分布分位数见表1-3。

表1-3　常用的标准正态分布的分位数 u_p

p	0.9	0.95	0.975	0.99	0.995
u_p	1.282	1.645	1.96	2.326	2.576

设 σ^2 未知，μ 的双侧置信区间为：

$$\bar{X} - t_{1-\alpha/2}(n-1)\,S/\sqrt{n} \leqslant \mu \leqslant \bar{X} + t_{1-\alpha/2}(n-1)\,S/\sqrt{n}$$

式中：$t_{1-\alpha/2}(n-1)$ 为自由度为 $n-1$ 的 t 分布的分位数。

对于非正态总体，当样本量很大时（$n \geq 50$），也可将上述区间作为总体均值的区间估计。

（2）总体方差：当实际中总体方差σ^2未知时，μ已知的情形是极为罕见的，所以在此只讨论μ未知时σ^2的置信区间。

σ^2的双侧置信区间为：

$$(n-1) \ S^2 \ / \ \chi^2_{1-\alpha/2}(n-1) \leqslant \sigma^2 \leqslant (n-1) \ S^2 \ / \ \chi^2_{\alpha/2}(n-1)$$

式中：$\chi^2_{1-\alpha/2}(n-1)$，$\chi^2_{\alpha/2}(n-1)$ 为自由度为$n-1$的χ^2分布的分位数。

三、样本容量的确定

在统计分析中，样本容量越大，估计的精度越高，但大样本容量需要的经费高，实施的时间也长，投入人力也多，所以实际应用中人们往往关心如下问题：在一定要求下，至少需要多大的样本容量？

样本容量的确定有多种方法，不同场合使用不同方法。下面以简单随机抽样为例，在保证达到预期的可靠程度和精度的要求下，介绍如何确定样本容量。

以方差σ^2已知时，正态总体均值μ的$1-\alpha$置信区间为例，可得式（1-3）：

$$\left| \bar{X} - \mu \right| \leqslant u_{1-\alpha/2} \ \sigma/\sqrt{n} \tag{1-3}$$

根据极限误差的定义可得式（1-4）：

$$\Delta = u_{1-\alpha/2} \ \sigma/\sqrt{n} \tag{1-4}$$

即区间估计长度的一半。由式（1-4）可得式（1-5）：

$$n = \frac{u^2_{1-\alpha/2}\sigma^2}{\Delta^2} \tag{1-5}$$

因此，在给定的置信水平$1-\alpha$和极限误差Δ的条件下，样本容量可以由式（1-5）给出。当方差σ^2未知，且样本量较大时，只需将式（1-5）中的σ^2换成样本方差S^2即可。

此外，在实际应用中，样本容量也可以利用抽样相对允许误差γ和变异系数CV来确定，即式（1-6）：

$$n = \frac{u^2_{1-\alpha/2}CV^2}{\gamma^2} \tag{1-6}$$

其中，$\gamma = \dfrac{\Delta}{\mu}$为抽样相对允许误差；$CV = \dfrac{\sigma}{\mu}$为总体变异系数。相对允许误差$\gamma$，一般要根据实验项目的要求和实际条件来定，例如，一般实验取$\gamma = \pm 3\%$左右，在要求相对允许误差范围小的情况下，如公量检验，取 $\gamma = \pm 0.5\%$；样品性质离散性大的项目，如羊毛纤维强力实验，取 $\gamma = \pm 4\%$ 或 $\pm 5\%$。

例1.3 设某地区成年女性的头围尺寸服从正态分布 $N(\mu, \sigma^2)$，其中头围的标准差为0.2m，根据抽样得均值的估计值为0.61m，现要求估计头围均值的相对允许误差不超过3%，试问在95%置信水平下，应抽取多大的样本容量？

解：依题意，可知：$\sigma = 0.2$，$\hat{\mu} = 0.23$，$\gamma = 0.03$，$u_{0.975} = 1.96$，代入式（1-6）得：

$$n = \frac{u_{1-\alpha/2}^2 CV^2}{\gamma^2} = \frac{1.96^2 \times (0.2/0.61)^2}{0.03^2} \approx 459$$

即在满足上述要求的条件下，至少应抽取的样本容量为459。

思考题

某公司开发了一款新型面料，已知这款面料的透气性服从正态分布，该面料透气性的标准差为10mm/s，若要求估计的极限误差不超过4%，问在95%的置信水平下进行估计，至少应抽取多大的样本容量？

第四节

假设检验

假设检验是统计推断的另一个重要内容，同参数估计一样，在数理统计学的理论与应用中都占有重要地位。假设检验的基本任务是根据样本所提供的信息，对总体的某些方面（如总体的分布类型、参数的性质等）所作出的假设进行判断。假设检验分为两类：参数检验和非参数检验。

一、假设检验概述

1. 假设检验的理论依据

要进行假设检验，首先需要对总体分布的形式或某些参数作出假设，这一假设被称为原假设H_0，另外还要给出一个与H_0相互对立的备择假设H_1，H_0与H_1有且仅有一个成立。假设检验采用的逻辑推理方法是反证法：为了检验一个假设是否成立，先假定它是成立的（这里一般都假设原假设H_0是成立的），然后根据样本信息，观察由这个原假设而导致的结果是否合理。如果不合理，则拒绝原假设；如果合理，则接受原假设。

假设检验之所以可行，其理论背景是"小概率原理"，该原理认为小概率事件在一次实验中几乎不可能发生，但是它一旦发生，就有理由拒绝原假设；反之，小概率事件没有发生，则认为原假设是合理的。这个小概率的标准由研究者事先确定，即以显著性水平$\alpha(0 < \alpha < 1)$作为小概率的界限，认为小于α的事件是几乎不可能发生的。α的取值与实际问题的性质相关，通常取$\alpha=0.01$、0.05或0.1。因此，假设检验也被称为显著性检验。

2. 假设检验的基本步骤

在了解假设检验的基本理论后，可按照以下几个步骤进行检验。

（1）提出假设：根据研究的问题，提出原假设和备择假设。在假设检验中，原假设与备择假设并不是随便提出的，通常把研究者要证明的陈述作为备择假设。

（2）确定检验统计量，计算检验统计量的值：构造一个适当的统计量来决定是否拒绝原假设。不同的问题，要选择不同的检验统计量。

（3）规定显著性水平，建立检验法则：显著性水平是原假设成立时拒绝原假设的概率，以α表示。在给定的显著性水平下，检验统计量的可能取值被分成两部分：拒绝原假设的区域W与不能拒绝原假设的区域$\overline{W}$，即拒绝域和接受域。

（4）作出统计决策：若检验统计量的值落入拒绝域，则拒绝原假设，否则就接受原假设。

在实际应用中，也可以使用p值检验法。所谓p值是指拒绝原假设的最小显著性水平。显然，在显著性水平α下，如果$p \leqslant \alpha$，则拒绝H_0；如果$p > \alpha$，则接受H_0。一般的统计软件中都会给出检验的p值。

二、参数检验

参数检验是在已知总体分布形式或者假设总体满足某种特定的分布时，针对总体参数而进行的一种检验。

1. 单个正态总体均值的假设检验

设$X_1, X_2, \cdots, X_n$是来自正态总体$N(\mu, \sigma^2)$的样本，考虑如下三种关于μ的检验问题：

检验1　$H_0 : \mu = \mu_0$，$H_1 : \mu \neq \mu_0$

$$检验2 \quad H_0 : \mu \geqslant \mu_0, \ H_1 : \mu < \mu_0$$

$$检验3 \quad H_0 : \mu \leqslant \mu_0, \ H_1 : \mu > \mu_0$$

其中μ_0是已知常数。检验1称为双侧检验。检验2和检验3称为单侧检验。

2. 方差 σ^2 已知时的 u 检验

对于检验1，选用检验统计量：

$$u = \frac{\bar{X} - \mu_0}{\sigma / \sqrt{n}}$$

当H_0成立时，$u = \dfrac{\bar{X} - \mu_0}{\sigma / \sqrt{n}} \sim N(0, \ 1)$。在给定的显著性水平$\alpha$下，拒绝域为：

$$W_1 = \left\{ |u| \geqslant u_{1-\alpha/2} \right\}$$

对于检验2和检验3，与检验1选用的检验统计量都是一样的，区别在于拒绝域不同。检验2和检验3的拒绝域分别为：

$$W_2 = \left\{ u \leqslant u_\alpha \right\} \quad 和 \quad W_3 = \left\{ u \geqslant u_{1-\alpha} \right\}$$

例1.4 假设某绵羊品种的羊毛纤维长度服从正态分布$N(20, \ 25)$（单位：μm），现对该品种绵羊毛进行改良，测得300根改良后的绵羊毛纤维的平均细度为19.10μm，假设方差稳定不变，问改良后绵羊毛的平均细度是否仍为20μm（$\alpha = 0.05$）？

解：设改良后的绵羊毛纤维长度服从正态分布$N(\mu, \ 25)$，待检验的假设为：

$$H_0 : \mu = 20, \ H_1 : \mu \neq 20$$

这是一个双侧假设检验问题，检验的拒绝域为：$W = \left\{ |u| \geqslant u_{1-\alpha/2} \right\}$。取显著性水平$\alpha = 0.05$，则查表知$u_{0.975} = 1.96$。检验统计量的观测值为：

$$|u| = \left| \frac{\bar{x} - \mu_0}{\sigma / \sqrt{n}} \right| = \left| \frac{19.10 - 20}{5 / \sqrt{300}} \right| = 3.12$$

显然$|u| = 3.12 > 1.96$，即u值落入拒绝域中，因此拒绝原假设，认为改良后绵羊毛的平均细度不是20μm。

3. 方差 σ^2 未知时的 t 检验

对于检验1，选用检验统计量：

$$t = \frac{\bar{X} - \mu_0}{S / \sqrt{n}}$$

当H_0成立时，$t = \dfrac{\bar{X} - \mu_0}{S / \sqrt{n}} \sim t(n-1)$。在给定的显著性水平$\alpha$下，拒绝域为：

$$W_1 = \left\{ |t| \geqslant t_{1-\alpha/2}(n-1) \right\}$$

检验 2 的拒绝域为：

$$W_2 = \left\{ t \leqslant t_\alpha(n-1) \right\}$$

检验 3 的拒绝域为：

$$W_3 = \left\{ t \geqslant t_{1-\alpha}(n-1) \right\}$$

例 1.5   在分梳山羊绒的交易中，买方要求该批分梳山羊绒的平均单纤维强力达到 4.2cN，经专业纤维检验机构测试了 200 根纤维，算得平均单纤维强力为 4.1cN，标准差为 1.23cN，问这批分梳山羊绒的单纤维强度是否与买方要求的指标有显著差异（$\alpha = 0.05$）？

解：设这批分梳山羊绒的单纤维强度服从正态分布 $N(\mu,\ \sigma^2)$，待检验的假设为：

$$H_0 : \mu = 4.2, \quad H_1 : \mu \neq 4.2$$

这里 σ^2 未知，故选用 t 检验，可计算出统计量的观测值为：

$$|t| = \left| \frac{\bar{x} - \mu_0}{s / \sqrt{n}} \right| = \left| \frac{4.1 - 4.2}{1.23 / \sqrt{200}} \right| = 1.15$$

在显著性水平 $\alpha = 0.05$ 下，检验的拒绝域为：$W = \{ |t| \geqslant 1.96 \}$。

显然 t 值未落入拒绝域中，因此接受原假设，认为这批分梳山羊绒的单纤维强度与买方要求的指标无显著差异。

4. 单个正态总体方差的假设检验

设 $X_1, X_2, \cdots, X_n$ 是来自正态总体 $N(\mu,\ \sigma^2)$ 的样本，考虑如下三种关于 σ^2 的检验问题：

检验 1 $H_0 : \sigma^2 = \sigma_0^2, \ H_1 : \sigma^2 \neq \sigma_0^2$

检验 2 $H_0 : \sigma^2 \geqslant \sigma_0^2, \ H_1 : \sigma^2 < \sigma_0^2$

检验 3 $H_0 : \sigma^2 \leqslant \sigma_0^2, \ H_1 : \sigma^2 > \sigma_0^2$

其中 σ_0^2 是已知常数。下面只讨论总体均值 μ 未知时的 χ^2 检验。

选用的检验统计量为：

$$\chi^2 = \frac{(n-1)\ S^2}{\sigma^2}$$

当 H_0 成立时，$\chi^2 = \dfrac{(n-1)\ S^2}{\sigma^2} \sim \chi^2(n-1)$。在给定的显著性水平 α 下，三种检验的拒绝域分别为：

$$W_1 = \left\{ \chi^2 \leqslant \chi_{\alpha/2}^2(n-1)\ \text{或}\ \chi^2 \geqslant \chi_{1-\alpha/2}^2(n-1) \right\}$$

$$W_2 = \left\{ \chi^2 \leqslant \chi_\alpha^2(n-1) \right\}$$

$$W_3 = \left\{ \chi^2 \geqslant \chi_{1-\alpha}^2(n-1) \right\}$$

例1.6 已知在正常条件下，织物厚度一般服从正态分布，且标准差为0.221。从某批产品中抽取13件织物，测得其厚度（单位：mm）分别为：0.78、0.38、0.45、0.48、0.71、1.03、0.82、0.44、0.62、0.42、0.48、0.38、0.73，问该批织物的厚度标准差是否正常（$\alpha = 0.05$）？

解：这是一个关于正态总体方差的双侧假设检验问题，原假设和备择假设分别为：

$$H_0 : \sigma^2 = 0.221^2, \quad H_1 : \sigma^2 \neq 0.221^2$$

由样本数据可计算出统计量的观测值为：

$$\chi^2 = \frac{(n-1)\,S^2}{\sigma^2} = \frac{12 \times 0.042}{0.221^2} = 11.321$$

在显著性水平$\alpha = 0.05$下，查表知$\chi_{0.025}^2(12) = 4.404$，$\chi_{0.975}^2(12) = 23.337$，故检验的拒绝域为：$W = \left\{ \chi^2 \leqslant 4.404 或 \chi^2 \geqslant 23.337 \right\}$。

显然χ^2值没有落入拒绝域中，因此接受原假设，认为该批织物的厚度标准差正常。

5. 两个正态总体均值的假设检验

设有两个正态总体$N(\mu_1,\ \sigma_1^2)$和$N(\mu_2,\ \sigma_2^2)$，分别抽取样本容量为n_1和n_2的样本，两个样本的样本均值分别是$\bar{X}_1$与$\bar{X}_2$，样本方差分别是S_1^2与S_2^2。现将关于两个总体均值μ_1和μ_2的检验汇总在表1-4中。

表1-4 两个正态总体均值的假设检验

检验法	H_0	H_1	检验统计量	拒绝域
u检验 （σ_1^2, σ_2^2已知）	$\mu_1 = \mu_2$	$\mu_1 \neq \mu_2$	$u = \dfrac{\bar{X}_1 - \bar{X}_2}{\sqrt{\dfrac{\sigma_1^2}{n_1} + \dfrac{\sigma_2^2}{n_2}}}$	$\left\{ \lvert u \rvert \geqslant u_{1-\alpha/2} \right\}$
	$\mu_1 \geqslant \mu_2$	$\mu_1 < \mu_2$		$\left\{ u \leqslant u_\alpha \right\}$
	$\mu_1 \leqslant \mu_2$	$\mu_1 > \mu_2$		$\left\{ u \geqslant u_{1-\alpha} \right\}$
t检验 （$\sigma_1^2 = \sigma_2^2$未知）	$\mu_1 = \mu_2$	$\mu_1 \neq \mu_2$	$t = \dfrac{\bar{X}_1 - \bar{X}_2}{S_w \sqrt{\dfrac{1}{n_1} + \dfrac{1}{n_2}}}$	$\left\{ \lvert t \rvert \geqslant t_{1-\alpha/2}(n_1 + n_2 - 2) \right\}$
	$\mu_1 \geqslant \mu_2$	$\mu_1 < \mu_2$		$\left\{ t \leqslant t_\alpha(n_1 + n_2 - 2) \right\}$
	$\mu_1 \leqslant \mu_2$	$\mu_1 > \mu_2$		$\left\{ t \geqslant t_{1-\alpha}(n_1 + n_2 - 2) \right\}$

注 $S_w^2 = \dfrac{(n_1 - 1)\,S_1^2 + (n_2 - 1)\,S_2^2}{n_1 + n_2 - 2}$。

例1.7   在针织品漂白工艺过程中，要考察温度对针织品断裂强力（主要质量指标）的影响。为了比较70℃与80℃对针织品断裂强力的影响有无差别，在这两个温度下，分别重复做了8次实验，得数据如下（单位：N）：

70℃时的针织品强力：20.5   18.8   19.8   20.9   21.5   19.5   21.0   21.2

80℃时的针织品强力：17.7   20.3   20.0   18.8   19.0   20.1   20.0   19.1

根据经验，温度对针织品断裂强度的波动没有影响。问在70℃时的平均断裂强力与80℃时的平均断裂强力间是否有显著差别？（假定断裂强力服从正态分布，$\alpha = 0.05$）

解：这是一个关于两个正态总体均值相等的检验问题，温度对针织品断裂强度的波动没有影响说明二者的方差是相等的。设 X 为70℃时针织品的断裂强力，Y 为80℃时针织品的断裂强力，分别为 $X \sim N(\mu_1, \sigma^2)$，$Y \sim N(\mu_2, \sigma^2)$，待检验的一对假设为：

$$H_0 : \mu_1 = \mu_2, \ H_1 : \mu_1 \neq \mu_2$$

由样本数据可算得：

$$\bar{x} = 20.4, \ \bar{y} = 19.375, \ \sum_{i=1}^{8}(x_i - \bar{x})^2 = 6.2, \ \sum_{i=1}^{8}(y_i - \bar{y})^2 = 5.515$$

于是

$$s_w = \sqrt{\frac{1}{8+8-2}(6.2 + 5.515)} = 0.915$$

$$t = \frac{\bar{x} - \bar{y}}{s_w \sqrt{\frac{1}{n_1} + \frac{1}{n_2}}} = 2.241$$

在显著性水平 $\alpha = 0.05$ 时，查表知 $t_{0.975}(14) = 2.145$，故检验的拒绝域为：$W = \{|t| \geqslant 2.145\}$。

由于 t 值落入拒绝域中，从而拒绝原假设，认为70℃时的平均断裂强力与80℃时的平均断裂强力有显著差别。

6. 两个正态总体方差的假设检验

关于两个总体方差 σ_1^2 和 σ_2^2 的检验，只讨论总体均值 μ_1 和 μ_2 未知的情况，具体检验汇总在表1-5中。

表1-5   两个正态总体方差的假设检验

检验法	H_0	H_1	检验统计量	拒绝域
F检验	$\sigma_1^2 = \sigma_2^2$	$\sigma_1^2 \neq \sigma_2^2$	$F = \dfrac{S_1^2}{S_2^2}$	$\{F \leqslant F_{\alpha/2}(n_1-1, n_2-1)$ 或 $F \geqslant F_{1-\alpha/2}(n_1-1, n_2-1)\}$
	$\sigma_1^2 \geqslant \sigma_2^2$	$\sigma_1^2 < \sigma_2^2$		$\{F \leqslant F_{\alpha}(n_1-1, n_2-1)\}$
	$\sigma_1^2 \leqslant \sigma_2^2$	$\sigma_1^2 > \sigma_2^2$		$\{F \geqslant F_{1-\alpha}(n_1-1, n_2-1)\}$

三、非参数检验

上述的参数检验要求总体分布形式已知，但在实际的数据分析过程中，由于种种原因，人们往往无法获得总体的分布信息，此时参数检验的方法就不再适用了，而非参数检验是专门针对总体分布不了解的情形而发展起来的一种检验方法。该方法可以在总体分布形式未知的情况下，利用样本数据对总体分布形态等进行推断。下面介绍几种常见的非参数检验方法。

1. 中位数检验

给定一组样本，最基本的问题是对其总体分布的位置参数进行推断，常见的位置参数是均值。但是，由于在非参数检验中，并不关心总体分布的具体形式，因而通常考虑的就是总体的中心——中位数 θ，检验 θ 是否与某个值 θ_0 之间存在显著性差异。因此，建立原假设和备择假设如下：

$$H_0 : \theta = \theta_0, \ H_1 : \theta \neq \theta_0$$

2. 符号检验

符号检验是非参数检验中最简单的一种检验方法，它是通过计算样本观测值中大于 θ_0 的个数 n^+ 以及观测值小于 θ_0 的个数 n^-，构造检验统计量：

$$M = \frac{n^+ - n^-}{2}$$

若原假设成立，则 n^+ 与 n^- 应该很接近，从而 M 统计量接近 0。如果 $\theta > \theta_0$，则 $n^+ > n^-$，此时 $M > 0$；如果 $\theta < \theta_0$，则 $n^+ < n^-$，此时 $M < 0$。这样，可以通过 M 的正负号来进行判断，所以称为符号检验。

在样本容量较小时，M 统计量服从二项分布；在样本容量较大时，近似服从正态分布。实际检验时，可根据统计软件计算出的检验 p 值，将其与显著性水平 α 比较，即可得出检验结论。

3. Wilcoxon符号秩检验

给定一组样本 x_1，x_2，$\cdots$，x_n，将它们按照从小到大排列，如果 x_i 是第 R_i 个最小的，则称 R_i 为 x_i 的秩。再将全部样本的绝对值 $|x_1|$，$|x_2|$，$\cdots$，$|x_n|$ 从小到大排列，把 $|x_i|$ 的秩记为 R_i^+。

Wilcoxon符号秩检验的统计量为：

$$S = \sum_{x_i > 0} r_i^+ - \frac{n_t(n_t + 1)}{4}$$

其中，r_i^+为$|x_i - \theta_0|$的秩（除去$x_i = \theta_0$的那些值），$n_t = n^+ + n^-$为样本中所有值不等于θ_0的个数。

Wilcoxon符号秩检验的形式要比符号检验复杂，但是它比较充分地利用了样本数据的信息，效果上要好于符号检验。

4. 分布检验

分布检验是检验一组数据是否来自某个特定分布的一种检验方法。一般地，建立原假设和备择假设如下：

$$H_0: F(x) = F_0(x)，H_1: F(x) \neq F_0(x)$$

其中，$F(x)$为总体的分布函数，$F_0(x)$为某个给定的分布函数。

5. 卡方拟合优度检验

卡方拟合优度检验常用于离散型分布的检验。假设一个离散型总体的样本观测值为x_1，x_2，$\cdots$，x_n，该总体共有k种不同的取值，每种取值的频数分别为f_1，f_2，$\cdots$，f_k，显然$f_1 + f_2 + \cdots + f_k = n$。要检验该总体是否服从某个离散型分布$F_0(x)$，构造卡方统计量为：

$$\chi^2 = \sum_{i=1}^{k} \frac{(f_i - np_i)^2}{np_i}$$

其中，f_i是实际观测频数，np_i是理论频数。当H_0成立时，$\chi^2 \sim \chi^2(k-1)$，f_i与np_i应该比较接近，从而χ^2值较小，一旦χ^2值过大，就拒绝原假设。

若分布$F_0(x)$中含有m个未知参数，则应先求出p_i的估计值$\hat{p}_i$，检验统计量为：

$$\chi^2 = \sum_{i=1}^{k} \frac{(f_i - n\hat{p}_i)^2}{n\hat{p}_i}$$

当H_0成立时，$\chi^2 \sim \chi^2(k-m-1)$。

卡方拟合优度检验也可用于连续型分布的检验。对于样本，首先根据其取值范围进行区间划分，假设分为了k个区间，再计算样本落在各区间的频数f_1，f_2，$\cdots$，f_k。将分布$F_0(x)$也根据区间划分，计算在各个区间取值的概率。接下来，使用上述离散型分布的方法进行检验。

6. Kolmogrov-Smirnov检验

Kolmogrov-Smirnov检验是一种非常著名的分布检验方法，在大多数情况下效果要好于卡方拟合优度检验。该检验基于样本的经验分布函数$F_n(x)$和给定的分布$F_0(x)$出发，构造检验统计量：

$$D = \sup_x |F_n(x) - F_0(x)|$$

称D为 Kolmogrov-Smirnov 统计量，它反映了$F_n(x)$和$F_0(x)$的最大差距。显然，若原假设成立，D值应该较小，一旦D值过大，就拒绝原假设。在显著性水平α下，当$D \geqslant D_\alpha$时，则拒绝原假设（其中D_α可通过查单样本K-S检验统计量表得到）。

实际中，经常用 Kolmogrov-Smirnov 检验判断总体是否服从正态分布，是一种常用的正态性检验方法。

例 1.8　下面是收集到的 21 张面料的断裂应力数据（单位：MPa），是否可以认为面料断裂应力的总体分布为正态分布（α=0.05）？

$$
\begin{array}{ccccccc}
64 & 68 & 68 & 68 & 69 & 70 & 70 \\
70 & 71 & 71 & 71 & 71 & 71 & 72 \\
73 & 74 & 75 & 76 & 78 & 79 & 80
\end{array}
$$

解：这是一个关于总体是否服从正态分布的双侧假设检验问题，原假设和备择假设分别为：

$$H_0:总体服从正态分布，H_1:总体不服从正态分布$$

由样本数据可计算出统计量的观测值为：

$$D = \sup_x |F_n(x) - F_0(x)| = 0.204$$

在显著性水平$\alpha = 0.05$下，查单样本K-S检验统计量表可以得到临界值$D_\alpha = 0.29$，显然$D < D_\alpha$，因此不能拒绝原假设，可以认为面料断裂应力的总体分布与正态分布无显著差异。

7. Shapiro-Wilk 检验

Shapiro-Wilk 检验（或W检验）也是一种常用的正态性检验方法，它是 Shapiro 和 Wilk 在 1965 年提出来的，原假设和备择假设为：

$$H_0:\ 总体服从正态分布，H_1:\ 总体不服从正态分布$$

构造W检验统计量：

$$W = \frac{\left[\sum_{i=1}^{n} (a_i - \bar{a})\ (x_i - \bar{x}) \right]^2}{\sum_{i=1}^{n} (a_i - \bar{a})^2 \sum_{i=1}^{n} (x_i - \bar{x})^2}$$

其中系数a_1，a_2，…，a_n在样本容量为n时有特定的值。

W检验在$8 \leqslant n \leqslant 50$时可以利用，过小样本（$n < 8$）对偏离正态分布的检验不太有效，过大样本（$n > 50$）计算一些辅助量时比较麻烦。

思考题

1. 某校服装学院为了评估其新设计的T恤在市场上的受欢迎程度，随机抽取了100名消费者进行试穿并打分（满分为10分）。得到的平均得分为7.8分，标准差为1.5分。假设打分数据近似服从正态分布，请问这批T恤的平均得分是否与市场平均水平（假设市场平均得分为7.5分）存在显著差异（显著性水平设为$\alpha = 0.05$）？

2. 某纺织企业为了评估两种不同纤维材料（材料A和材料B）在织造过程中纱线断裂强度的稳定性，分别随机抽取了来自两种材料的纱线样本进行断裂强度测试。每种材料各抽取了100根纱线进行测试，并记录了每根纱线的断裂强度。测试结果显示，材料A的纱线断裂强度标准差为0.8cN/tex，材料B的纱线断裂强度标准差为1.0cN/tex。假设两种材料的纱线断裂强度均近似服从正态分布且两组数据独立，请问这两种材料在织造过程中纱线断裂强度的稳定性（即方差）是否存在显著差异（显著性水平设为$\alpha = 0.05$）？

第五节
方差分析

假设检验可以检验两个总体的均值是否差异显著。对于多个总体均值是否差异显著的问题，如果按照这种方式进行检验，显然要花费较多的时间。对于上述问题，统计学提供了一种更为方便的分析方法——方差分析法，该方法能一次性检验多个总体均值是否存在显著性差异。

一、方差分析的基本概念

方差分析主要用来研究一个或几个因素对指标值的影响，并对这些因素进行比较。需要研究的因素通常是分类型的自变量，指标则是数值型的因变量。按照所研究的因素个数的不同，可以将方差分析分为单因素方差分析和多因素方差分析。为方便起见，影响指标

的因素一般用 A，B，C…表示，因素在实验中的不同状态称为水平。如果因素A有r个不同状态，就称它有r个水平，可用 A_1，A_2，$\cdots$，A_r表示。

例如，对7种面料的透气性进行测试，希望知道不同面料间的透气性有无显著差异。这里，面料这个因素作为一个分类型自变量，下面有7个水平（代表7种不同面料），透气性指标则是数值型因变量，可以通过方差分析法来对比7种面料透气性的差异。

二、单因素方差分析

在分析实际问题时，如果只有一个主要因素影响目标值，而其他因素的影响未知或者可以忽略时，采用单因素方差分析模型。

1. 方差分析的假设条件

设因子为A，有r个水平，记为A_1，A_2，$\cdots$，A_r，在每一个水平下考察的指标可以看作一个总体，现有r个水平，故有r个总体。在总体A_i下抽取一组样本容量为n_i的样本 y_{i1}，y_{i2}，$\cdots$，y_{in_i}，$i=1$，2，$\cdots$，r，记$n=\sum_{i=1}^{r} n_i$，假定：

（1）正态性：每一个总体均为正态总体，记为$N(\mu_i$，$\sigma_i^2)$，$i=1$，2，$\cdots$，r。

（2）方差齐性：各总体的方差相同，记为$\sigma_1^2=\sigma_2^2=\cdots=\sigma_r^2=\sigma^2$。

（3）独立性：从每一个总体中抽取的样本都是相互独立的，即所有的实验结果y_{ij}（$i=1$，2，$\cdots$，r；$j=1$，2，$\cdots$，n_i）都相互独立。

2. 单因素方差分析模型

基于上述假设，得到单因素方差分析的统计模型为：

$$\begin{cases} y_{ij}=\mu_i+\varepsilon_{ij}; & i=1，2，\cdots，r；j=1，2，\cdots，n_i \\ \varepsilon_{ij} \sim N(0，\sigma^2)，各\varepsilon_{ij}相互独立 \end{cases}$$

其中，ε_{ij}为随机误差。

方差分析的任务就是要比较各水平下的均值是否相同，即要对如下一对假设进行检验：

$$H_0：\mu_1=\mu_2=\cdots=\mu_r，H_1：\mu_1，\mu_2，\cdots，\mu_r 不全相等$$

如果接受原假设，则因子A的r个水平间没有显著差异，简称因子A不显著；如果拒绝原假设，则因子A的r个水平间有显著差异，简称因子A显著。

为了度量这种差异，需要分析引起样本数据变动的原因。观测数据的总变动可以由总离差平方和SST来描述。

$$\text{SST} = \sum_{i=1}^{r}\sum_{j=1}^{n_i}(y_{ij}-\overline{y})^2，其中\overline{y}=\frac{1}{n}\sum_{i=1}^{r}\sum_{j=1}^{n_i}y_{ij}$$

根据变动的来源，可以将总变动分解为两部分，即

$$\text{SST}=\text{SSE}+\text{SSA}$$

其中，SSE是组内离差平方和，它是各水平下的观测值与其样本均值的离差平方和总和，反映了各水平下观测值的随机波动情况，这是由随机误差引起的；SSA是组间离差平方和，它是各水平下的样本均值与总的样本均值的离差平方和，反映了因素A的不同水平引起的波动。二者可由以下公式得出：

$$\text{SSE} = \sum_{i=1}^{r}\sum_{j=1}^{n_i}(y_{ij}-\overline{y}_i)^2$$

$$\text{SSA} = \sum_{i=1}^{r}\sum_{j=1}^{n_i}(\overline{y}_i-\overline{y})^2$$

其中$\overline{y}_i=\frac{1}{n_i}\sum_{j=1}^{n_i}y_{ij}$; $i=1, 2, \cdots, r$; $j=1, 2, \cdots, n_i$。

根据离差平方和的分解，构造F检验统计量：

$$F=\frac{\text{SSA}/(r-1)}{\text{SSE}/(n-r)}$$

当F值较小时，说明组间差异和组内差异相差不大，可以认为因素A的各水平差异不大；当F值较大时，说明组间差异比组内差异大很多，因此可以认为因素A的各水平差异较大。

当原假设成立时，$F \sim F(r-1, n-r)$。在显著性水平α下，拒绝域为：

$$W=\{F \geqslant F_{1-\alpha}(r-1, n-r)\}$$

若$F \geqslant F_{1-\alpha}(r-1,n-r)$，则拒绝原假设，认为因素$A$的各水平有显著差异；若$F < F_{1-\alpha}(r-1, n-r)$，则接受原假设，认为因素$A$的各水平无显著差异。

将上述主要的计算结果列在单因素方差分析表（表1-6）中。

表1-6　单因素方差分析表

来源	平方和	自由度	均方	F比
因素	SSA	$r-1$	$\text{MS}_A=\text{SSA}/(r-1)$	$F=\text{MS}_A/\text{MS}_E$
误差	SSE	$n-r$	$\text{MS}_E=\text{SSE}/(n-r)$	
总和	SST	$n-1$		

例1.9 透气率是反映服装面料透气性的参数。现有7种涂层面料，每种面料抽取10个样本测其透气率，计算得出每种面料的平均透气率及标准差如表1-7所示。假定各种面料的透气率服从等方差的正态分布，问7种涂层面料的透气性有无显著差异（$\alpha=0.05$）？

表1-7 7种面料的透气率测试数据

i	1	2	3	4	5	6	7
$\bar{y}_i$	6.3	6.2	6.7	6.8	6.5	7.0	7.1
s_i	0.81	0.92	1.22	0.74	0.88	0.58	1.05

解：这是一个单因素方差分析问题，由题意可得：

$$\bar{y} = \frac{1}{7}(\bar{y}_1 + \bar{y}_2 + \cdots + \bar{y}_7) = \frac{1}{7}(6.3 + 6.2 + \cdots + 7.1) = 6.6571$$

所以组间偏差平方和为：

$$\text{SSA} = \sum_{i=1}^{7}\sum_{j=1}^{4}(\bar{y}_i - \bar{y})^2 = 4\sum_{i=1}^{7}\bar{y}_i^2 - 28\bar{y}^2 = 4\times(6.3^2 + \cdots + 7.1^2) - 28\times 6.6571^2 = 2.7886$$

又 $s_i^2 = \frac{1}{3}\sum_{j=1}^{4}(\bar{y}_i - \bar{y})^2$，于是可得组内偏差平方和为：

$$\text{SSE} = \sum_{i=1}^{7}\sum_{j=1}^{4}(y_{ij} - \bar{y}_i)^2 = 3\sum_{i=1}^{7}s_i^2 = 3\times(0.81^2 + \cdots + 1.05^2) = 17.2554$$

从而检验统计量为：

$$F = \frac{\text{SSA}/(r-1)}{\text{SSE}/(n-r)} = \frac{2.7886/6}{17.2554/21} = 0.5657 < F_{0.95}(6,21) = 2.59$$

故接受原假设，认为7种涂层面料的透气性无显著差异。

思考题

某纺织企业为了评估不同紧度（紧度A、紧度B、紧度C）对织物折痕回复角的影响，随机选取了每种紧度的织物样本各10块，并进行了织物折痕回复角测试。测试结果显示了每块织物的织物折痕回复角数据如下：

紧度A：82、87、84、81、89、86、83、85、88、80；

紧度B：77、79、84、76、78、81、75、83、79、78；

紧度C：91、94、90、93、95、92、93、91、92、94。

假定各种紧度织物的折痕回复角测试服从等方差的正态分布，请检验不同紧度对织物折痕回复角是否有显著影响（$\alpha=0.05$）。

第六节

相关分析与回归分析

变量之间的依赖关系有两种不同的类型：一类是确定性关系，这些变量间的关系完全可以由某个确定的函数 $y = f(x)$ 来表示，当 x 给定后，y 的值就唯一确定了；另一类是相关关系，变量之间存在某种依存关系，但是不能用函数来表示，即变量 y 的值不能由变量 x 的值唯一确定。相关分析和回归分析都是研究变量之间相关关系的统计方法。

一、相关分析

变量之间的相关关系按照相关的程度可以划分为完全相关、不完全相关和不相关；按照相关的方向可以划分为正相关和负相关；按照相关的形式可以划分为线性相关和非线性相关。相关分析就是用一个指标来刻画变量之间相关关系的密切程度和方向。最简单的情况就是两个变量之间的相关关系，称为简单相关分析。在数据分析中，相关分析的工具一般用相关系数。

1. 相关系数

对于两个随机变量 X 和 Y，可以用相关系数 ρ 来表示它们的相关关系，定义为：

$$\rho = \frac{\mathrm{Cov}(X, Y)}{\sqrt{D(X)}\sqrt{D(Y)}}$$

这里的 $\mathrm{Cov}(X, Y)$ 为 X、Y 的协方差，$D(X)$、$D(Y)$ 分别为 X、Y 的方差在分析实际问题时，变量之间的相关系数一般通过样本数据来进行估计。设变量 X 和 Y 的 n 组观测值为 (x_i, y_i)，$i = 1, 2, \cdots, n$，则相关系数的估计公式为：

$$r = \frac{\sum_{i=1}^{n}(x_i - \overline{x})(y_i - \overline{y})}{\sqrt{\sum_{i=1}^{n}(x_i - \overline{x})^2}\sqrt{\sum_{i=1}^{n}(y_i - \overline{y})^2}}$$

r 为样本相关系数，有如下性质：

（1）r 的取值范围为：$-1 \leqslant r \leqslant 1$。

（2）当$r=0$时，表明两个变量之间不存在线性相关关系；若$r>0$，表明变量之间正相关；若$r<0$，表明变量之间负相关。

（3）当$|r|=1$时，表明两个变量完全线性相关；若$r=1$，称为完全正相关；若$r=-1$，称为完全负相关。

2. 相关系数的检验

样本相关系数的显著性检验是检验两个变量间的相关系数是否显著，即对如下的假设问题进行检验：

$$H_0:\rho=0,\ H_1:\rho\neq0$$

构造检验统计量为：

$$t=\frac{r\sqrt{n-2}}{\sqrt{1-r^2}}$$

显然，若原假设成立，则$|r|$应该较小，从而$|t|$也应该较小，一旦$|t|$过大，就应该拒绝原假设。

当原假设成立时，$t\sim t(n-2)$，于是在显著性水平α下，拒绝域为：

$$W=\left\{|t|\geqslant t_{1-\alpha/2}(n-2)\right\}$$

例 1.10　现有18名20岁男青年的身高与前臂长度数据，经计算，样本相关系数为0.742，问身高与前臂长度之间是否具有相关性（$\alpha=0.05$）？

解：由题意可得：$r=0.742$，$n=18$

对于检验问题$H_0:\rho=0$，$H_1:\rho\neq0$，拒绝域为：$W=\{|t|\geqslant2.12\}$

检验统计量的值为：$t=\dfrac{r\sqrt{n-2}}{\sqrt{1-r^2}}=\dfrac{0.742\times4}{\sqrt{1-0.742^2}}=2.417>2.21$，故拒绝原假设，认为身高与前臂长度之间具有相关关系。

二、回归分析

相关分析以变量之间是否相关、相关的方向和密切程度等为主要研究内容，它一般不区别自变量与因变量，所使用的工具是相关系数。回归分析侧重考察变量之间的数量变化规律，根据研究的目的，应区分出自变量与因变量，并通过一定的数学表达式来描述自变量与因变量之间的关系。

根据自变量与因变量之间依赖关系的不同，回归分析可以分为线性回归和非线性回归。根据影响因变量的自变量个数的不同，回归分析又可以分为一元回归和多元回归。

1. 一元线性回归

线性关系是最简单的一种变量关系，利用线性关系可以简化很多复杂和难以处理的问题。一元线性回归研究的是一个因变量与一个自变量之间的线性依赖关系。

（1）一元线性回归模型：假设因变量y与自变量x存在线性关系，则可以用式（1-7）的数学模型来描述。

$$y = \beta_0 + \beta_1 x + \varepsilon \tag{1-7}$$

其中，β_0和β_1称为回归系数，ε为随机误差。一般地，假设$\varepsilon \sim N(0,\ \sigma^2)$。为了确定模型中的参数$\beta_0$和$\beta_1$，对变量$x$和$y$进行多次观测，得到样本数据$(x_i,\ y_i)$，$i = 1,\ 2,\ \cdots,\ n$，一般要求观测独立进行，即假定$y_1,\ y_2,\ \cdots,\ y_n$相互独立。综合上述诸项假定，可以得出简单、常用的一元线性回归的统计模型，即式（1-8）：

$$\begin{cases} y_i = \beta_0 + \beta_1 x_i + \varepsilon_i,\ \ i = 1,\ 2,\ \cdots,\ n \\ \text{各}\varepsilon_i\text{独立同分布，其分布为}N(0,\ \sigma^2) \end{cases} \tag{1-8}$$

由数据$(x_i,\ y_i)$，$i = 1,\ 2,\ \cdots,\ n$，可以获得β_0和β_1的估计$\hat{\beta}_0$，$\hat{\beta}_1$，则可得式（1-9）：

$$\hat{y} = \hat{\beta}_0 + \hat{\beta}_1 x \tag{1-9}$$

式（1-9）为y与关于x的经验回归函数，简称为回归方程，其图形称为回归直线。

（2）回归系数的最小二乘估计：一般采用最小二乘法对模型中的回归系数进行估计，其基本想法是寻找一条最合适的直线，使所有观测点与直线间的"距离"最小，为此，令：

$$Q(\beta_0,\ \beta_1) = \sum_{i=1}^{n}(y_i - \beta_0 - \beta_1 x_i)^2$$

使$Q(\beta_0,\ \beta_1)$达到最小的$\hat{\beta}_0$，$\hat{\beta}_1$，称为β_0和β_1的最小二乘估计。经过计算可得式（1-10）：

$$\begin{cases} \hat{\beta}_1 = \sum_{i=1}^{n}(x_i - \bar{x})(y_i - \bar{y}) \Big/ \sum_{i=1}^{n}(x_i - \bar{x})^2 \\ \hat{\beta}_0 = \bar{y} - \hat{\beta}_1 \bar{x} \end{cases} \tag{1-10}$$

（3）回归方程的显著性检验：在建立回归模型时，可能并不确定因变量y与自变量x是否存在线性关系。如果线性关系不成立或者不明显，则得到的回归方程是没有意义的。回归方程的显著性检验用来确定y与x之间的线性关系是否显著，建立如下假设：

$$H_0 : \beta_1 = 0,\ \ H_1 : \beta_1 \neq 0$$

回归方程的显著性检验采用方差分析的思想，从数据出发研究引起y_i波动的原因，为此引入总偏差平方和$SST = \sum_{i=1}^{n}(y_i - \overline{y})^2$、回归平方和$SSR = \sum_{i=1}^{n}(\hat{y}_i - \overline{y})^2$和残差平方和

$SSE = \sum_{i=1}^{n}(y_i - \hat{y}_i)^2$，并且有SST=SSR+SSE。

构造F检验统计量：

$$F = \frac{SSR}{SSE / (n-2)}$$

当原假设成立时，$F \sim F(1, \ n-2)$。在显著性水平α下，拒绝域为：

$$W = \left\{ F \geqslant F_{1-\alpha}(1, \ n-2) \right\}$$

若$F \geqslant F_{1-\alpha}(1, \ n-2)$，则拒绝原假设，认为因变量与自变量之间有显著线性关系，即回归方程显著；若$F < F_{1-\alpha}(1, \ n-2)$，则接受原假设，认为回归方程不显著。

回归方程通过了显著性检验后，就可以利用式（1-9）进行预测，即给定自变量x的某个取值x_0，对因变量y的取值y_0作出如下的预测：

$$\hat{y}_0 = \hat{\beta}_0 + \hat{\beta}_1 x_0$$

例1.11　为考查织物厚度与保暖性之间的关系，分别测试了其厚度x（单位：mm）及相应的热阻y（单位：m^2K/W），测试结果如表1-8所示。

表1-8　织物的厚度与热阻数据

x	0.836	0.612	0.866	1.654	0.856	1.006	1.421
y	34.79	27.01	31.05	65.97	32.31	38.96	54.99

试建立一元线性回归方程，并对回归方程进行显著性检验（$\alpha = 0.05$）。

解：首先利用这7组数据画出散点图，见图1-7。

从散点图上可以发现这7个点基本在一条直线附近，这说明两个变量之间有一个线性相关关系，下面求线性回归方程。

经计算可得：$\hat{\beta}_0 = 0.793$，$\hat{\beta}_1 = 38.551$，于是一元线性回归方程为：

$$\hat{y} = 0.793 + 38.551x$$

检验统计量的值为：$F = \dfrac{1206.946}{24.713/5} = 244.192 > F_{0.95}(1, \ 5) = 6.61$，故拒绝原假设，认为回归方程是显著的。

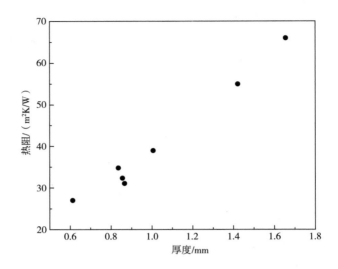

图1-7　厚度与热阻的散点图

2. 一元非线性回归

有时，回归函数并非自变量的线性函数，可以通过变换将之化为线性函数，从而可用一元线性回归方法对其分析，这是处理非线性回归问题的一种常用方法。实际分析中经常用到的几种非线性函数见表1-9。

表1-9　部分常见的曲线函数

函数名称	函数表达式	线性化方法
双曲线函数	$\dfrac{1}{y}=a+\dfrac{b}{x}$	$v=\dfrac{1}{y}$ $u=\dfrac{1}{x}$
幂函数	$y=ax^{b}$	$v=\ln y$ $u=\ln x$
指数函数	$y=ae^{bx}$	$v=\ln y$ $u=x$
	$y=ae^{b/x}$	$v=\ln y$ $u=\dfrac{1}{x}$
对数函数	$y=a+b\ln x$	$v=y$ $u=\ln x$
S 形曲线	$y=\dfrac{1}{a+be^{-x}}$	$v=\dfrac{1}{y}$ $u=e^{-x}$

下面以一个例子说明上述非线性回归的分析步骤。

例1.12　为考查某织物的导热性能测试了17组其温度y（单位：℃）随时间x（单位：s）的变化情况，测试结果如表1-10所示，试给出y与x的定量关系表达式。

表1-10　温度y与时间x的17组观测值

x	0	5	10	15	20	25	30	35	40
y	25.00	30.67	33.27	34.10	35.03	35.20	35.63	35.80	36.20
x	45	50	55	60	65	70	75	80	
y	36.27	37.03	37.37	37.87	38.70	39.80	40.20	40.63	

解：首先画出数据的散点图（图1-8），判断两个变量之间可能存在的函数关系。

观察图1-8可以发现这17个点并不接近一条直线，用曲线拟合这些点更恰当。因此，须了解常见的曲线函数的图形。本例中，选择S形曲线进行拟合：

$$y = \frac{1}{a + be^{-x}}$$

接下来需要对方程中的未知参数进行估计。对于非线性函数，参数估计最常用的方法是"线性化"方法，即通过某种变换，将方程化为一元线性方程的形式。

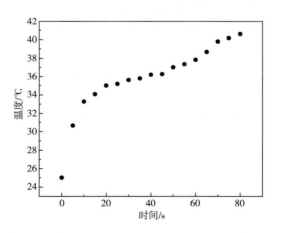

图1-8　温度与时间的散点图

令：$u = e^{-x}$，$v = \dfrac{1}{y}$，则曲线函数就化为如下的直线：

$$v = a + bu$$

将数据代入，可得回归模型为：

$$v_i = a + bu_i + \varepsilon_i$$

这样就可以用一元线性回归的方法估计出a和b，得到回归方程为：

$$\hat{y} = \frac{1}{0.033 + 0.996e^{-x}}$$

需要注意的是，有时适合的拟合曲线可能不止一种，要比较不同的曲线回归方程的优劣，通常看决定系数R^2的大小。决定系数的定义为：

$$R^2 = 1 - \frac{\sum(y_i - \hat{y}_i)^2}{\sum(y_i - \overline{y})^2}$$

其中R^2越大，回归曲线拟合越好。

3. 多元线性回归

当自变量不止一个时，如果因变量和自变量之间为线性关系，可以做多元线性回归分析。多元线性回归分析的思想与一元线性回归分析是类似的，但是多元线性回归分析的处理过程要比一元线性回归分析复杂得多。

（1）多元线性回归模型：假设因变量y与m个自变量x_1，x_2，$\cdots$，x_m之间存在着线性相关关系：

$$y = \beta_0 + \beta_1 x_1 + \cdots + \beta_m x_m + \varepsilon$$

其中，β_0，β_1，$\cdots$，β_m称为回归系数，ε为随机误差，且$\varepsilon \sim N(0, \sigma^2)$。现对变量$x_1$，$x_2$，$\cdots$，$x_m$和$y$进行$n$次观测，得到样本数据$x_1$，$x_2$，$\cdots$，$x_m$，$y_i(i=1, 2, \cdots, n)$则得式（1-11）：

$$y_i = \beta_0 + \beta_1 x_{i1} + \cdots + \beta_m x_{im} + \varepsilon_i, \ i = 1, 2, \cdots, n \qquad （1-11）$$

其中，ε_1，ε_2，$\cdots$，ε_n相互独立，且$\varepsilon_i \sim N(0, \sigma^2)$，$i = 1, 2, \cdots, n$，则式（1-11）为$m$元线性回归模型。

若记：

$$Y = \begin{pmatrix} y_1 \\ y_2 \\ \vdots \\ y_n \end{pmatrix}, \ X = \begin{pmatrix} 1 & x_{11} & x_{12} & \cdots & x_{1m} \\ 1 & x_{21} & x_{22} & \cdots & x_{2m} \\ \vdots & \vdots & \vdots & \cdots & \vdots \\ 1 & x_{n1} & x_{n2} & \cdots & x_{nm} \end{pmatrix}, \ \beta = \begin{pmatrix} \beta_0 \\ \beta_1 \\ \vdots \\ \beta_m \end{pmatrix}, \ \varepsilon = \begin{pmatrix} \varepsilon_1 \\ \varepsilon_2 \\ \vdots \\ \varepsilon_n \end{pmatrix}$$

则式（1-11）可用矩阵形式表示为：

$$Y = X\beta + \varepsilon$$

其中，$\varepsilon \sim N(0, \sigma^2 I_n)$，并要求$n > m$，且$\text{rank}(X) = m + 1$（表明$X$中的自变量之间不

相关）。

（2）回归系数的最小二乘估计：与一元线性回归规模的情况相同，仍采用最小二乘法对模型中的回归系数进行估计，令：

$$Q(\boldsymbol{\beta}) = \sum_{i=1}^{n}(y_i - \beta_0 - \beta_1 x_{i1} - \cdots - \beta_m x_{im})^2 = (\boldsymbol{Y} - \boldsymbol{X\beta})^{\mathrm{T}}(\boldsymbol{Y} - \boldsymbol{X\beta})$$

使$Q(\boldsymbol{\beta})$达到最小的$\hat{\boldsymbol{\beta}}$称为$\boldsymbol{\beta}$的最小二乘估计，即

$$Q(\hat{\boldsymbol{\beta}}) = \min Q(\boldsymbol{\beta})$$

$Q(\boldsymbol{\beta})$关于$\boldsymbol{\beta}$求导并令其等于0，可得$\boldsymbol{\beta}$的最小二乘估计为：

$$\hat{\boldsymbol{\beta}} = (\boldsymbol{X}^{\mathrm{T}}\boldsymbol{X})^{-1}(\boldsymbol{X}^{\mathrm{T}}\boldsymbol{Y})$$

于是，可得回归方程为：

$$\hat{y} = \hat{\beta}_0 + \hat{\beta}_1 x_1 + \cdots + \hat{\beta}_m x_m$$

（3）回归方程的显著性检验：得到回归方程后，还需对回归方程进行显著性检验，以判断因变量y与自变量$x_1, x_2, \cdots, x_m$之间的线性关系是否显著，为此提出原假设：

$$H_0 : \beta_1 = \beta_2 = \cdots = \beta_m = 0$$

类似一元线性回归方程的显著性检验，构造F检验统计量：

$$F = \frac{\mathrm{SSR}/m}{\mathrm{SSE}/(n-m-1)}$$

当原假设成立时，$F \sim F(m, \ n-m-1)$。在显著性水平α下，拒绝域为：

$$W = \left\{F \geqslant F_{1-\alpha}(m, \ n-m-1)\right\}$$

若$F \geqslant F_{1-\alpha}(m, \ n-m-1)$，则拒绝原假设，认为因变量与自变量之间有显著的线性关系，即回归方程显著；若$F < F_{1-\alpha}(m, \ n-m-1)$，则接受原假设，认为回归方程不显著。

（4）回归系数的显著性检验：在多元线性回归中，回归方程显著并不意味着每个自变量对因变量的影响都显著，总想从回归方程中剔除那些次要的、可有可无的变量，重新建立更为简单的回归方程，就需要对每个自变量进行显著性检验。

显然，如果某个自变量x_j对y的影响不显著，那么在回归模型中，它的系数β_j就取值为零。因此，检验自变量x_j是否显著，等价于检验假设：

$$H_{0j} : \beta_j = 0, \ H_{1j} : \beta_j \neq 0, j = 1, 2, \cdots, m$$

构造t检验统计量：

$$t = \frac{\hat{\beta}_j}{\sqrt{c_{jj}\mathrm{SSE}/(n-m-1)}}$$

这里c_{jj}是矩阵$(X^T X)^{-1}$对角线上第j个元素。可以证明，当原假设成立时，$t \sim t(n-m-1)$。在显著性水平α下，拒绝域为：

$$W = \left\{ |t| \geq t_{1-\alpha/2}(n-m-1) \right\}$$

若$|t| \geq t_{1-\alpha/2}(n-m-1)$，则拒绝原假设，认为自变量$x_j$对$y$有显著影响；若$|t| < t_{1-\alpha/2}(n-m-1)$，则接受原假设，认为自变量$x_j$对$y$无显著影响。

例1.13　现收集到12名男孩的体重y（单位：磅，1磅≈0.45千克），身高x_1（单位：英寸，1英寸≈2.54厘米）和年龄x_2数据，见表1-11。试建立y与x_1、x_2之间的回归方程，并对回归方程进行显著性检验（α=0.05）。

表1-11　男孩的体重、身高和年龄数据

y	64	71	53	67	55	58	56	51	76	77	57	68
x_1	57	59	49	62	51	50	52	42	61	55	48	57
x_2	8	10	6	11	8	7	10	6	12	10	9	9

解：根据式（1-10）可得：$\hat{\beta}_0 = 3.651$，$\hat{\beta}_1 = 0.855$，$\hat{\beta}_2 = 1.506$，于是所求的回归方程为：

$$\hat{y} = 3.651 + 0.855x_1 + 1.506x_2$$

①回归方程的显著性检验。检验统计量的值为：

$$F = \frac{629.373/2}{258.877/9} = 10.940 > F_{0.95}(2, \ 9) = 4.26$$

故拒绝原假设，认为回归方程是显著的。

②回归系数β_1的显著性检验。检验统计量的值为：

$$|t| = 1.892 < t_{0.975}(9) = 2.2622$$

故接受原假设，认为自变量x_1是不显著的。

③回归系数β_2的显著性检验。检验统计量的值为：

$$|t| = 1.065 < t_{0.975}(9) = 2.2622$$

故接受原假设，认为自变量x_2是不显著的。

由上述可知，回归系数β_1，β_2均未通过显著性检验，说明所选自变量存在问题，可能自变量不全或自变量之间存在多重相关性，或者存在其他原因。

思考题

1. 为探究面料透气性与厚度之间是否存在相关性，研究人员随机选取了50种不同规格的面料样本，并测量了每种面料的透气性和厚度。经计算，样本相关系数为0.822。请检验面料透气性与厚度之间是否存在显著相关性（$\alpha=0.05$）。

2. 为分析某种混纺面料的弹性回复性能与纤维含量之间的关系，研究人员随机选取了30种不同纤维含量的面料样本，并测量了每种面料的弹性回复率和纤维含量。数据如表1-12所示。

表1-12 面料的弹性回复率和纤维含量

弹性回复率 /%	72.3	77.1	81.9	68.5	73.2	78.8	83.4	67.9	72.7	77.5	82.2	69.1
纤维含量 /%	25	30	35	20	27	32	38	18	26	31	36	21

试建立一元线性回归方程，并对回归方程进行显著性检验（$\alpha=0.05$）。

第二章
基础实验设备的操作方法

章节名称：基础实验设备的操作方法　　　课程时数：2 课时

教学内容：

　　服装标准

　　实验用标准大气及试样调湿

　　天平的操作

　　恒温恒湿箱的操作

　　服装材料的含水率和回潮率测试

教学目的：

　　通过本章的学习，学生应达到以下要求和效果：

　　1. 了解服装标准的定义、分类。

　　2. 学习并掌握天平、恒温恒湿箱、烘箱的操作方法。

　　3. 学习并掌握试样调湿、服装材料含水率和回潮率的测试方法。

教学方法：

　　理论讲授和实践操作相结合。

教学要求：

　　了解服装检测标准，在熟练运用天平、恒温恒湿箱、烘箱等基础实验设备的前提下，严格按照实验操作规范，在专业实验室中开展服装材料回潮率和含水率的实操练习。

教学重点：

　　掌握基础实验设备的操作方法和服装材料回潮率的测试方法，为后续的相关实验奠定基础。

教学难点：

　　结合理论知识，分析回潮率与面料服用性能的关系。

为了确保服装材料实验结果的客观性、准确性和可靠性，在开展实验前，需要查阅相关检测标准，了解国家和行业要求的相关测试方法；在实验过程中，为了满足某些实验要求，需要构建标准大气条件，或使用天平、烘箱、恒温恒湿箱等基础实验设备进行试样制备和测量分析。为此，本章着重介绍服装标准、标准大气条件及基础实验设备的操作方法，为各项服装材料实验打下良好的基础。

第一节
服装标准

截至目前，我国纺织服装行业已有国家、行业标准千余项，涵盖产品、方法、管理等方面。这些标准深刻地影响着纺织服装行业的发展和人们思维观念的改变，有力地促进了纺织、服装领域的科学技术进步和人们生活质量的提高。近年来，我国标准化主管部门还陆续发布了 GB 18401—2010《国家纺织产品基本安全技术规范》、GB 31701—2015《婴幼儿及儿童纺织产品安全技术规范》、GB 18383—2007《絮用纤维制品通用技术要求》等强制性国家标准。这些标准的实施，为我国纺织服装产品的生产、销售、使用和监督提供了统一的技术依据，对规范市场、有效保护消费者的利益以及提高我国纺织服装行业整体水平发挥了重要作用。

一、标准的定义

多年来，各国标准工作者一直力图对标准的定义作出科学、正确的回答。我国 GB/T 20000.1—2014《标准化工作指南　第1部分：标准化和相关活动的通用术语》中对标准的定义是："通过标准化活动，按照规定的程序经协商一致制定，为各种活动或其结果提供规则、指南或特性，供共同使用和重复使用的文件。"

二、标准的分类

1. 按标准的级别划分

标准按批准机构的级别可分为国际标准、区域标准、国家标准、行业标准、地方标准、团体标准和企业标准等。

（1）国际标准（International Standard）：指由国际标准化组织（ISO）、国际电工委员会（IEC）、国际电信联盟，以及国际标准化组织确认并公布的其他国际组织制定的标准。ISO和IEC批准、发布的标准是目前主要的国际标准。国际标准在世界范围内统一使用，其目的是便于各成员之间进行贸易和信息交流。

（2）区域标准（Regional Standard）：指由区域标准化组织或区域标准组织通过并公开发布的标准。通常提到的区域标准主要是指太平洋地区标准会议（PASC）、欧洲标准化委员会（CEN）、亚洲标准咨询委员会（ASAC）等所制定和使用的标准。

（3）国家标准（National Standard）：简称国标，指由国家标准机构通过并公开发布的标准。如中国国家标准（GB）、美国国家标准（ANSI）、英国国家标准（BS）、法国国家标准（NF）、德国国家标准（DIN）、日本国家标准（JIS）等。

（4）行业标准（Industry Standard）：指由行业机构通过并公开发布的标准。我国用代号"FZ"表示纺织行业的行业标准。

（5）地方标准（Provincial Standard）：指在国家的某个地区通过并公开发布的标准。如河南地方标准（DB 41/T）、上海地方标准（DB 31/T）、湖北地方标准（DB 42/T）等。

（6）团体标准（Association Standard）：指由团体按照团体确立的标准制定程序自主制定发布，由社会自愿采用的标准。团体标准一般以"T"为标准开头。如由中国纺织工业联合会发布的纺织服装团体标准T/CNTAC 5—2018《拼接服装》、T/CNTAC 6—2018《捐赠用纺织品通用技术要求》、T/CNTAC 201—2023《聚乳酸纤维与棉混纺针织T恤衫》等。

（7）企业标准（Company Standard）：指由企业通过的供该企业使用的标准。企业标准一般以"Q"为标准开头。

2. 按法律的约束性划分

标准按法律的约束性一般分为强制性标准和推荐性标准两种。保障人身、财产安全的标准和法律、行政法规规定强制执行的标准是强制性标准，其他标准是推荐性标准。《中华人民共和国标准化法》规定：强制性标准必须执行。不符合强制性标准的产品，禁止生产、销售和进口。推荐性标准，国家鼓励企业自愿采用。

3. 按标准的表现形式划分

标准按表现形式分为两种：一种是仅以文字表达，称为标准文件；另一种是以实物标准为主，并附文字说明，称为标准样品，简称标样。如棉花分级标样、纱线条干样照、色牢度变色和沾色分级样卡等。

4. 按标准的性质划分

标准按性质划分为技术标准、管理标准和工作标准三大类。

（1）技术标准：指对标准化领域中需要协调统一的技术事项所制定的标准，包括基础标准、产品标准、工艺标准、检测试验方法标准及安全、卫生、环保标准等。

（2）管理标准：指对标准化领域中需要协调统一的管理事项所制定的标准。

（3）工作标准：指对工作的责任、权利、范围、质量要求、程序、效果、检查方法、考核办法等所制定的标准。

5. 按标准化对象及功能划分

按标准化对象及功能可分为：基础标准、术语标准、产品标准、方法标准、安全标准、卫生标准、环境保护标准、服务标准和管理标准等。

三、标准的编号

我国标准的编号由标准代号、标准顺序号和标准批准年号构成，如图2-1~图2-4所示。

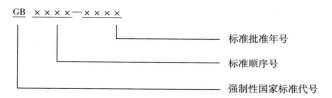

图2-1　强制性国家标准编号

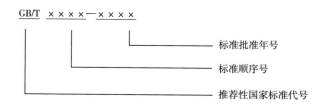

图2-2　推荐性国家标准编号

图2-3　强制性纺织行业标准编号

图2-4 推荐性纺织行业标准编号

四、我国的纺织服装标准

我国的纺织服装标准一般分为：基础标准、方法标准、产品标准。

1. 基础标准

基础标准，主要指通用的技术语言类标准，在一定范围内作为其他标准的基础并普遍使用，具有广泛的指导意义，包括纺织品及其制品的名词术语标准、纺织品通用符号代码标准、纺织品的调湿和实验用标准大气标准、纺织材料公定回潮率标准等。如GB 18401—2010《国家纺织产品基本安全技术规范》、GB/T 5708—2001《纺织品 针织物 术语》、GB/T 8685—2008《纺织品 维护标签规范 符号法》、GB/T 250—2008《纺织品 色牢度试验 评定变色用灰色样卡》、GB 9994—2018《纺织材料公定回潮率》等。

2. 方法标准

方法标准，包括纺织原料、纺织品物理机械性能、织物结构、化学组成及有关技术指标的分析试验方法。如GB/T 5713—2013《纺织品 色牢度试验 耐水色牢度》、GB/T 17592—2024《纺织品 禁用偶氮染料的测定》、GB/T 7573—2009《纺织品 水萃取液pH值的测定》、GB/T 17593.1—2006《纺织品 重金属的测定 第1部分：原子吸收分光光度法》、GB/T 10288—2016《羽绒羽毛检测方法》等。

3. 产品标准

产品标准，包括纺织产品的品种、规格、技术要求、评定规则及性能要求等标准。如GB/T 8878—2023《针织内衣》、FZ/T 81007—2022《单、夹服装》、GB/T 31888—2015《中小学生校服》、GB/T 2660—2017《衬衫》、GB/T 2664—2017《男西服、大衣》等。我国常用服装产品执行标准如表2-1所示。

表2-1 我国常用服装产品执行标准

产品名称	执行标准	类别	适用范围
衬衫	GB/T 2660—2017	机织	适用于以纺织机织物为主要原料生产的衬衫,不包括有填充物的衬衫。不适用于年龄在36个月及以下的婴幼儿产品
棉服装	GB/T 2662—2017	机织	适用于以纺织机织物为主要面料,以各种天然纤维、化学纤维及其共混物等为填充物,或以动物毛皮、人造毛皮等为里或制成活里,成批生产的棉服装。不适用于填充物中含有羽绒、羽毛的产品;不适用于年龄在36个月及以下的婴幼儿服装
男西服、大衣	GB/T 2664—2017	机织	适用于以纯毛、毛混纺及交织、仿毛等机织物为主要面料生产的男西服和大衣等毛呢类服装。不适用于年龄在36个月及以下的婴幼儿服装
女西服、大衣	GB/T 2665—2017	机织	适用于以纯毛、毛混纺及交织、仿毛等机织物为主要面料生产的女西服和大衣等毛呢类服装。不适用于年龄在36个月及以下的婴幼儿服装
西裤	GB/T 2666—2017	机织	适用于以纯毛、毛混纺及交织、仿毛等机织物为主要面料生产的西裤、西裤裙等毛呢类服装。不适用于年龄在36个月及以下的婴幼儿服装
丝绸服装	GB/T 18132—2016	机织	适用于以含有蚕丝或绢丝的机织丝织物为主要面料生产的丝绸服装。不适用于年龄在36个月及以下的婴幼儿服装
机织学生服	GB/T 23328—2009	机织	适用于以纺织机织物为主要面料生产的学生服
水洗整理服装	GB/T 22700—2016	机织	适用于以纺织机织物为主要面料,经水洗整理生产的服装。不适用于牛仔服装和年龄在36个月及以下的婴幼儿服装
旗袍	GB/T 22703—2019	机织	适用于以纺织机织物为主要面料生产的旗袍。不适用于年龄在36个月及以下的婴幼儿服装
机织儿童服装	GB/T 31900—2015	机织	适用于以纺织机织物为主要面料生产的儿童服装。不适用于年龄在36个月及以下的婴幼儿服装
睡衣套	FZ/T 81001—2016	机织	适用于以纺织机织物为主要原料生产的睡衣(含套装)等居家室内穿着服装。不适用于年龄在36个月及以下的婴幼儿服装
连衣裙、裙套	FZ/T 81004—2022	机织	适用于以纺织机织物为主要面料生产的裙子、连衣裙和裙套。不适用于年龄在36个月及以下的婴幼儿服装
牛仔服装	FZ/T 81006—2017	机织	适用于以纯棉或棉纤维为主要原料的机织牛仔布生产的牛仔服装。不适用于年龄在36个月及以下的婴幼儿服装
单、夹服装	FZ/T 81007—2022	机织	适用于以纺织机织物为主要面料生产的单、夹服装。不适用于年龄在36个月及以下的婴幼儿服装
夹克衫	FZ/T 81008—2021	机织	适用于以纺织机织物为主要面料生产的夹克衫。不适用于年龄在36个月及以下的婴幼儿服装
风衣	FZ/T 81010—2018	机织	适用于以纺织机织物为主要面料生产的风衣。不适用于年龄在36个月及以下的婴幼儿服装

续表

产品名称	执行标准	类别	适用范围
宠物狗服装	FZ/T 81013—2016	机织	适用于以纺织机织物为主要面料生产的宠物狗服装。其他宠物服装可参照本标准执行
婚纱和礼服	FZ/T 81015—2016	机织	适用于以纺织机织物为主要面料生产的婚纱和礼服。不适用于年龄在 36 个月及以下的婴幼儿服装
全毛衬西服	FZ/T 81017—2022	机织	适用于以纯毛、毛混纺或交织机织物为主要面料生产的全毛衬西服，半毛衬西服可参照执行。不适用于年龄在 36 个月及以下的婴幼儿服装
机织弹力裤	GB/T 35460—2017	机织	适用于以含有弹性纤维的机织物为主要原料生产的裤子。不适用于年龄在 36 个月及以下的婴幼儿服装
羽绒服装	GB/T 14272—2021	机织	适用于以纺织机织物为主要面料，以羽绒为填充物生产的服装，门襟、袋盖、风帽、领子等小部位可采用其他填充物。不适用于羽绒和纤维共混填充、分层或分区使用纤维填充的服装
中小学生校服	GB/T 31888—2015	机织针织	适用于以纺织织物为主要材料生产的、中小学生在学校日常统一穿着的服装及其配饰。其他学生校服可参照执行
针织内衣	GB/T 8878—2023	针织	适用于以针织面料为主加工制成的针织内衣。不适用于年龄在 36 个月及以下的婴幼儿服饰
针织 T 恤衫	GB/T 22849—2024	针织	适用于鉴定以针织面料为主加工制成的各类针织 T 恤衫的品质。不适用于年龄在 36 个月及以下的婴幼儿针织 T 恤衫
针织运动服	GB/T 22853—2019	针织	适用于鉴定以针织物为主要面料制成的运动服的品质。不适用于年龄在 36 个月及以下的婴幼儿服装
针织学生服	GB/T 22854—2009	针织	适用于鉴定以针织物为主要原料成批生产的学生服产品
针织棉服装	GB/T 26384—2011	针织	适用于鉴定以针织物为主要面料，以各种纺织纤维为填充物制成的棉服装产品
针织拼接服装	GB/T 26385—2011	针织	适用于以针织物为主要面料拼接而成的服装
桑蚕丝针织服装	FZ/T 43015—2021	针织	适用于桑蚕丝纯织及桑蚕丝与其他纤维交织或混纺（桑蚕丝含量在 30% 及以上）的针织服装。不适用于桑蚕绵丝针织服装
针织工艺衫	FZ/T 73010—2016	针织	适用于鉴定以棉、麻、蚕丝、化纤等纤维纯纺、混纺或交织加工而成的针织工艺衫的品质（包括用横机编织、手工编织和针织物裁片等加工而成的产品）。不适用于年龄在 36 个月及以下的婴幼儿服装
针织家居服	FZ/T 73017—2023	针织	适用于以针织面料为主加工制成的家居服。不适用于年龄在 36 个月及以下的婴幼儿服饰
针织塑身内衣弹力型	FZ/T 73019.1—2017	针织	适用于鉴定弹力型针织塑身内衣及无侧边缝型针织塑身内衣产品的品质。不适用于年龄在 36 个月及以下的婴幼儿服饰

产品名称	执行标准	类别	适用范围
针织塑身内衣调整型	FZ/T 73019.2—2020	针织	适用于鉴定以经编、纬编针织面料为主要材料制成的针织塑身内衣调整型产品的品质。不适用于年龄在 14 岁及以下的婴幼儿及儿童服装
针织休闲服装	FZ/T 73020—2019	针织	适用于鉴定以纺织针织面料为主加工制成的休闲服装的品质。不适用于年龄在 36 个月及以下的婴幼儿服装
针织保暖内衣	FZ/T 73022—2019	针织	适用于鉴定以保温率在 30% 及以上的针织面料制成的保暖内衣产品的品质。不适用于絮片类保暖内衣产品
婴幼儿针织服饰	FZ/T 73025—2019	针织	适用于以针织面料为主加工制成的婴幼儿针织服饰,包括内衣、外衣、睡衣、连身装、肚兜、裤子、袜子、脚套、帽子、手套、围嘴、围裙、围巾、包巾、包被、睡袋、床上用品等
针织裙、裙套	FZ/T 73026—2014	针织	适用于鉴定以针织面料为主要材料制成的针织裙及裙套等针织裙类产品的品质。不适用于年龄在 36 个月及以下的婴幼儿服饰
针织裤	FZ/T 73029—2019	针织	适用于鉴定无侧缝型和面料裁缝弹力紧身针织裤的品质,包括九分裤、七分裤、五分裤。不适用于涂层类针织裤;不适用于年龄在 36 个月及以下的婴幼儿针织裤类
针织牛仔服装	FZ/T 73032—2017	针织	适用于鉴定针织牛仔服装的品质。不适用于年龄在 36 个月及以下的婴幼儿针织牛仔服装
针织衬衫	FZ/T 73043—2020	针织	适用于以针织面料为主要材料制成的针织衬衫。不适用于含有填充物的衬衫或年龄在 36 个月及以下的婴幼儿产品
针织儿童服装	FZ/T 73045—2013	针织	适用于以针织面料为主要材料制成的 3 岁(身高 100cm)以上 14 岁以下儿童穿着的针织服装。不适用于针织棉服装、针织羽绒服装
针织羽绒服装	FZ/T 73053—2015	针织	适用于鉴定以针织面料为主要面料,以羽绒为主要填充物生产的各种羽绒服装的品质。不适用于年龄在 36 个月及以下或身高 100cm 及以下的婴幼儿服装

五、服装标准查询方式

在标准的使用过程中一定要选用现行有效的版本。服装标准的查询途径主要有以下几种:

（1）全国标准信息公共服务平台。

（2）国家标准化管理委员会。

（3）中国标准服务网。

（4）工标网。

（5）全国团体标准信息平台。

（6）企业标准信息公共服务平台。

此外,还可以通过其他专业的标准服务机构或检测机构获取所需标准,如河南省标准信息服务平台、上海市质量和标准化研究院。

思考题

　　1. 什么是标准？标准按批准机构的级别可分为哪几类？

　　2. 我国标准的编号由哪几部分构成？

第二节
实验用标准大气及试样调湿

　　纺织品材料的重量、力学性能、电学性能等物理和机械性能常常随着大气条件（温度、相对湿度和大气压力）而变化。为了减少误差，使纺织品材料的测试结果具有可比性，许多实验项目在测试前要对试样进行预调湿和调湿，并应在标准大气条件下进行实验。国际标准和我国标准中都明确规定了各种纺织品材料的预调湿、调湿和实验用标准大气条件。

一、标准大气

　　标准大气是指相对湿度为（65±4）℃和温度为（20±2）℃的环境。其中，相对湿度是指在相同的温度和压力条件下，大气中水蒸气的实际压力与饱和水蒸气压力的比值，以百分率表示。

　　纺织品材料调湿和实验用标准大气条件如表2-2所示。

表2-2　调湿和实验用标准大气条件

类型		温度 /℃	相对湿度 /%
标准大气		20±2	65±4
可选标准大气	特定标准大气	23±2	50±4
	热带标准大气	27±2	65±4

注　可选标准大气仅在有关各方同意的情况下使用。

二、预调湿

　　当试样比较潮湿时（实际回潮率大于公定回潮率），为了确保试样能在吸湿状态下达到调湿平衡，需要进行预调湿（即干燥）。将试样放置在相对湿度为10.0%~25.0%，温度不超过50℃的大气条件下，使实际回潮率与公定回潮率接近平衡。

三、调湿

大多数纺织品材料都具有一定的吸湿性，放在一个新的大气条件下，将立刻放湿或吸湿，经过一定时间后，吸湿平衡回潮率和放湿平衡回潮率趋于稳定，前者往往小于后者，这种吸湿滞后现象会影响纺织品材料性能的测试结果。因此，在进行纺织品物理和力学性能测试前，应将试样放置在标准大气环境下一段时间，使其达到吸湿平衡，这个过程称为调湿处理。

调湿期间，应使空气能畅通地流过试样。调湿所需要的时间取决于是否达到吸湿平衡。调湿过程中每隔2h连续称量，除非另有规定，试样的重量递变量不超过0.25%时，方可认为达到平衡状态；当采用快速调湿时（快速调湿需要特殊装置），试样连续称量的间隔为2~10min。通常情况下，一般的纺织品材料调湿24h以上即可，合成纤维调湿4h以上即可。调湿过程不能间断，若因故间断必须重新按规定调湿。

思考题

1. 实验用标准大气如何规定？
2. 结合现有的实验条件，思考如何进行织物的预调湿和调湿？
3. 哪些实验项目在开始前需要对试样进行调湿？

本技术依据GB/T 6529—2008《纺织品　调湿和试验用标准大气》。

第三节

天平的操作

为了定量表征服装材料的重量，计算回潮率、含水率、线密度、克重等物理指标，需采用天平进行精确称量。天平的种类较多，如电子天平、托盘天平、电光分析天平、链条天平、扭力天平等，目前最常用的是电子天平。

一、实验目的与要求

通过实验了解电子天平的工作原理，掌握电子天平的操作方法，熟悉电子天平的维护和保养方法。

二、实验原理

电子天平采用了现代电子控制技术，利用电磁力平衡重力原理实现称重，是以高质量的传感器为中介，将物体的不同质量转变为不同的电流，再将不同的电流值用相对应的质量值来显示，其特点是称量准确可靠、显示快速清晰，并且具有自动检测系统、自动校准装置以及超载保护装置等，测量结果相对稳定，人为因素影响少。

三、实验仪器与用具

梅特勒·托利多（METTLER TOLEDO）AL204电子天平（称量范围0~210g，最小分度值0.0001g，如图2-5所示）、镊子、剪刀等。

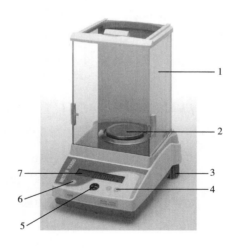

图2-5　AL204电子天平

1—防风罩　2—秤盘　3—水平调节脚　4—MENU键　5—ON/OFF键（O/T）　6—CAL键（1/10 d）　7—显示屏

四、试样准备

裁取纤维、纱线、织物等试样，尺寸不超过秤盘面积，重量不超过210g。

五、实验方法与步骤

1. 仪器调整

（1）检查天平的水平状态，查看天平防风罩背后底座附近的水平泡是否位于中间，若偏离，则调节天平底部的两个调节脚至水平位置。

（2）接通电源，秤盘空载，按"ON/OFF"键，天平进行显示自检，预热60min以达到工作温度。

（3）为了获得准确的称量结果，在首次使用天平前、改变放置位置后以及日常的称量工作中均需专业人员定期进行校准，以适应当地的重力加速度。需要注意的是，不允许连续校准天平。校准步骤如下：

①在开机状态下，清除天平秤盘上的被称物体，点击去皮"O/T"键，待天平显示器稳定显示。

②按住"CAL"键不放，直到天平显示"CAL 200.0000g"字样后松开该键，将200g校准砝码放在秤盘的中心位置，当天平显示"CAL 0.0000g"时，移去砝码，天平自动进行校准。

③当显示"CAL DONE"和"0.0000g"后，天平的校准过程结束，回到称量工作方式，等待称量。

2. 操作步骤

（1）打开天平防风罩一侧的玻璃门，将被测试样轻轻放在秤盘中心，待稳定状态探测符"。"消失，读取并记录称量结果。在称量中如果需要除去皮重，先将空容器放在天平的秤盘上，点击"O/T"键，此时天平应显示0.0000g，随后在容器中装满称量样品，则显示净重。如果需要快速称量，按"1/10d"键，可使天平在较低的读数精度状态下工作（小数点后少一位），更快地显示出结果，再点击一下"1/10d"键，天平又返回到正常读数精度工作状态。

（2）称量完毕，轻轻取出容器及试样，确定秤盘上清洁无物后关机。关机时按住"ON/OFF"键不放，直到显示屏上出现"OFF"字样，再松开按键。

3. 维护保养

（1）天平应放在固定的实验台上，附近不应有震动、热源并避免太阳直射。

（2）天平长期不用，要拔掉电源插座，并罩上布罩。

（3）天平是精密电子设备，防止在潮湿的环境中保管和使用，严禁水分进入天平内部。严禁直接将化学药品放置在秤盘上，需要使用烧杯盛放。严禁过载称量。

（4）清洁时应用软毛刷轻扫秤盘上及周围的烟末或灰尘，用酒精棉球或干棉球擦拭滴落在天平上的液体物质。

思考题

1. 哪些实验项目需要使用电子天平？

2. 电子天平的使用及保养注意事项有哪些？

本技术依据《梅特勒·托利多 AL 系列电子天平的使用说明书》。

第四节
恒温恒湿箱的操作

恒温恒湿实验室是将某一实验室通过某些专用设备和技术方法，使其室内温湿度符合某一调湿和实验用标准大气的要求。按照有关标准规定，大多数纺织品材料的性能检测必须在标准大气条件下进行。在缺乏恒温恒湿实验室的条件下，为了模拟实验需要的气候环境，可采用恒温恒湿箱自行设定温湿度条件，完成试样调湿、生物培养及保存等实验内容。

一、实验目的与要求

通过实验了解恒温恒湿箱的结构组成和工作原理，掌握恒温恒湿箱的操作方法。

二、实验原理

恒温恒湿箱由箱体、内胆（工作室）、温度和湿度控制器、加热及制冷系统、加湿和气体循环装置等组成，通过各控制系统相互协作，可模仿自然环境中的高温、低温、潮湿、干燥的气候条件。温度和湿度控制装置根据设定温湿度及工作室内温湿度感应体传输信号发送指令，通过控制器控制加热加湿器输出量及制冷机组工作，循环风均匀地从顶部吹出，经过工作室再从底部回收，构成闭环控制方式，从而达到长期稳定运行的目的。

三、实验仪器与用具

LHS-250HC-Ⅱ恒温恒湿箱（图2-6）、纯净水等。

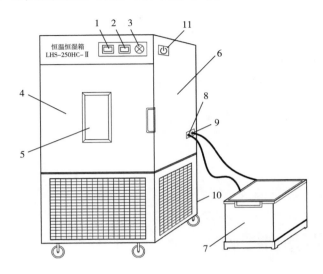

图2-6   LHS-250HC-Ⅱ恒温恒湿箱

1—温度控制器   2—湿度控制器   3—操作键   4—箱门   5—观察窗   6—箱体   7—水箱
8—加水插口   9—水泵电源插口   10—溢水口和放水阀   11—电源开关

四、实验方法与步骤

1. 仪器调整

（1）将水箱用支架垫高，放置于设备右侧，水箱中放有潜水泵，潜水泵输出加水塑料管，稍用力插入设备右侧的加水插口即可（取下时，将加水口处蓝色圆片向箱体按紧，向外拔出加水管即可）。

（2）将潜水泵电源插头插入设备右侧的专用电源插座内。

（3）第一次开机使用时，为保证工作室内加湿水槽顺利自动进水，将箱体背后下方左侧的放水阀打开，待水流出后再关闭放水阀，并在右边的溢水口下放置一个水盆或用水沟方式排水。

（4）打开水箱盖，加入纯净水，并盖好水箱盖（水位高低的控制：最低应淹没潜水泵，最高不超过水箱上连接管口处的橡皮圈。为保证设备里水位浮子的灵敏度，请务必加入纯净水）。

（5）接上电源后，打开设备电源开关，仪表应处于正常状态。

（6）通电30min左右，打开箱门，检查工作室底部的加湿蒸发器水槽水位，应使加湿管浸入水中，而又不能有水溢出，否则应打开设备后封板，调整水杯的高低来解决这一问题。

（7）打开后封板，松开固定水杯的螺丝钉，通过板上的腰形槽，整体移动水杯的高低，若水槽水位浅，将水杯位置调高；若水槽水位高，有水溢出，将水杯位置调低。

（8）应保证水槽水位水平，否则通过调整地平或垫平脚轮的方式解决。

2. 操作步骤

（1）根据实验需要，通过温湿度控制器设置温度和湿度。在正常运行状态下，按一下"MENU"键，再按"↵"选择设定温度或湿度。

（2）按"▲"键移动闪烁位，按"▲▼"键增减闪烁位的数字，调节温度和湿度设定值（SV值），标准大气条件的温度为20℃，相对湿度为65%。

（3）关闭箱门，待工作室内的温度和湿度的测量值（PV值）达到设定值，即可进入测试状态。

（4）迅速打开箱门，放入待测试样，待温度和湿度的测量值再次达到设定值，开始计时。

（5）待实验时间结束，迅速打开箱门，取出试样，进行下一个实验项目的测试。

（6）实验结束后，打开设备背后的放水阀（其手柄与管口平行），将工作室内加湿水槽及水杯内水放干，并擦干工作室内水分。加湿管需定期清洁水垢等污物，否则影响使用效果及寿命。

思考题

1. 哪些实验项目需要使用恒温恒湿箱？
2. 恒温恒湿箱的使用注意事项有哪些？

本技术依据《LHS-250HC-Ⅱ　恒温恒湿箱使用说明书》。

第五节
服装材料的含水率和回潮率测试

服装材料的吸湿性是影响材料计价核算、纤维理化性能、服装加工工艺及织物服用性能的重要因素。服装材料的吸湿性常用含水率和回潮率表示，国家标准规定采用烘箱热风干燥方式进行测定。

一、实验目的

通过实验了解快速八篮烘箱的结构及测试原理，掌握服装材料的回潮率和含水率的测定方法和计算方法。

二、实验原理

试样在烘箱中暴露于加热至规定温度的流动空气中，直至达到恒重。烘燥过程中的全部质量损失都作为水分，并以含水率和回潮率表示。

三、实验仪器与用具

YG747型通风式快速烘箱、样品容器、隔热手套、试样夹等。其中烘箱是由箱体、电子天平、控温仪、烘篮等组成的，如图2-7所示。

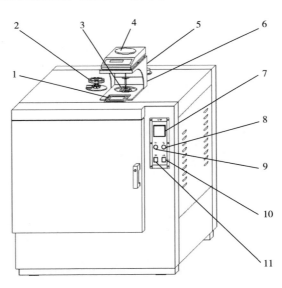

图2-7   YG747型通风式快速烘箱示意图
1—观察窗 2—转篮手轮 3—收缩门 4—电子天平 5—排气阀 6—天平架
7—控温仪 8—暂停按钮 9—启动按钮 10—照明开关 11—电源开关

四、试样准备

将样品按GB/T 6529—2008规定进行调湿，有代表性地抽取一定量的纤维或纱线样品，每种样品称取待测试样8份，并快速放入样品容器中。

五、实验方法与步骤

1. 仪器调整

（1）校正烘箱上的电子天平。

（2）开启收缩门，将吊钩组件挂在天平挂钩上，吊钩组件不能碰到收缩门，按下天平上的"去皮"键，去掉皮重。

（3）用吊钩组件钩起烘篮挂在天平上逐一称重，并按烘篮编号记录好每只烘篮的原始重量。

（4）开启电源开关，鼓风机开始运转，烘箱开始工作，并开启烘箱顶部的排气阀，使箱内的潮湿空气排出箱外。

（5）通过控温仪调节烘箱温度，使烘箱加热到表2-3所示的范围内。

表2-3　常用纤维的烘燥温度范围

材料名称	腈纶	氯纶	桑蚕丝	其他所有纤维
烘燥温度/℃	110±2	77±2	140±2	105±2

注　当有协议时，也可以采用其他温度，但须在实验报告中说明。

2. 操作步骤

（1）开启天平电源开关。

（2）从样品容器中取出试样，快速将试样放在天平的托盘上称取试样的烘前质量，精确至0.01g，按烘篮编号记录好每份试样的重量。将称好的试样扯松，扯落的杂质和短纤维应全部放回试样中。

（3）从烘箱中取出烘篮，将称好的试样按编号放进对应的烘篮内。如不足8个试样，则应在多余的烘篮内装入等量的纤维（否则会影响烘燥速度）。关闭箱门，按下启动按钮，烘箱开始工作，待箱内温度回升至规定温度，记录时间。

（4）试样烘至规定时间后（约25min），按下"暂停"按钮，1 min后关闭排气阀，打开收缩门，开启照明灯，旋转烘篮手轮，用钩篮器钩住烘篮逐一称重，记录每个试样的质量。

（5）第一次称重后，关闭收缩门，打开排气阀，按下启动按钮。5min后进行第二次称重，并记录每个试样的质量。

（6）当连续两次称重之间的质量差小于第二次质量的0.05%，可认为已经烘干至恒重，实验过程结束，第二次质量即为干燥质量（但不是绝对干燥质量）。如果两次称重的质量差大于第二次质量的0.05%，则应重复上述步骤进行下一次称重。每次称完8个试样的时间不应超过5min。

（7）实验结束后，关闭烘箱、天平电源开关。烘箱上所配的精密电子天平，严禁超负荷称重，否则会损坏天平。存取试样时，请戴好防护手套，以免烫伤手。

六、实验结果计算与修约

（1）按照式（2-1）计算试样的烘干质量。

$$G_0 = B - C \qquad (2-1)$$

式中：G_0——试样的烘干质量，g；

　　B——烘至恒重的试样连同称重容器的质量，g；

　　C——空称重容器质量，g。

> 注意，当要求对非标准大气条件下测得的烘干试样质量G_0进行修正时，修正方法见GB/T 9995—1997附录A。

（2）按照式（2-2）和式（2-3）计算试样的回潮率（W_k）和含水率（G_k）：

$$W_k = \frac{G - G_0}{G_0} \times 100\% \qquad (2-2)$$

$$G_k = \frac{G - G_0}{G} \times 100\% \qquad (2-3)$$

式中：G——试样的烘前质量，g；

　　G_0——试样的烘干质量，g。

实验结果计算的修约按照GB/T 8170—2019实行。

（3）每份试样的回潮率或含水率计算修约到两位小数；多份试样的回潮率或含水率的算术平均值为样品的测定结果，修约到一位小数。

思考题

1. 为什么要进行回潮率测试？纤维的回潮率影响织物的哪些性能。

2. 如何设置烘箱的加热时间和烘燥温度。

3. 试样的调湿及实验为什么要在标准大气条件下进行？

本技术依据《YG747通风式快速八篮烘箱使用说明书》、GB/T 9995—1997《纺织材料含水率和回潮率的测定 烘箱干燥法》。

第三章
织物结构参数测试与鉴别分析

章节名称：织物结构参数测试与鉴别分析　　　　**课程时数：3 课时**

教学内容：

　　纤维鉴别分析

　　织物中拆下纱线线密度测试

　　织物匹长与幅宽测试

　　织物厚度测试

　　机织物密度与紧度测试

　　针织物密度和线圈长度测试

　　织物单位面积质量测试

　　机织物鉴别分析

教学目的：

　　通过本章的学习，学生应达到以下要求和效果：

1. 了解线密度、厚度等织物结构参数的含义及测试原因。
2. 学习并掌握线密度、匹长、幅宽、厚度、密度、紧度、克重的测试方法。
3. 理解并掌握纤维原料、组织结构类型、织物正反面和经纬向的判别方法。

教学方法：

　　理论讲授和实践操作相结合。

教学要求：

　　在熟悉织物结构参数检测标准和测试方法的前提下，严格按照实验操作规范，在专业实验室中开展织物结构参数的测量和分析实践。

教学重点：

　　掌握织物结构参数和材料鉴别分析方法。

教学难点：

　　讨论纤维和织物鉴别的必要性，分析织物结构参数对服用性能的影响规律。

纤维鉴别分析

纤维鉴别就是要根据各种纤维的外观形态特征和内在质量的差异，采用物理或化学方法来区分纤维的种类。常用的方法有：手感目测法、燃烧法、显微镜观察法、化学溶解法、着色法、熔点法、梯度密度法、双折射率法、红外吸收光谱法等。

一、实验目的与要求

通过实验了解服装材料用纤维鉴别的原理，掌握手感目测法、燃烧法、显微镜观察法、化学溶解法、熔点法在服装材料用纤维鉴别中的应用。

二、实验原理

根据服装材料用纤维特有的物理、化学性能，采用不同的分析方法对样品进行测试，通过对照纤维的特征及标准资料来鉴别未知纤维的类别。

三、实验仪器与工具

和众视野CU-6电子显微镜、上海仪电XRS熔点仪、具塞锥形瓶（250mL）、水浴装置、酒精灯或其他点火设备、镊子、剪刀、哈氏切片器、火棉胶等。

四、样品准备与预处理

1. 试样准备

取样的正确与否对于检测结果至关重要，通常来讲所取试样应具有充分的代表性。对于某些色织或提花织物，试样应至少包含一个完整的循环图案或组织。如果发现试样存在不均匀性，如面料中存在类型、规格和（或）颜色不同的纱线时，则应按每个不同部分逐一取样。

2. 试样预处理

当试样上附着的整理剂、涂层、染料等物质可能掩盖纤维的特征，干扰鉴别结果的准确性时，应选择适当的溶剂和方法将其除去，但要求这种处理方法与所使用的溶剂不得损伤纤维或使纤维的性质有任何改变。

五、实验方法与步骤

1. 手感目测法

根据纤维的外观形态（纤维的长度、细度及其分布、卷曲等特征）、色泽、刚柔性、弹性、冷暖感等来区分天然纤维（棉、麻、毛、丝）及化学纤维，如表3-1、表3-2所示。其中氨纶纤维具有非常大的弹性，在室温下它的长度能拉伸至五倍以上，因此氨纶可通过手感目测法直接鉴别。本方法一般适用于呈散纤维状态的纺织原料。

表3-1　天然纤维与化学纤维手感目测比较

观察内容	天然纤维	化学纤维
长度、细度	差异很大	相同品种比较均匀
含杂	附有各种杂质	几乎没有
色泽	柔和但不均匀	近似雪白、均匀，有的有金属般光泽

表3-2　各种天然纤维手感目测比较

观察内容	棉	苎麻	绵羊毛	蚕丝
手感	柔软	粗硬	弹性好，有暖感	柔软、光滑，有冷感
长度 /mm	15~40，离散大	60~250，离散大	20~200，离散大	很长
细度 / µm	10~25	20~80	10~40	10~30
含杂类型	碎叶、硬籽、僵片、软籽等	麻屑、枝叶	草屑、粪尿、汗渍、油脂等	清洁、发亮

手感目测法是鉴别天然纤维与化学纤维以及天然纤维中棉、麻、毛、丝等不同品种的简便方法之一，但随着改性技术的不断推出与完善，其准确性较差。

2. 燃烧法

燃烧法是鉴别纤维的常用方法之一，它是利用纤维的化学组成不同，其燃烧特征也不同来区分纤维的种类，如表3-3所示。根据纤维燃烧特征，可将常用纤维分成三类，即纤维素纤维（棉、麻、黏胶纤维、莫代尔纤维、莱赛尔纤维、铜氨纤维）、蛋白质纤维（毛、丝）及合成纤维［聚酯纤维（涤纶）、聚酰胺纤维（锦纶）、聚丙烯腈纤维（腈纶）、聚丙烯纤维（丙纶）］。具体操作步骤如下：

（1）从样品上取试样少许，用镊子夹住，缓慢靠近火焰，观察纤维对热的反应（如熔融、收缩）情况并做记录。

（2）将试样移到火焰中，使其充分燃烧，观察纤维在火焰中的燃烧情况并做记录。

（3）将试样撤离火焰，观察纤维离火后的燃烧状态并做记录。

（4）当试样火焰熄灭时，嗅闻其气味并做记录。

（5）待试样冷却后观察残留物的状态，用手轻捻残留物并做记录。

（6）重复步骤（1）至步骤（5），直至分辨出纤维的基本类别。

燃烧法适用于纯纺产品，不适用于混纺产品，或经过防火、阻燃及其他方式整理过的纤维和纺织品。但可根据混纺产品的燃烧气味，对试样成分进行初判。

表3-3　常见纤维的燃烧特征

纤维种类	燃烧状态			燃烧时的气味	残留物的特征
	靠近火焰	接近火焰	离开火焰		
棉	不熔不缩	立即燃烧	迅速燃烧	纸燃味	呈细而软的灰黑絮状
莱赛尔、莫代尔	不熔不缩	立即燃烧	迅速燃烧	纸燃味	呈细而软的灰白絮状
黏胶纤维	不熔不缩	立即燃烧	迅速燃烧	纸燃味	呈少许灰白色灰烬
蚕丝	熔融卷曲	卷曲、熔融、燃烧	略带闪光燃烧，有时自灭	烧毛发味	呈松而脆的黑色颗粒
动物绒毛	熔融卷曲	卷曲、熔融、燃烧	燃烧缓慢，有时自灭	烧毛发味	呈松而脆的黑色焦炭状
涤纶	熔缩	熔融、燃烧、冒黑烟	继续燃烧，有时自灭	有甜味	呈硬而黑的圆珠状
腈纶	熔缩	熔融燃烧	继续燃烧、冒黑烟	辛辣味	呈黑色不规则小珠、易碎
锦纶	熔缩	熔融燃烧	自灭	氨基味	呈硬淡棕色透明圆珠状
维纶	熔缩	收缩燃烧	继续燃烧、冒黑烟	特殊香味	呈不规则焦茶色硬块
氨纶	熔缩	熔融燃烧	开始燃烧后自灭	特殊气味	呈白色胶状

3. 显微镜观察法

利用显微镜观察纤维的纵向和横截面形态特征来鉴别各种纤维，是广泛采用的一种方法。它既能鉴别单一成分的纤维，也可用于多种成分纤维混合而成的混纺产品鉴别。天然纤维有其独特的形态特征，如棉纤维的天然转曲、羊毛的鳞片、麻纤维的横节竖纹、蚕丝的三角形断面等，用光学显微镜能正确地辨认，如图3-1所示。而化学纤维的横截面多数呈圆形，纵向平滑，呈棒状，在显微镜下不易区分，必须与其他方法结合，才能准确鉴别。

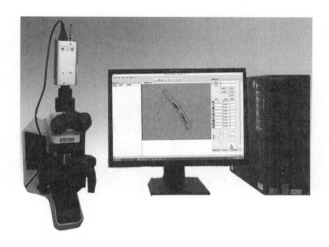

图3-1　光学显微镜

（1）纵面观察：将适量纤维均匀铺于载玻片上，加上一滴石蜡或甘油（注意不能带入气泡），盖上盖玻片，放在光学显微镜的载物台上，在放大100~500倍条件下（一般为200倍）观察其形态，与标准照片或标准资料比对，如表3-4和图3-2所示。

表3-4　常见纤维的纵面、横截面特征

纤维名称	纵面形态	横截面形态
棉	扁平带状，有天然转曲	有中腔，呈不规则的腰圆形
黏胶纤维	表面平滑，有清晰条纹	锯齿形
莫代尔	表面平滑，有沟槽	哑铃形
涤纶	表面平滑，有的有小黑点	圆形或近似圆形及各种异形截面
莱赛尔	表面平滑，有光泽	圆形或近似圆形
羊毛	表面粗糙，有鳞片	圆形、近似圆形（或椭圆形）
锦纶	表面平滑，有小黑点	圆形或近似圆形及各种异形截面

续表

纤维名称	纵面形态	横截面形态
腈纶	表面平滑，有沟槽和条纹	圆形、哑铃状或叶状
兔毛	鳞片较小，与纤维纵向呈倾斜状，髓腔有单列、双列、多列	圆形、近似圆形或不规则四边形，有髓腔
桑蚕丝	有光泽，纤维直径和形态有差异	三角形或近似圆形，角是圆的
柞蚕丝	扁平带状，有微细条纹	细长三角形
氨纶	表面平滑，有些呈骨形条纹	圆形或近似圆形
亚麻	纤维较细，有竹状横节	多边形，有中腔
山羊绒	表面平滑、鳞片较薄且包覆较完整，鳞片间距较大，有的有色斑	圆形或近似圆形（紫羊绒有色斑）

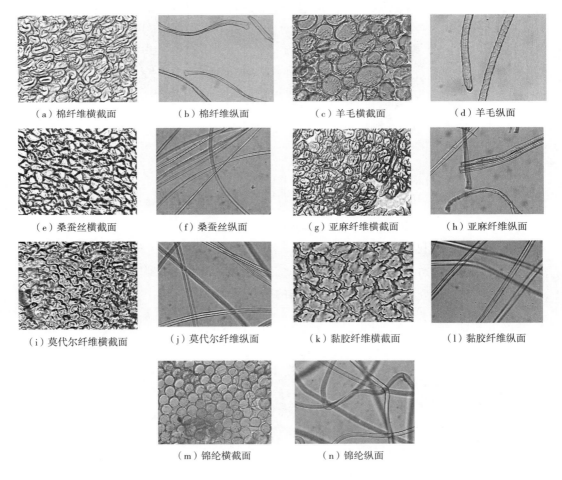

（a）棉纤维横截面　　　（b）棉纤维纵面　　　（c）羊毛横截面　　　（d）羊毛纵面

（e）桑蚕丝横截面　　　（f）桑蚕丝纵面　　　（g）亚麻纤维横截面　　　（h）亚麻纤维纵面

（i）莫代尔纤维横截面　　　（j）莫代尔纤维纵面　　　（k）黏胶纤维横截面　　　（l）黏胶纤维纵面

（m）锦纶横截面　　　（n）锦纶纵面

图3-2　常见纤维的纵横截面显微镜图片

（2）横截面观察：为方便观察纤维的横截面，通常使用哈式切片器制备纤维切片（厚度为10~30μm），哈氏切片器结构示意图结构如图3-3所示。操作步骤如下：

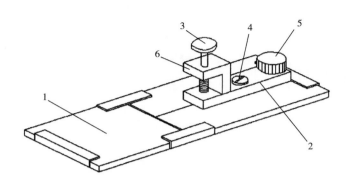

图3-3　哈氏切片器结构示意图
1—金属板凸舌　2—金属板凹槽　3—刻度螺丝　4—紧固螺丝　5—定位销　6—螺座

①将哈氏切片器的紧固螺丝松开，拔出定位销，将螺座旋转到与金属板凹槽垂直位置，抽出金属板凸舌。

②将一小束纤维试样梳理整齐，紧紧夹入哈氏切片器的凹槽中间，用锋利刀片先切去露在外面的纤维，然后装好上面的弹簧装置，并旋紧螺丝。稍微转动刻度螺丝，将露出的纤维切去，再稍微旋一下刻度螺丝，用挑针滴一滴5%火棉胶溶液，待蒸发后，用刀片小心地切下切片备用。

③将切好的纤维横截面片置于载玻片上进行观察，操作步骤与纵面观察方法相同。

4. 化学溶解法

化学溶解法是利用各种纤维在不同的化学溶剂中的溶解性能（表3-5）来鉴别纤维的方法，适用于各种纺织纤维，包括染色纤维或混合成分的纤维、纱线与织物。此外，化学溶解法还广泛用于分析混纺产品中的纤维含量。

对于单一成分的纤维，鉴别时，可将少量待鉴别的纤维放入试管中，注入某种溶剂，用玻璃棒搅动，观察纤维在溶液中的溶解情况，如溶解、微溶解、部分溶解和不溶解等几种。若是混合成分的纤维，则可在显微镜载物台上放上具有凹面的载玻片，然后在凹面处放入试样，滴上相应化学试剂，盖上盖玻片，直接在显微镜中观察，根据不同的溶解情况，判别纤维种类。有些溶液需要加热，此时要控制一定温度。

由于溶剂的浓度和加热温度不同，对纤维的溶解性能表现不一，因此在用溶解法鉴别纤维时，应严格控制溶剂的浓度和加热温度，同时也要注意纤维在溶剂中的溶解速度。

取少量纤维试样置于试管或小烧杯中，注入适量溶剂或溶液，在常温（20~30℃）下摇动5min（试样和试剂的用量比例至少为1∶5），观察纤维的溶解情况，如表3-5所示。每个试样取样2份进行实验，若溶解结果差异显著，应重新进行实验。

对有些常温下难以溶解的纤维，需做升温煮沸实验。将装有试样和溶剂（或溶液）的试管（或小烧杯）加热至沸腾并保持3min，观察纤维的溶解情况。如使用易燃性溶剂，为防止溶剂燃烧或试管（或小烧杯）爆炸，需将试样和溶剂放入小烧杯中，在封闭电炉上加热，并于通风橱中进行实验。

表3-5 常用纤维的溶解性能

试剂类型	棉、麻	再生纤维素纤维	锦纶	腈纶	涤纶	氨纶	绵羊毛	蚕丝
N，N-二甲基甲酰胺	I	I	I	S	I	S	I	I
20%盐酸	I	I	S	I	I	I	I	I
75%硫酸	S	S	S	S	I	S	I	S
次氯酸钠	I	I	I	I	I	I	S	S
65%硝酸	溶胀	溶胀	S	S	I	S	I	S

注 试剂的温度条件：N，N-二甲基甲酰胺为煮沸条件，其余室温；S：溶解；I：不溶解。

5. 熔点测定法

熔点法是根据各种化学纤维的熔融特征，在熔点仪上或在附有热台和测温装置的偏光显微镜下，观察纤维消光时的温度来测定纤维的熔点，从而鉴别纤维，如表3-6所示。由于某些化纤的熔点比较接近，较难区分，有些纤维没有明显的熔点，因此，熔点法一般不单独应用，而是作为证实某一种纤维的辅助方法。本方法适用于鉴别合成纤维，不适用于天然纤维、再生纤维素纤维和蛋白质纤维的鉴别。

表3-6 常见合成纤维的熔点

纤维名称	熔点范围/℃	纤维名称	熔点范围/℃
涤纶	255~260	醋酯纤维	255~260
腈纶	不明显	维纶	224~239
锦纶6	215~224	乙纶	130~132
锦纶66	250~258	丙纶	160~175

取少量纤维放在两片盖玻片之间，置于熔点仪显微镜的电加热板上，并调焦使纤维成像清晰。升温速率约为3~4℃/min，在此过程中仔细观察纤维的形态变化，当发现玻璃片中的大多数纤维熔化时，此时温度即为熔点。每个试样测定3次，取其平均值，按照GB/T 8170—2019的规定修约到整数位。

6. 纤维种类的综合判别

纺织纤维的鉴别方法有很多，但在实际鉴别时一般不能使用单一方法确定纤维的种类，而是需要将多种方法综合应用、综合分析才能得出准确结论。

通常情况下，先采用显微镜法将待测纤维进行大致分类。其中天然纤维素纤维（如棉、麻等）、部分再生纤维素纤维（如黏胶纤维等）、动物纤维（如绵羊毛、山羊绒、兔毛、驼绒、羊驼毛、蚕丝等），因其独特的形态特征用显微镜法即可鉴别。合成纤维、部分人造纤维（如莫代尔、莱赛尔等）及其他纤维在经显微镜法初步鉴别后，再采用燃烧法、化学溶解法、红外光谱法等一种或几种方法进行鉴别，最终确定待测纤维的种类。

思考题

1. 一种纤维的显微镜形态是否只有一种形式？举例说明。

2. 能否通过一种鉴别方法直接鉴别纤维的类别？

3. 纤维混合后的燃烧性能能否同时表现为多种纤维的特性？

本技术依据FZ/T 01057.1—2007《纺织纤维鉴别试验方法　第1部分：通用说明》、FZ/T 01057.2—2007《纺织纤维鉴别试验方法　第2部分：燃烧法》、FZ/T 01057.3—2007《纺织纤维鉴别试验方法　第3部分：显微镜法》、FZ/T 01057.4—2007《纺织纤维鉴别试验方法　第4部分：溶解法》、FZ/T 01057.4—2007《纺织纤维鉴别试验方法　第6部分：熔点法》。

第二节
织物中拆下纱线线密度测试

　　纱线线密度是描述纱线粗细程度的常用指标，其表示形式分为定长制和定重制两类，它不仅影响服装材料的厚薄、重量，而且对其外观风格和服用性能也构成一定的影响。纱线的线密度越小，其织造的织物越轻薄，织物手感越柔软滑爽，服装重量越轻便，反之亦然。

一、实验目的

　　通过实验了解纱线线密度的测试原理，掌握纱线线密度的测试方法和计算方法。

二、实验原理

　　从长方形的织物试样中拆下纱线，测定其伸直长度，在标准大气中调湿后测定其质量（方法A），或在规定条件下烘干后测定其质量（方法B）。根据所测得的质量与伸直长度计算线密度。

三、实验仪器与用具

　　电子天平（精度至少为0.001g）、通风烘箱、恒温恒湿箱、夹钳、钢尺（最小分度值为1mm）、分析针、剪刀等。

四、试样准备

　　（1）取样前在GB/T 6529—2008规定的标准大气条件下对样品进行调湿。实验要求在标准大气条件下进行，常规检验可以在普通大气中进行。

　　（2）对于机织物样品，需裁剪7块长方形试样，其中2块为经向试样，试样的长度方向沿样品的经向；5块纬向试样，试样的长度方向沿样品的纬向。试样的长度约250mm，试样宽度至少包含50根纱线；对于针织物样品，需在2个不同部位各拆取一组纱线试样，每组纱线拆取的单根纱线自然长度不小于250mm，且总长度不小于10m。当有编织图案时，所拆取的纱线一般包含一个完整的编织图案。

（3）用分析针轻轻地从试样中部拨出最外侧的一根纱线，用夹钳夹持住纱线两端，对齐基准线（距离钳口约2.5mm）。

（4）分开两只夹钳，根据织物类型分别参照表3-7、表3-8调整张力装置，将张力通过夹钳施加到纱线上，逐渐达到选定伸直张力，以便尽可能地消除纱线卷曲。测量并记录两夹钳基准线间距离，作为纱线的伸直长度。在拆取和测量纱线的过程中尽量避免退捻。

表3-7　机织物伸直张力

纱线类型	线密度/tex	伸直张力/cN
棉纱、棉型纱	≤7 >7	0.75×线密度 （0.2×线密度）+4
毛纱、毛型纱、中长型纱	15~60 61~300	（0.2×线密度）+4 （0.07×线密度）+12
非变形长丝纱	所有线密度	0.5×线密度

注　其他类型纱线可参照表中张力值选取，也可另行选择张力，并在报告中注明。

表3-8　纬编针织物伸直张力

纱线类型	伸直张力/（N/tex）
短纤维纱	0.5±0.1
长丝纱	2.0±0.1

注　如张力不能使纱线卷曲消除或已使其伸长，也可另行选择张力，并在报告中注明。

（5）按照步骤（3）和步骤（4），从每一试样中拆下并测定10根纱线的伸直长度（精确至0.5mm）。然后从每个试样中拆下至少40根纱线，与同一试样中已测取长度的10根纱线形成一组。

五、实验方法与步骤

1. 方法A——在标准大气中调湿和称重

将纱线试样置于实验用标准大气或恒温恒湿箱中平衡24h，或每隔至少30min其质量的递变量不大于0.1%，称量每组纱线。

2. 方法B——烘干和称重

把纱线试样放在烘箱中加热至105℃，并烘至恒定质量，直至每隔30min质量的递变量不大于0.1%，称量每组纱线。

> 注意：如果纱线烘干加热到105℃，容易引起除水以外的挥发性物质显著损失的样品宜使用方法A。

六、实验结果计算与修约

对每个试样计算测定的10根纱线，计算平均伸直长度。按式（3-1）～式（3-3）分别计算每个试样的线密度，以经纱线密度平均值和纬纱线密度平均值作为实验结果，按照GB/T 8170—2019的规定修约到一位小数。

1. 调湿纱线的线密度

由式（3-1）分别计算调湿纱线经纬纱的线密度。

$$\mathrm{Tt_c} = \frac{m_c \times 1000}{\overline{L} \times N} \tag{3-1}$$

式中：$\mathrm{Tt_c}$——调湿纱线的线密度，tex；

$\quad$ m_c——调湿纱线的质量，g；

$\quad$ $\overline{L}$——纱线的平均伸直长度，m；

$\quad$ N——称量的纱线根数。

2. 烘干纱线的线密度

由式（3-2）分别计算烘干纱线经纬纱的线密度。

$$\mathrm{Tt_D} = \frac{m_D \times 1000}{\overline{L} \times N} \tag{3-2}$$

式中：$\mathrm{Tt_D}$——烘干纱线的线密度，tex；

$\quad$ m_D——烘干纱线的质量，g；

$\quad$ $\overline{L}$——纱线的平均伸直长度，m；

$\quad$ N——称量的纱线根数。

由式（3-3）计算结合公定回潮率的纱线线密度。

$$Tt_R = \frac{Tt_D \times (100 + R)}{100} \qquad (3-3)$$

式中：Tt_R——结合公定回潮率的纱线线密度，tex；

$\quad\quad Tt_D$——烘干纱线的线密度，tex；

$\quad\quad R$——纱线的公定回潮率，%。

各种纱线的公定回潮率如表3-9所示。

表3-9　各种纱线的公定回潮率

纱线种类	公定回潮率 /%	纱线种类	公定回潮率 /%
棉纱线（棉纤维）	8.5	铜氨纤维及纱线	13
精纺毛纱（同质洗净毛）	16	锦纶纤维及纱线	4.5
粗纺毛纱（异质洗净毛）	15	涤纶纤维及纱线	0.4
毛绒线、针织绒	15	腈纶纤维及纱线	2
羊绒纱（分梳山羊绒）	15（17）	维纶纤维及纱线	5
麻纱及麻纤维	12	氨纶丝	1.3
绢纺蚕丝	11	丙纶纤维及纱线	0
黏胶纤维及纱线	13	聚乳酸纤维及纱线	0.5
醋酯纤维及纱线	7	玻璃纤维、金属纤维	0

思考题

1. 如何计算混纺纱线的线密度？

2. 如何测量和表征股线的线密度？

本技术依据GB/T 29256.5—2012《纺织品　机织物结构分析方法　第5部分：织物中拆下纱线线密度的测定》、FZ/T 01152—2019《纺织品　纬编针织物线圈长度和纱线线密度的测定》。

第三节
织物匹长与幅宽测试

织物匹长是指沿织物纵向从起始端至终端的距离，以m或yd（码）为单位，主要根据织物的原材料、织物用途、织物厚度或每平方米重量、织机卷装容量以及印染后整理等因素而定。织物幅宽是指织物沿纬纱方向（即横向）的最大宽度，用cm表示，主要根据织物用途、加工过程中收缩程度、裁剪方便以及节约用料等因素设计确定，但在实际生产中往往受到织机箱幅的制约。织物匹长与幅宽均受织造、染整和存放过程产生的变形及测量时织物吸湿的影响，所以测量前必须使织物充分松弛并予以调湿，以保证测量的准确性。

一、实验目的与要求

通过实验了解织物匹长和幅宽的测试原理和测量方法。

二、实验原理

在标准大气条件下，将松弛状态的织物试样置于光滑平面上，使用钢尺测定织物长度和幅宽。对于织物长度的测定，必要时可分段测定，各段长度之和即为试样总长度。

三、实验仪器与用具

（1）钢尺：符合GB/T 19022—2003，其长度大于织物宽度或大于1m，分度值为mm。

（2）测定桌：具有平滑的表面，其长度与宽度应大于放置好的织物被测部分。测定桌长度至少达到3m，以满足2m以上长度试样的测定。沿着测定桌两长边，每隔（1±0.001）m长度连续标记刻度线。第一条刻度线应距离测定桌边缘0.5m，为试样提供恰当的铺放位置。对于较长的织物，可分段测定长度。在测定每段长度时，整段织物均应放置在测定桌上。

四、试样准备

取样前按照GB/T 6529—2008对样品进行预调湿和调湿。实验要求在标准大气条件下进行，在无张力状态下测定，常规检验可以在普通大气中进行，依据织物产品标准或有关双方协商确定取样。

为确保织物达到松弛状态，可预先沿着织物长度方向标记两点，连续地每隔24h对织物进行一次测量，若测得的长度差异小于最后一次长度的0.25%，则认为织物已充分松弛。对于某些针织物，如果不能达到以上要求，可测定特殊处理后的试样，但需经有关双方同意，并在报告中注明。

五、实验方法与步骤

1. 平铺试样

将试样平铺在测定桌上，被测试样可以是全幅织物、对折织物或管状织物，在该平面内避免织物的扭变。

2. 试样长度测试

（1）短于1m的试样，应使用钢尺平行其纵向边缘测定，精确至0.001m。在织物幅宽方向的不同位置重复测定试样全长，共3次。

（2）长于1m的试样，在织物边缘处作标记，用测试桌上的刻度，在每隔1m距离处作标记，连续标记整段试样，用钢尺测定最终剩余的不足1m的长度。试样总长度是各段织物长度的和。如果有必要，可在试样上作新标记重复测定，共3次。

3. 试样幅宽测试

（1）织物全幅宽为织物最靠外的两边之间的垂直距离。对折织物幅宽为对折线至双层外端垂直距离的2倍。

（2）如果织物的双层外端不齐，应从折叠线测量到与其距离最短的一端，并在报告中注明。当管状织物是规则的且边缘平齐，其幅宽是两端间的垂直距离。在试样的全长上均匀分布测定以下次数：

①试样长度≤5m：5次；

②5m＜试样长度≤20m：10次；

③试样长度＞20m：至少10次，间距为2m。

（3）测定试样有效幅宽时，应按测定全幅宽的方法测定，但需排除布边。

六、实验结果计算与修约

1. 织物长度

织物长度用测试值的平均数表示，单位为m，精确到0.01m。如果需要，计算其变异系数（精确到1%）和95%置信区间（精确到0.01m），或者给出单个测试数据，单位为m，精确到0.01m。

2. 织物幅宽

织物幅宽用测试值的平均数表示，单位为m，精确到0.01m。如果需要，计算其变异系数（精确到1%）和95%置信区间（精确到0.01m）。

思考题

1. 为什么要进行织物长度和幅宽测量？
2. 阐述常见服装面料的幅宽和长度分布范围。

本技术依据GB/T 4666—2009《纺织品　织物长度和幅宽的测定》。

第四节

织物厚度测试

织物的厚度是指在一定压力下织物的绝对厚度，主要与纱线线密度、织物组织、织物密度和织物中纱线弯曲程度有关，一般以mm表示。织物的厚度对织物服用性能影响很大，如织物的坚牢度、保暖性、透气性、防风性、刚柔性和悬垂性等。

一、实验目的与要求

通过实验了解织物厚度测试仪的结构与原理，掌握织物厚度的测试方法和实验结果的影响因素。

二、实验原理

试样放置在基准板上，平行于该板的压脚，将规定压力施加于试样规定面积上，规定时间后测定并记录基准板和压脚之间的垂直距离，即为试样厚度的测定值。

三、实验仪器和用具

YG141织物厚度仪由指示百分表、压重砝码、压脚、基准板等组成，如图3-4所示。

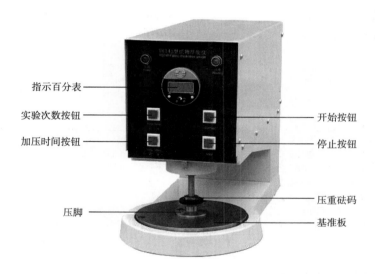

图3-4　YG141织物厚度仪

四、试样准备

（1）取样前按照GB/T 6529—2008对样品进行预调湿和调湿，实验要求在标准大气条件下进行。常规检验可以在普通大气中进行，公定回潮率为零的样品可直接测定。

（2）试样的测定部位应在距布边150mm以上区域内按阶梯形均匀排布，各测定点都不在相同的纵向和横向位置上，且应避开影响实验结果的疵点和褶皱。对于易变形或有可能影响实验操作的样品，如某些针织物、非织造布或宽幅织物以及纺织制品等，应按照表3-10裁取足够数量的试样，试样尺寸不小于压脚尺寸。

表3-10　主要技术参数表

样品类型	压脚面积 /mm²	加压压力 /kPa	加压时间 /s	最小测定数量 / 次	说明
普通类	2000±20（推荐） 100±1 10000±100（推荐面积不适宜时再从另两种面积中选用）	1±0.01	30±5 常规：10±2 （非织造布按常规）	5 非织造布及土工布：10	土工布在2kPa时为常规厚度，其他压力下的厚度按需要测定
		非织造布：0.5±0.01			
		土工布： 2±0.01 20±0.1 200±1			
毛绒类 疏软类		0.1±0.001			
蓬松类	20000±100 40000±200	0.02±0.0005			厚度超过20mm的样品，也可使用 GB/T 3820—1997 中附录A（A2）所述仪器

注　1. 毛绒类纺织品是指表面有一层致密短绒（毛）的纺织品，如起绒、拉毛、割绒、植绒、磨毛纺织品等。

2. 疏软类纺织品是指结构疏松柔软的纺织品，如毛圈、松结构、毛针织品等。

3. 蓬松类纺织品是指当纺织品所受压力从 0.1kPa 增加至 0.5kPa 时，其厚度的变化（压缩率）≥ 20% 的纺织品，如人造毛皮、长毛绒、丝绒、非织造絮片等。

4. 不属毛绒类、疏软类、蓬松类的样品均归入普通类。

5. 选用其他参数，需经有关各方同意。例如，根据需要，非织造布或土工布压脚面积也可选用2500mm²，但应在实验报告中注明。另选加压时间时，其选定时间延长 20% 后，厚度应无明显变化。

五、实验方法与步骤

1. 仪器调整

（1）织物厚度的测试参数要根据样品类型合理选择，如表3-10所示，常规织物可参考表3-11。对于表面呈凹凸不平花纹结构的样品，压脚直径应不小于花纹循环长度，如需要，可选用较小压脚分别测定并报告凹凸部位的厚度。

（2）清洁仪器基准板和压脚，不得沾有任何灰尘和纤维，检查压脚轴的运动灵活性。按照要求加上合适的压重砝码，如表3-11所示，然后驱使压脚压在基准板上，并将厚度计置零。

（3）根据测试需要，调整加压时间（10s或30s）和实验次数（连续或单次）按钮，通常将加压时间设置为10s，实验次数为连续多次。

（4）接通电源，打开电源开关，电源指示灯亮。按"开始"按钮，仪器开始工作。调整百分表的零位，空试几次，观察零位稳定后即可正式测试织物。在空试零位时，零位漂移不得超出0.005mm。如果零位差在0.2mm以上，需要专业人员调整指示百分表下端的滚花螺钉，然后转动指示百分表外壳进行微调。

表3-11　常规织物的厚度测试参数

织物类型	加压压力 /kPa	压重砝码 /cN	压脚面积 /mm²	压脚直径 /mm
普通类	1	200	2000	50.5
		10	100	11.3
毛绒类、疏软类	0.1	100	10000	112.8
蓬松类	0.02	40	20000	159.6

2. 操作步骤

（1）按"开始"按钮，在压脚升起时，将织物无张力和无变形地平铺于基准板上。

（2）在压脚压住被测织物30s（或10s）时，读数指示灯自动亮起，尽快读出百分表上所示的厚度数值，并做好记录，灯不亮则读数无效。

（3）采用连续测试时，读数指示灯熄灭后，压脚自动上升，自动上下工作循环。采用单次测试时，压脚不再往复动作。

（4）利用压脚上升和落下的空隙时间，即可移动被测织物到新的需测部位。

（5）测试完毕，取出被测织物，在压脚回至初始位置（即与基准板贴合）时，按下停止按钮，关闭电源开关。

（6）取下压重砝码放入附件盒中，切断电源，把保护胶垫放在压脚和基准板之间，以保护测试面不受损伤。做好各部分的清洁工作，并用罩布盖好仪器，严防灰尘侵入。

六、实验结果计算与修约

计算所测厚度的算术平均值和变异系数。织物厚度平均值计算结果按照GB/T 8170—2019的规定修约到两位小数，变异系数修约到一位小数。

思考题

1. 织物厚度影响服装的哪些性能？

2. 如何进行厚度仪参数设置？

3. 如何测量羽绒絮片的厚度？

> 本技术依据GB/T 3820—1997《纺织品和纺织制品厚度的测定》和《YG141织物厚度仪使用说明书》。

第五节

机织物密度与紧度测试

机织物的密度是指织物在无折皱和无张力下，每单位长度内所含的经纱根数和纬纱根数，一般以根/10cm表示，有经密和纬密之分。经密是指在织物纬向单位长度内所含的经纱根数。纬密是指在织物经向单位长度内所含的纬纱根数。经、纬密度能反映由相同直径纱线制成织物的紧密程度。当纱线直径不同时，机织物的紧密程度需要使用紧度表示。机织物的紧度又称覆盖系数，有经向紧度和纬向紧度之分。经向紧度是机织物规定面积内，经纱覆盖的面积对织物规定面积的百分率；纬向紧度是机织物规定面积内，纬纱覆盖的面积对织物规定面积的百分率。总紧度是机织物规定面积内，经、纬纱所覆盖的面积对织物规定面积的百分率。织物的密度和紧度直接影响织物的外观、手感、厚度、强力、透气性、保暖性、悬垂性及耐磨性等性能。

一、实验目的与要求

通过实验掌握机织物密度的测试方法和织物紧度的计算方法。

二、实验原理

根据织物的特征选择下列三种方法中的任意一种。

1. 方法A——织物分解法

分解规定尺寸的织物试样，计数纱线根数，折算至10cm长度内的纱线根数。

2. 方法B——织物分析镜法

测定在织物分析镜窗口内所看到的纱线根数。折算至10cm长度内所含纱线根数。

3. 方法C——移动式织物密度镜法

使用移动式织物密度镜测定织物经向或纬向一定长度内的纱线根数，折算至10cm长度内的纱线根数。

三、实验仪器与用具

Y511B织物密度镜（图3-5）、织物分析镜（图3-6）、钢尺（长度5~15cm，尺面标有mm刻度）、分析针、剪刀等。

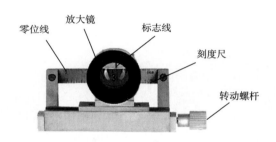

图3-5　Y511B织物密度镜

图3-6　织物分析镜

四、试样准备

（1）实验前，将织物或试样暴露在实验用标准大气中至少16h。常规检验可以在普通大气中进行。

（2）织物分解法需裁取至少含有100根纱线的试样。织物分析镜法和移动式织物密度镜法不需要专门制备试样，应在经、纬向均不少于5个不同的部位进行测定，部位的选择应尽可能有代表性。

（3）对宽度只有10cm或更小的狭幅织物，计数包括边经纱在内的所有经纱，并用全幅经纱根数表示结果。

（4）当织物是由纱线间隔疏密不同的大面积图案组成时，测定长度应为完全组织的整数倍，或分别测定各区域的密度。

（5）样品应平整无折皱、无明显纬斜。

（6）织物的最小测量距离按表3-12执行。

表3-12 最小测量距离

密度/（根/cm）	最小测定距离/cm	被测量纱线根数	精确度百分率 （计数到0.5根纱线内）
<10	10	100	>0.5
10~24	5	50~125	1.0~0.4
25~40	3	75~120	0.7~0.4
>40	2	>80	<0.6

五、实验方法与步骤

1. 方法A——织物分解法

（1）在调湿后样品的适当部位剪取略大于最小测定距离的试样。

（2）在试样的边部拆去部分纱线，用钢尺测量，使试样达到规定的最小测定距离2cm，允差0.5根。

（3）将上述准备好的试样，从边缘起逐根拆点，为便于计数，可以把纱线排列成10根一组，即可得到织物在一定长度内经（纬）向的纱线根数。

（4）若经纬密度需同时测定，则可剪取一矩形试样，使经纬向的长度均满足最小测定距离。拆解试样，即可得到一定长度内的经纱根数和纬纱根数。

2. 方法B——织物分析镜法

（1）将织物摊平，把织物分析镜放在上面，选择一根纱线并使其平行于分析镜窗口的一边，由此逐一计数窗口内的纱线根数。

（2）也可计数窗口内的完全组织个数，通过织物组织分析或分解该织物，确定一个完全组织中的纱线根数。

　　　测量距离内纱线根数=完全组织个数×一个完全组织中纱线根数+剩余纱线根数

（3）将分析镜窗口的一边和另一系统纱线平行，按步骤（1）和步骤（2）计数该系统纱线根数或完全组织个数。该方法适用于密度大、纱线线密度小的规则组织的织物。

3. 方法C——移动式织物密度镜法

（1）将织物摊平，把织物密度镜放在上面，哪一系统纱线被计数，密度镜的刻度尺就平行于另一系统纱线，将放大镜中的标志线与刻度尺上的零位线对齐。转动螺杆，在规定的测量距离内计数纱线根数。

（2）若起点位于两根纱线中间，终点位于最后一根纱线上，不足0.25根的不计，0.25~0.75根计0.5根，0.75根以上计1根。

（3）通常情况下，当标志线横过织物时就可看清和计数经过的每根纱线，若不可以，可参照方法B织物分析镜法的步骤（2）进行测定。

六、实验结果计算与修约

（1）将测得的一定长度内的纱线根数折算至10cm长度内所含纱线的根数。

（2）分别计算出经纬密的平均数，结果精确至0.1根/10cm。

（3）当织物是由纱线间隔疏密不同的大面积图案组成时，则需测量并记录各个区域中的密度值。

（4）根据所给织物试样中经、纬纱线的线密度和测得的经、纬向密度，根据式（3-4）~式（3-7）计算织物的紧度，计算原理如图3-7所示。

①经向紧度：

$$E_j = \frac{d_j \cdot p_j}{100} \times 100\% \qquad (3-4)$$

式中：E_j——经向紧度，%；

　　　d_j——经纱直径，mm；

　　　p_j——经向密度，根/10cm。

②纬向紧度：

$$E_w = \frac{d_w \cdot p_w}{100} \times 100\% \qquad (3-5)$$

式中：E_w——纬向紧度，%；

　　　d_w——纬纱直径，mm；

　　　p_w——纬向密度，根/10cm。

③总紧度：

$$E = E_j + E_w - E_j \cdot E_w \times 100\% \qquad (3-6)$$

式中：E——总紧度，%。

④纱线直径：

$$d = 0.0357\sqrt{\frac{\text{Tt}}{\gamma}}$$

（3-7）

式中：Tt——经（纬）纱线密度，tex；

γ——经（纬）纱的体积质量，g/cm³。

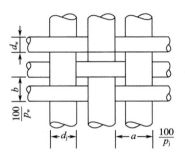

图3-7　织物紧度计算原理图解

常用纱线的γ值如表3-13所示。

表3-13　常用纱线的 γ 值

纱线类别	棉纱	精梳毛纱	粗梳毛纱	丝	绢纺纱	涤 / 棉纱（65/35）	维 / 棉纱（50/50）
γ /（g/cm³）	0.8 ~ 0.9	0.75 ~ 0.81	0.65 ~ 0.72	0.8 ~ 0.9	0.83 ~ 0.95	0.85 ~ 0.95	0.74 ~ 0.76

思考题

1. 对于高密度织物选择哪种密度测量方法比较合适？

2. 织物密度的测量方法有几种？各自有什么特点？

3. 织物密度和紧度的区别是什么？两者有何关系？为何要计算织物的紧度？

本技术依据GB/T 4668—1995《机织物密度的测定》。

第六节
针织物密度和线圈长度测试

针织物的密度是指针织物单位长度内的线圈数，有纵密和横密之分。纵密用针织物纵向5cm内的线圈横列数表示，横密用针织物横向5cm内的线圈纵行数表示。针织物的密度能反映相同直径纱线构成针织物的疏密程度。当纱线直径不同时，需用未充满系数表示其疏密程度，未充满系数与针织物的纱线直径和线圈长度有关。针织物的密度对厚度、保暖性、透气性、强度、弹性、耐磨性、抗起毛起球性和抗钩丝性等性能影响较大。

一、实验目的与要求

通过实验掌握针织物纵密、横密和线圈长度的测试方法，了解针织物未充满系数的计算方法。

二、实验原理

针织物的纵密或横密是使用移动式织物密度镜测定针织物纵向或横向一定长度内的线圈个数，折算至5cm长度内的线圈个数。针织物的线圈长度是在一定张力条件下，测量从针织物样品中按一定数量线圈拆取的纱线长度，计算拆取的纱线长度与线圈数量的比值。

三、实验仪器用具

长度测量装置、分析针、剪刀、镊子、天平、量尺和Y511B织物密度镜等。其中长度测量装置具有夹持纱线的夹钳，且夹钳在闭合时有平行的钳口面，并保持实验过程中纱线不打滑；两夹钳之间的距离可调节；能测量两夹钳之间的距离，最小刻度为1mm；可提供规定的伸直张力，并通过夹钳加到纱线上。

四、样品准备

（1）取样前在GB/T 6529—2008规定的标准大气条件下对样品进行调湿。

（2）测定线圈长度时，对于只有单个组织的样品，在样品2个不同的部位各拆取一组纱线试样，每组至少10根纱线且每根纱线自然长度不少于250mm；具有多个组织的样品，每一种组织按上述方法分别取样。在拆取和测量纱线的过程中应尽量避免退捻；当有编织图案时，所拆取的纱线一般包含一个完整的编织图案。

五、实验方法与步骤

1. 针织物密度

（1）试样平放在实验台上，必须使样品无折痕或保持不变形，并保证它处在松弛状态，无试样拉伸。

（2）将织物密度镜放在试样所选的测定部位处，刻度尺沿横列或纵行方向。

（3）将零位线与线圈横列平行，缓慢转动螺杆，计数刻度线所通过的线圈数，直至刻度线与刻度尺的5cm处对齐，可得出针织物5cm内的线圈数，即为针织物的横密。

（4）在试样不同位置上测量5次，求取平均值。

（5）用同样的方法对线圈纵行进行测量，得到针织物的纵密。

> 注意：对于双罗纹组织的针织物，横列、纵行线圈数应为实测点数值的2倍。

2. 线圈长度

（1）从织物样品中拆取5根纱线，从纱线长度测量装置上测量纱线的伸直长度，称取质量，得出纱线线密度的估算值。根据估算值，按照表3-8确定伸直张力。

（2）在规定的长度内拆取一定数量的完整线圈纱线，并记录完整线圈的数量。

（3）将拆取的纱线用夹钳夹住，施加相应的伸直张力，从纱线长度测量装置上测量并记录夹钳内纱线伸直长度，精确至1mm。

（4）按照上述方法共取10根纱线进行测量并记录，即完成第1组实验。

（5）用同样的方法完成第2组实验。

六、实验结果计算与修约

1. 线圈长度

对每一组测定的10根纱线，计算平均伸直长度$\overline{L_1}$，按式（3-8）计算线圈长度，记录每组纱线的线圈长度，试样的线圈长度以两组纱线的线圈长度的平均值来表示，计算结果按照GB/T 8170—2019的规定修约到一位小数。每一种类型横列的线圈长度单独表示。

$$l = \frac{\overline{L_1}}{N}$$ （3-8）

式中：l——线圈长度，mm；

$\overline{L_1}$——纱线伸直长度的平均值，mm；

N——完整线圈的数量。

2. 未充满系数

针织物的未充满系数反映了线圈全部面积中，被纱线直径覆盖的程度，可按式（3-9）计算，结果按照GB/T 8170—2019的规定修约到一位小数。

$$\delta = \frac{l}{d}$$ （3-9）

式中：δ——未充满系数；

l——线圈长度，mm；

d——纱线直径，mm。

思考题

1. 针织物和机织物的密度测量方法有哪些区别？
2. 如何表征针织物的紧密程度？有几种方式？

本技术依据FZ/T 01152—2019《纺织品 纬编针织物线圈长度和纱线线密度的测定》。

第七节
织物单位面积质量测试

织物的单位面积质量是指公定回潮率下单位面积的质量，又称面密度。织物单位面积质量与纤维种类、纱线线密度、织物厚度及紧密程度有关，它不仅影响织物的服用性能，是织物设计和选用的主要参数，而且也是织物成本核算的重要依据。

一、实验目的与要求

通过实验了解织物单位面积质量的测试方法，掌握织物单位面积质量的计算方法和影响因素。

二、实验原理

1. 方法A

整段或一块织物能在标准大气中调湿的，经调湿后测定织物的长度、幅宽和质量，计算单位面积调湿质量。

2. 方法B

整段织物不能放在标准大气中调湿的，先在普通大气中松弛后测定织物的长度、幅宽及质量，计算织物的单位长度质量，再用修正系数进行修正。修正系数是从松弛后的织物中剪取一部分，在普通大气中进行测定后，再在标准大气中调湿后进行测定，对两者的长度（幅宽）及质量加以比较而确定。

3. 方法C

小织物，先将其放在标准大气中调湿，再按规定尺寸剪取试样并称量，计算单位面积调湿质量。

4. 方法D

小织物，先将其按规定尺寸剪取试样，再放入干燥箱内干燥至恒量后称量，计算单位面积干燥质量，结合公定回潮率计算单位面积公定质量。

三、实验仪器与用具

钢尺（长度2~3m，用于方法A和方法B；长度0.5m，精度1mm，用于方法C和方法D）、剪刀、电子天平（精度为0.001g）、工作台、面料切割器、烘箱、称量容器、干燥器等。

四、样品准备

（1）织物应当从干态（进行吸湿平衡）开始达到平衡，否则要按照GB/T 6529—2008进行预调湿。

（2）如果织物布边的单位面积质量与布身的单位面积质量有明显差别，在测定单位面积时，应使用去除织物边以后的试样，并且应根据去边后的试样质量、长度和幅宽进行计算。

五、实验方法与步骤

1. 方法A

测定整段织物在标准大气中调湿后的长度、幅宽，然后称量。或者从整段或一块织物中裁取长度为3~4m（至少0.5m）的整幅试样，调湿后测定长度、幅宽，并称量。

2. 方法B

（1）测定整段或一块织物在普通大气中松弛后的长度、幅宽，在普通大气中称量。

（2）从整段织物中段剪取长度至少1m，宜为3~4m的整幅织物（一块织物），在普通大气中测定其长度、幅宽和质量。测定普通大气中整段织物的长度、幅宽、质量和一块织物的长度、幅宽、质量要同时进行，以使其受到大气温度和湿度突然变化的影响降到最低。

（3）测定一块织物在标准大气中调湿后的长度、幅宽，然后在标准大气中称量。

3. 方法C

（1）避开织物布边和褶皱区域，裁取5块代表性样品，尺寸为15cm×15cm。若大花型中含有单位面积质量明显不同的局部区域，要选用包含此花型完全组织整数倍的样品。

（2）将预调湿后的样品无张力地放在标准大气中调湿24h。

（3）将每块样品依次排列在工作台上。在适当的位置上使用切割器切割10cm×10cm的方形试样或面积为100cm²的圆形试样，也可以剪取包含大花型完全组织整数倍的矩形试样，并测定试样的长度和宽度。

（4）称量试样，精确至0.001g。确保整个称量过程试样中的纱线不损失。

4. 方法D

（1）取样的操作步骤同方法C步骤（1）。

（2）调湿的操作步骤同方法C步骤（2）。

（3）剪样的操作步骤同方法C步骤（3）。

（4）干燥

①箱内称量法。将所有试样一并放入烘箱的称量容器内，在（105±3）℃下干燥至恒量（以至少20min为间隔连续称量试样，直至两次称量的质量之差不超过后一次称量质量的0.2%）。

②箱外称量法。将所有试样放在称量容器内，然后一并放入烘箱中，敞开容器盖，在（105±3）℃下干燥至恒量（以至少20min为间隔连续称量试样，直至两次称量的质量之差不超过后一次称量质量的0.2%）。将称量容器盖好，从烘箱移至干燥器内，冷却至少30min至室温。

（5）称量

①箱内称量法。称量试样的质量，精确至0.01g。确保整个称量过程试样中的纱线不损失（称量容器的质量在天平中已去皮）。

②箱外称量法。分别称取试样连同称量容器以及空称量容器的质量，精确至0.01g。确保整个称量过程试样中的纱线不损失。

六、实验结果计算与修约

1. 方法A

按式（3-10）计算单位面积调湿质量，计算结果按照GB/T 8170—2019的规定修约到个数位。

$$m_{ua} = \frac{m_c}{L_c \times W_c} \tag{3-10}$$

式中：m_{ua}——经标准大气调湿后整段或一段织物的单位面积调湿质量，g/m^2；

m_c——经标准大气调湿后整段或一段织物的调湿质量，g；

L_c——经标准大气调湿后整段或一段织物的调湿长度，m；

W_c——经标准大气调湿后整段或一段织物的调湿幅宽，m。

2. 方法B

利用松弛后整段织物，松弛后一块织物和调湿后一块织物的数据，计算整段织物的调湿后长度、幅宽。按式（3-11）计算整段织物调湿后的质量，计算结果按照GB/T 8170—2019的规定修约到个数位，再按（3-10）计算单位面积调湿质量。

$$m_c = m_r \times \frac{m_{sc}}{m_s}$$ （3-11）

式中：m_c——经标准大气调湿后整段织物的调湿质量，g；

$\quad\quad m_r$——普通大气中整段织物的质量，g；

$\quad\quad m_{sc}$——经标准大气调湿后一块织物的调湿质量，g；

$\quad\quad m_s$——普通大气中一块织物的质量，g。

3. 方法C

由试样的调湿后质量按式（3-12）计算小织物单位面积调湿质量，以5个数值的平均值表示该织物调湿后的单位面积质量，计算结果按照 GB/T 8170—2019 的规定修约到个数位。

$$m_{us} = \frac{m}{S}$$ （3-12）

式中：m_{us}——经标准大气调湿后小织物单位面积质量，g/m²；

$\quad\quad m$——经标准大气调湿后试样的调湿质量，g；

$\quad\quad S$——经标准大气调湿后试样的面积，m²。

4. 方法D

（1）首先按式（3-13）计算小织物的单位面积干燥质量，计算结果按照 GB/T 8170—2019 的规定修约到个数位。

$$m_{dua} = \frac{\sum(m - m_0)}{\sum S}$$ （3-13）

式中：m_{dua}——经干燥后小织物的单位面积干燥质量，g/m²；

$\quad\quad m$——经干燥后试样连同称量容器的干燥质量，g；

$\quad\quad m_0$——经干燥后空称量容器的干燥质量，g；

$\quad\quad S$——试样的面积，m²。

（2）随后按式（3-14）计算小织物的单位面积公定质量，计算结果按照 GB/T 8170—2019 的规定修约到个数位。

$$m_{rua} = m_{dua}\left[A_1(1 + R_1) + A_2(1 + R_2) + \cdots + A_n(1 + R_n)\right]$$ （3-14）

式中：$\quad\quad m_{rua}$——小织物的单位面积公定质量，g/m²；

$\quad\quad m_{dua}$——经干燥后小织物的单位面积干燥质量，g/m²；

A_1、A_2、$\cdots$、A_n——试样中各组分纤维按净干质量计算含量的质量分数的数值，%；

R_1、R_2、$\cdots$、R_n——试样中各组分纤维公定回潮率的质量分数的数值，%。

思考题

1. 织物单位面积质量影响服装的哪些性能?

2. 织物单位面积质量与哪些因素有关系?

3. 织物单位面积质量的计算方法有哪些? 有何区别?

本技术依据GB/T 4669—2008《纺织品　机织物　单位长度质量和单位面积质量的测定》。

第八节
机织物鉴别分析

由于纱线交织和组合方式不同,形成了各种组织结构的织物,其服用性能、手感风格和布面外观特征各不相同,从而使服装缝制和穿着感受也不相同,因此在衣料裁剪和缝制加工之前有必要对机织物的正反面、经纬向以及组织结构进行鉴别。

一、实验目的与要求

通过实验掌握机织物正反面、经纬向和组织结构的辨别方法,了解机织物的结构组成方式。

二、实验原理

通过观察机织物表面形貌特征,以及拆解织物纱线,分析判断织物的正反面和经纬向,找出经、纬纱的交织规律,确定具体的组织类型。

三、实验仪器与用具

织物分析镜、分析针、意匠纸、镊子、剪刀、尺子等。

四、试样准备

试样选择未经实验的机织物，其中织物正反面和经纬向的分析尽量选择坯布大样。织物组织分析要求试样包含若干完全组织，一般简单组织的试样尺寸为15cm×15cm。如果织物的组织循环较大，一般取20cm×20cm或更大。当样品尺寸较小时，取样尺寸至少大于5cm×5cm，取样时不要靠近布边和织物两端，距布边5cm以上。试样不能有明显的跳纱、结子、并纱等瑕疵。

五、实验方法与步骤

1. 织物正反面分析

按照以下判断依据，综合判断织物的正反面。

（1）一般织物正面的织纹、花色、花纹、色泽比反面的清晰、美观、匀整，立体感强；织物正面比反面光洁，疵点少。

（2）织物布边光洁整齐，针眼明显，平滑凹进的一面为正面。

（3）凸条及凹凸织物，正面紧密而细腻，条纹或图案凸出，立体感强，反面较粗糙且有较长的浮长线。

（4）起毛织物中单面起毛织物一般正面有绒毛，双面起毛织物中绒毛光洁、整齐的一面为正面。

（5）双层、多层及多重织物，正反面若有区别时，一般正面的原料较佳，密度较大。

（6）毛巾织物毛圈密度大、毛圈质量好的一面为正面。

（7）纱罗织物纹路清晰，绞经凸出的一面为正面。

（8）具有闪光或特殊外观的织物，风格突出或色彩绚丽的一面为正面。

（9）双面织物正反两面效应虽有差异，但各有特色，或正反面无区别，两面均可做正面使用。

（10）整匹织物，除出口产品以外，凡粘贴有说明书（商标）或盖有出厂检验章的一面为反面。

2. 织物经纬向分析

按照以下判别依据，综合区分织物的经纬向，确定纱线方向。

（1）如果样品有布边，与布边平行的为经纱，与布边垂直的为纬纱。

（2）织物的经纬密度若有差异，织物密度大的方向一般是经向，织物密度小的方向一般为纬向。

（3）若织物中的纱线捻度不同，则捻度大的多数为经纱，捻度小的为纬纱；当一个方向有强捻纱存在时，则强捻纱为纬纱。

（4）纱线条干均匀、光泽较好的为经纱。

（5）上浆的是经纱，不上浆的是纬纱。

（6）箱痕明显的织物，其箱痕方向为经向。

（7）织物一个系统的纱线有多种不同线密度的为经纱。

（8）若单纱织物的成纱捻向不同，则Z捻向纱线为经纱，S捻向纱线为纬纱。

（9）半线织物，一般股线为经纱，单纱为纬纱。

（10）条子织物，其条子方向通常为经向。

（11）纱罗织物，有绞经的方向为经向。

（12）毛巾织物，以起毛圈纱的方向为经向。

（13）不同原料的交织物，一般棉、真丝为经纱。

（14）用左右两手的食指和拇指相距1cm，沿纱线对准并轻轻拉伸织物，如无一点松动，则为经向；如略有松动，则为纬向。

3.织物组织分析

（1）直接观察法：对于简单组织和一些组织较稀疏的织物，可采用直接观察法或利用织物分析镜观察经纬纱的交织规律，绘出其组织图。

（2）拆解分析法：对于密度较大、纱线较细且组织较复杂的织物，采用拆解法进行分析。

①借助镊子或剪刀等工具拆除试样两垂直边上的纱线，露出约1cm长的纱缨。

②用分析针平行于纱缨拨动纱线，记录组织点。连续从织物中逐次拨出纱线，使用织物分析镜或放大镜观察每根纱线的交织情况，直至获得一个完全组织（如果需要，可对织物的浮面烧灼和轻微检修，以改善组织点的清晰度）。

③根据记录的纱线交织规律在意匠纸上画出完全组织图，如图3-8所示，图中纵行格子代表经纱，横行格子代表纬纱，每个格子代表一个组织点，经组织点以"×"或"■"表示，纬组织点不做标记，以空白格表示。对组织结构较复杂的织物组织，可同时使用不同的符号，以使组织图更加清晰。

（3）局部分析法：对于大提花织物、起花织物等组织循环较大的织物，一般分析部分具有代表性的组织结构即可。

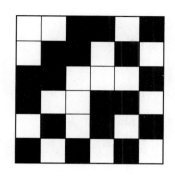

图3-8 复合斜纹的完全组织图

思考题

1. 如何判别织物的正反面和经纬向?

2. 如何绘制织物组织图?

3. 织物组织分析的方法有几种?区别是什么?

本技术依据GB/T 29256.1—2012《纺织品 机织物结构分析方法 第1部分:织物组织图与穿综、穿筘及提综图的表示方法》。

第四章
服装材料的微观结构与热学性能测试

章节名称：服装材料的微观结构与热学性能测试　　　课程时数：3 课时

教学内容：

傅里叶变换红外光谱测试

X 射线衍射分析测试

显微激光拉曼光谱测试

紫外可见近红外光谱测试

扫描电子显微镜测试

差示扫描量热法热分析测试

热重分析测试

教学目的：

通过本章的学习，学生应达到以下要求和效果：

1. 了解服装材料微观结构与热学性能测试相关仪器的结构与测试原理。

2. 了解服装材料微观结构与热学性能的测试方法和步骤。

教学方法：

理论讲授和实践操作相结合。

教学要求：

在了解服装材料微观结构与热学性能测试相关仪器的结构与测试原理的基础上，严格按照测试步骤，开展有关服装材料微观结构与热学性能测试的教学。

教学重点：

掌握服装材料微观结构与热学性能测试的方法和表征指标。

教学难点：

讨论服装材料微观结构与热学性能对服装的影响，分析服装材料微观结构与热学性能相关测试在服装工程技术研究中的应用。

服装材料的微观结构和热学性能对服装的功能性具有关键影响，有关服装材料的微观结构和热学性能的研究需要借助高新技术，以充分了解服装材料的微观形貌与结构、化学结构与组成、结晶与相变等关键特征。本章重点介绍有关服装材料实验过程中常用的几种高新技术测试方法。

第一节
傅里叶变换红外光谱测试

傅里叶变换红外光谱仪是利用物质对不同波长的红外辐射的吸收特性，进行分子结构和化学组成分析的仪器。通过傅里叶变换红外光谱（FTIR）测试，可对未知试样的光谱进行谱库检索，以及对混合物试样的化学结构进行分析。FTIR测试常应用于高分子化学、服装材料等研究领域。

一、实验目的与要求

通过实验了解傅里叶变换红外光谱仪的结构及测试原理，掌握服装材料分子结构和化学组成的测试方法。

二、实验原理

红外光源发出的光经分束器分为两束，一束经透镜到达动镜，另一束发射到达定镜。两束光以恒定速度作匀速直线运动，产生光程差，形成干涉。干涉光在分束器中会合后通过试样池到达检测器。检测器将含有试样信息的干涉光信号转换为电信号，然后通过傅里叶变换处理。计算机将傅里叶变换后的数据转换成红外吸收光谱图，从而提供物质的分子结构和化学组成信息。

三、实验仪器与用具

傅里叶变换红外光谱仪（图4-1）主要由红外光源、可见光偏振片/滤片、偏光镜、光阑干涉仪等组成。

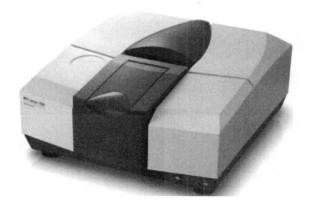

图4-1　傅里叶变换红外光谱仪

四、试样准备

　　试样需制成薄膜或粉末形式，薄膜需表面均匀、无瑕疵，粉末试样需用KBr压片法制成透明的薄片。在剪取、固定和移动试样的过程中，避免触摸试样，并保持试样表面清洁无异物。测试前试样需进行干燥处理，一般通过干燥箱进行干燥处理。图4-2（a）展示了粉末试样与KBr的混合，图4-2（b）展示了压片法薄片及试样夹。

 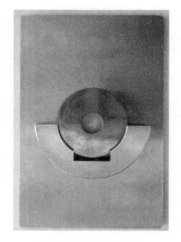

（a）粉末试样与KBr的混合　　　　　　　　（b）压片法薄片及试样夹

图4-2　试样制备

五、实验方法与步骤

（1）打开仪器开关，启动电脑电源。

（2）点击测试软件，选择测试模式（透过或反射）。输入波数范围（在500cm⁻¹至4000cm⁻¹的范围内，具体根据试样特征峰位置而选择）、扫描次数（常设为32或64）、分辨率等参数。

（3）擦净试样台，将试样放入试样室，采集试样信息。

（4）试样扫描完毕后取出，选择采集背景。经傅里叶变换得到试样的FTIR光谱图，保存并导出光谱图的测试数据。

（5）擦拭试样台，关闭软件、电脑和仪器电源。

六、数据处理

根据测试数据，分别以波数和透过率为横、纵坐标，利用绘图软件绘制FTIR光谱图，如图4-3所示。

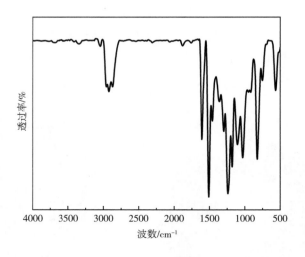

图4-3　FTIR光谱

思考题

1.FTIR测试前为何要对试样进行干燥处理？为何不能触碰试样？

2.为何需要分析服装材料的分子结构和化学组成？

第二节
X射线衍射分析测试

X射线衍射仪是利用X射线照射试样并通过衍射图谱进行试样物相定性、定量分析、晶胞参数测定等研究的仪器。通过X射线衍射（XRD）测试，可对服装材料中的晶体进行定性、定量分析，以获得服装材料的成分与结构信息。

一、实验目的与要求

通过实验了解X射线衍射仪的结构及测试原理，掌握服装材料物相结构和结晶性能的测试方法。

二、实验原理

X射线是一种电磁波，其波长与晶体中有序排列的原子、离子间距相近，在同一个数量级，因此当X射线穿过晶体时会出现衍射现象。晶体对X射线的衍射现象与晶体的有序结构有关，即衍射花样规律性反映了晶体结构的规律性。由此可用特征X射线射到服装材料上获得衍射谱图或数据，从而确定服装材料内部成分的晶体结构。对于X射线衍射仪来说，最常用的衍射公式是布拉格方程，如式（4-1）所示。

$$2d_{hkl} \sin\theta_{HKL} = n\lambda \tag{4-1}$$

式中：d_{hkl}——反射晶面（hkl）的面间距，Å；

n——反射级数（n=1，2，3，…）；

HKL——衍射指数（为反射晶面指数乘上反射级数，$H=nh$，$K=nk$，$L=nl$）；

θ_{HKL}——（HKL）衍射的布拉格角，（°）。

三、实验仪器与用具

德国布鲁克−D8X射线衍射仪（图4-4）由X射线发射器、试样台、X射线检测器组成。其中，X射线发射器用于向试样发射X射线，试样台用于将试样对准X射线发射器和检测器，检测器用于检测衍射的X射线。

图4-4 德国布鲁克-D8X射线衍射仪

四、试样准备

常用的制样方法为压片法和涂片法。试样需制成薄膜或粉末形式，薄膜试样需表面均匀、无瑕疵，粉末试样需制成如图4-5所示的平整试样片。

（a）试样台　　　　　　　　（b）试样片

图4-5 试样制备

五、实验方法与步骤

（1）打开仪器开关，启动电脑电源。

（2）点击测试软件，选择扫描角度范围（需在5°以上开始）及扫描速率（速率越小，扫描精度越大）。

（3）点击Open door，将试样放入试样台，并确认玻璃门已关紧。

（4）点击Start，开始扫描测量，获得试样的XRD光谱图，保存数据为raw格式。取出试样，保存并导出测试数据。

（5）关闭软件、电脑和仪器电源。

六、数据处理

利用 MDI jade 6 软件将数据转换为 txt 格式，并将 txt 格式转换为 excel 格式。通过绘图软件分别以角度和强度为横、纵坐标，绘制 XRD 光谱图，如图 4-6 所示。

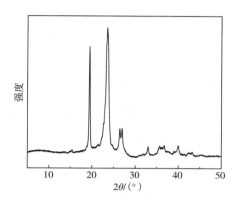

图 4-6 XRD 光谱图

思考题

1. XRD 测试中，粉末试样为何需要制成平整的试样片？

2. 服装材料的结晶性能对服装的哪些性能有影响？请说明产生影响的原因。

第三节

显微激光拉曼光谱测试

显微激光拉曼光谱仪是利用激发光的光子与作为散射中心的分子的相互作用，对试样分子结构和化学组成进行鉴定和分析的仪器。通过拉曼（Raman）测试，可以确定未知试样中含有的化合物种类及其相对含量，常用于分析含碳材料的定性与定量分析。

一、实验目的与要求

通过实验了解拉曼光谱仪的结构及测试原理，掌握服装材料的拉曼光谱测试方法。

二、实验原理

试样受到激发光的照射后，散射光频率改变，发生拉曼散射从而产生散射光。显微激光拉曼光谱仪通过单色器和光电倍增管等光学元件，收集和分析试样散射光的频率变化，得到试样的拉曼光谱图谱和数据。

三、实验仪器与用具

inVia Reflex型显微激光拉曼光谱仪（图4-7），主要由激光光源、试样池、单色器、光电检测器、记录仪、计算机等组成。

图4-7　inVia Reflex型显微激光拉曼光谱仪

四、试样准备

（1）试样需制成薄膜或粉末形式，薄膜需要制成如图4-8所示的3cm×3cm的片状试样，粉末试样需压制成薄片。

（2）试样需保持干燥，表面清洁无异物。

（a）薄膜试样　　　　　　　　（b）试样安装

图4-8　试样准备

五、实验方法与步骤

（1）打开仪器开关，启动电脑电源。

（2）点击测试软件，设置激光型号（常用532型）、扫描范围（根据材料类型进行选择）等测试参数。

（3）将试样放置在专门的玻璃片上，并安放于观察台。

（4）将试样调至信号采集探头的聚焦处，转动圆形手柄，调整试样表面和激光焦点之间的距离，确保最佳的拉曼信号，点击启动，开始拉曼光谱的测量。

（5）测试结束后，保存并导出数据。

（6）依次关闭激光、软件、仪器和电脑。

六、数据处理

根据测试数据，分别以波数和强度为横、纵坐标，利用绘图软件绘制拉曼光谱图，如图4-9所示。

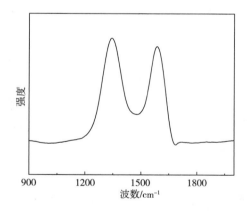

图4-9　拉曼光谱图

思考题

1. 拉曼分析与XRD分析有何相同之处?

2. 拉曼测试与FTIR测试的区别在哪里?

第四节
紫外可见近红外光谱测试

紫外可见近红外分光光度计是利用试样吸收紫外、可见光、近红外区域的辐射来进行光学特征测定的仪器，可以用于有机和无机物质的定性和定量测定以及纯度鉴定、结构分析。通过紫外可见近红外光谱测试，可以对试样的透射、反射、吸收等光学特征进行测试，常应用于化学、材料、生物、医学等领域。

一、实验目的和要求

通过实验了解紫外可见近红外分光光度计的结构及测试原理，掌握服装材料中成分的定性鉴别和定量分析方法以及光学特征的表征方法。

二、实验原理

紫外可见近红外分光光度计是以紫外可见近红外区域（通常200~3000nm）电磁波连续光谱作为光源照射试样，研究物质分子对光吸收的相对强度的方法。物质中的分子或基团，吸收了入射的紫外可见光能量，电子间能级跃迁产生具有特征性的紫外可见近红外光谱，可用于确定化合物的结构和表征化合物的性质。

三、实验仪器与用具

岛津UV-3600型紫外可见近红外分光光度计（图4-10），主要由光源、单色器、试样池、检测器、显示器等组成。

图4-10　岛津UV-3600型紫外可见近红外分光光度计

四、试样准备

（1）试样须为薄膜或粉末形式，薄膜表面应光滑无裂缝。选择用石英片夹试样时，应小心拿取，防止石英片损坏。

（2）保证试样大小尽量覆盖试样夹片上的椭圆形空隙，如图4-11所示。

（a）粉末试样　　　　　　　（b）薄膜试样

图4-11　待测试样

五、实验方法与步骤

（1）打开仪器和电脑，预热30min。

（2）点击测试软件，开始初始化。随后进行参数设置。测试范围在可见光区域时，狭缝宽度设为2nm；测试范围在红外区域时，狭缝宽度设为5nm。

（3）对仪器进行基线校准和坐标校准，消除仪器内部误差，确保测试结果的准确性和可靠性。

（4）擦净试样夹片，将试样夹入夹片中，并放入试样室。开始测试，得到吸收（或反射）光谱图，保存并导出测试数据。

（5）取出试样，依次关闭软件、电脑和仪器电源。

六、数据处理

根据测试数据，分别以波长和吸收率（或反射率）为横、纵坐标，利用绘图软件绘制吸收（或反射）光谱图，如图4-12所示。

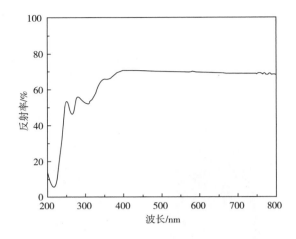

图4-12 紫外可见光光谱图

思考题

1. 开发防紫外线的功能性服装材料，需要考察材料对哪一范围光谱的吸收或反射？
2. 紫外可见近红外分光光度计能够考察服装材料的哪些光学性能？

第五节
扫描电子显微镜测试

扫描电子显微镜（SEM）是利用电子束对试样进行扫描，并通过电子信号的检测和处理来观察试样表面形态的仪器。通过SEM测试，可观察和表征试样表面形貌和结构，分析微小颗粒的成分和分布，常应用于材料科学、生物科学、纳米技术等领域。

一、实验目的与要求

通过实验了解扫描电子显微镜的结构及测试原理，观察试样表面的形貌和微观结构，掌握服装材料的表面形貌与微观结构的测试方法。

二、实验原理

扫描电子显微镜由电子枪、试样室、电子束扫描、信号检测、信号处理与成像五部分组成。由电子枪发射电子，经聚光镜和物镜的逐级会聚，形成具有一定能量和照明强度的入射电子束。在扫描线圈的作用下，电子束在试样表面扫描，通过检测器件接收试样中被激发出的二次电子、背散射电子等信号，把它转变成光信号，再经过光电倍增管放大并转变成电信号。运用计算机进行信号数据处理，在显示器上呈现试样表面形貌的电子图像。

三、实验仪器与用具

FEI型扫描式电子显微镜（图4-13），主要由电子光学系统、信号检测处理系统、真空系统、电子系统、计算机系统等组成。

图4-13　FEI型扫描式电子显微镜

四、试样准备

（1）试样须制成薄膜的形式，剪取合适长度的导电胶并贴于试样台表面，如图4-14（a）所示，并将试样贴于导电胶上。在剪取、移动和固定试样的过程中，避免触摸试样，并保持试样表面清洁无异物。

（2）打开离子溅射仪，将试样放在中央圆形金属台上，合上舱盖，喷金完成后取出试样台待用，如图4-14（b）所示。

（a）试样粘贴　　　　　　　（b）喷金后的试样

图4-14　试样准备

五、实验方法与步骤

（1）打开仪器开关，启动电脑电源。

（2）缓慢拉开舱门，放入试样台，合上舱门。

（3）点击测试软件界面右上角的"Pump"，开始抽真空，待3~5min后真空度下降完毕，指示灯标志变亮。点击右键，试样台缓慢上升，使试样最上缘与10mm标线平齐即可。

（4）点击测试软件界面上的"Beam on"，打开电子枪，等待进度条充满。单击左上窗口，寻找所需试样，调至适当倍数，进行调焦。

（5）图像调整清晰后，点击慢扫模式，再单击暂停键，等待扫描结束。

（6）保存和导出图像（图4-15），点击测试软件界面上的"Vent"进行放气。

（7）取出试样，关闭软件、电脑和仪器电源。

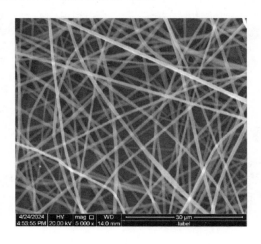

图4-15　电镜照片

六、电镜图像分析

从SEM图像中观察试样的表观形貌特征，还可运用测量软件（如Nano Measurer软件）测量纤维直径分布范围和均值，如图4-16所示，分别以纤维直径和纤维直径百分比为横、纵坐标绘制纤维直径分布图。

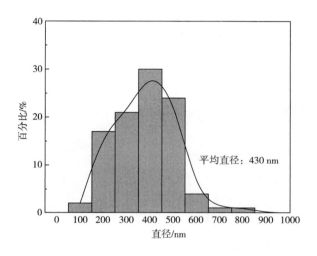

图4-16　纤维直径分布

思考题

1. 如何观察纤维直径分布的优良程度？

2. 除了形貌和结构，SEM分析还能考察服装材料的哪些特征？

第六节

差示扫描量热法热分析测试

差示扫描量热法（DSC）是一种热分析技术，它是表征聚合物热学性能的基本手段之一，具有操作简单、灵敏程度高、重复性好等特点，能够提供聚合物物理化学变化过程中的吸热、放热等信息，跟踪聚合物的结晶、熔融以及玻璃化转变等过程。

一、实验目的与要求

（1）测量试样在加热或冷却过程中的热流变化，确定材料的玻璃化转变温度、熔融温度、结晶温度、热分解温度等。

（2）观察试样中的杂质或添加剂导致的额外热事件，以判断试样的纯度。

（3）观察试样在加热过程中的热分解、氧化等反应，评估其热稳定性。

（4）研究试样反应速率与温度的关系，从而得到反应动力学参数。

（5）通过测量相变过程中的热流变化，可以计算材料的焓变，如熔融焓。

二、实验原理

DSC测试基于比较试样和参比物的热流差异。测试时，将待测试样和参比物分别放入两个对称的试样盘中，然后将它们放入一个可以控制温度的炉子中。随着温度的变化，试样和参比物的热流会通过仪器中的热流传感器检测出来。

三、实验仪器与用具

差示扫描量热仪主要由加热模块、制冷模块、炉体匀热控制模块、热流信号采集模块等组成。STA449F3型差示扫描量热仪如图4-17所示。

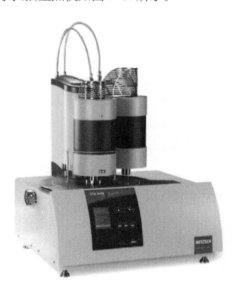

图4-17　STA449F3型差示扫描量热仪

四、试样准备

粉末、片状、纤维、液体试样均可，试样质量10mg左右，片状或块状试样表面尺寸不超过5mm，厚度不超过3mm，如图4-18所示。

图4-18　块状试样

五、实验方法与步骤

（1）打开计算机与热分析仪的主机电源。

（2）打开恒温水浴，水浴温度达到设定温度2~3h后，开始测试，并确认测量所使用的吹扫气情况。

（3）根据试样的成分选择合适的坩埚，试样的称重可使用精度0.01mg以上的外部天平，或以热分析仪本身作为称重天平。

（4）点击测试软件，在"测量类型"中选择"修正＋试样"模式进行测量程序设定。等待炉体温度与试样温度接近且稳定，在气体流量、DSC信号等稳定后，开始测量。

（5）打开炉盖，升起支架，取出试样，合上炉盖，待炉体温度接近室温后关闭机器。

（6）保存和导出数据，关闭软件、仪器和电脑。

六、数据处理

根据测试数据，分别以温度和热流为横、纵坐标，利用绘图软件绘制DSC曲线，如图4-19所示。

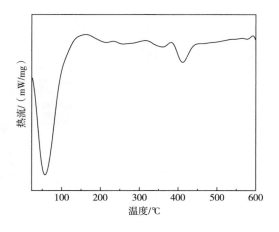

图4-19　DSC曲线

思考题

1. DSC分析能够考察服装材料的哪些性能？
2. 如何通过DSC曲线确定材料的玻璃化转变温度？

第七节
热重分析测试

热重分析（Thermogravimetric Analysis，简称TGA）是一种重要的物理测量技术，主要用于材料科学领域。热重分析通过测量物质在温度变化过程中的质量变化来研究其热稳定性、组分含量、吸附性质等。在某些情况下，热重分析也可以用来测量物质在升温—恒温过程中的质量变化。

一、实验目的与要求

通过分析试样在程序所控制温度下的质量变化，研究材料的热稳定性、氧化稳定性，探讨组分和组分含量对材料热性能的影响。

二、实验原理

热失重分析是在程序控温下，测量试样质量随温度变化的关系。通过记录试样质量的变化，可以得到试样的分解温度，分析试样的热稳定性。

三、实验仪器

热重分析仪由天平、炉子、程序控温系统、差热系统、信号放大系统、记录系统等构成。TG209F1型热重分析仪如图4-20所示。

图4-20　TG209F1型热重分析仪

四、试样准备

粉末、片状、纤维、液体试样均可，试样质量10mg左右，片状或块状试样表面尺寸不超过5mm，厚度不超过3mm。

五、实验方法与步骤

（1）打开水浴。打开电源开关，再打开仪器设置的开关。当显示屏上显示"off"时点击"OK"键。关闭水浴的顺序与之相反。

（2）打开热重分析仪电源开关。

（3）打开电脑，打开TG209F1软件。调出仪器状态显示框，始终关注仪器的状态。打开"气体设置"，将吹扫气（氧气为吹扫气1，氮气为吹扫气2）和保护气流量设置为200。

（4）打开气体罐，调整气体阀（0.04MPa~0.06MPa），控制气体压力。

（5）打开气体后，将吹扫气流量设为60，保护气流量设为20。

（6）进行仪器预热（一般为3h），使仪器达到稳定状态。

（7）预热结束后进行参数设置。打开"新建"工具栏，依次点击"设置"→"基本信息"→"温度程序"→"最后的条目"。在基本信息的设置过程中放入样品。

（8）弹出"TG209F1在……调整"对话框后，依次点击"清零"→"初始化气体开关"→"开始"。

（9）样品开始测量。

（10）测量结束后取出样品。

（11）保存和导出数据。

（12）关闭气体，关闭电脑，关闭仪器，关闭水浴。

六、数据处理

根据测试数据，分别以温度和质量变化为横、纵坐标，利用绘图软件绘制TGA曲线，如图4-21所示。

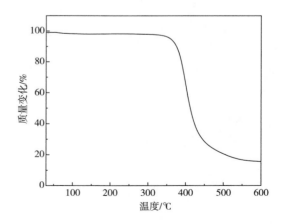

图4-21　TGA曲线

思考题

    1. 如何通过 TGA 曲线评估服装材料的耐高温性?

    2. 如何利用 TGA 曲线与 DSC 曲线一同分析服装材料的热性能?

第五章
织物力学性能测试

章节名称：织物力学性能测试　　　　**课程时数：3 课时**

教学内容：

织物拉伸性能测试

织物拉伸弹性测试

织物撕裂性能测试

织物顶破性能测试

织物耐磨性能测试

织物接缝滑移性能测试

织物硬挺度测试

织物胀破性能测试

教学目的：

通过本章的学习，学生应达到以下要求和效果：

1. 了解织物力学性能测试的重要性及其影响因素。

2. 学习并掌握织物拉伸性能、拉伸弹性、撕裂性、顶破性、耐磨性、
   接缝滑移性能、硬挺度和胀破性能的测试方法。

教学方法：

以理论讲授和实践操作为主，辅以课堂讨论。

教学要求：

在熟悉织物力学性能检测标准和测试方法的前提下，严格按照实验操
作规范，在专业实验室中开展织物力学性能的测试与实验分析。

教学重点：

掌握织物力学性能的各项测试方法和评价指标。

教学难点：

结合理论知识和实验结论，讨论影响织物力学性能的主要因素及规律，
分析提高织物力学性能的织物结构参数设计方法。

织物在使用过程中，会受到各种不同的物理、化学和机械等外在因素影响而产生损坏。一般来说，机械力的破坏在其中起到主要作用。织物的力学性能是指织物在各种机械外力作用下所呈现出来的变化，包括拉伸、顶破、撕裂、弯曲、扭转、摩擦、疲劳等各方面的作用，是评定纺织材料服用性能的重要物理性能指标。

第一节
织物拉伸性能测试

当纺织材料受到外力作用时，会发生破坏或损坏，其主要破坏方式为拉伸断裂。织物的拉伸性能测试一般有两种方法：条样法（Raveled-strip Method）和抓样法（Grab Method）。条样法又分为扯边纱条样法和剪切条样法两种，是通过扯边纱或剪切的方法使织物试样达到规定的宽度（一般为5cm），且实验时整个试样宽度全部被夹持器所夹持的一种测试方法，而抓样法则指的是试样宽度方向仅有中央部位被夹持器所夹持的一种织物拉伸实验方法。

一、条样法

1. 实验目的与要求

通过实验了解多功能电子织物强力机（YG026H）的结构与测试原理，掌握条样法织物拉伸性能的测试方法。

2. 实验原理

对规定尺寸的织物试样，使用指定尺寸的夹钳夹持试样的整个宽度部分，并以恒定的速度进行拉伸直至其断裂，该过程中所记录到的最大强力，即为断裂强力，此时对应的伸长率即为断裂伸长率。

3. 实验仪器与用具

YG026H多功能电子织物强力机（图5-1）、剪刀、尺子、记号笔等，其中多功能电子织物强力机主要由机身、上下夹持器、力传感器和控制箱组成。实验时，下夹持器保持固定不动，上夹持器牵引试样进行拉伸。其中上夹持器与力传感器相连，能够记录拉伸过程中力的变化情况和两个夹持器之间的距离变化，以此作为计算断裂强力和断裂伸长率的依据。控制箱一般单独操作或与计算机配套软件搭配进行，可实现参数设置、测试启动和实验结果的记录与查询等功能。

4.试样准备

（1）取样前按照GB/T 6529—2008对样品进行预调湿和调湿。实验要求在标准大气条件下进行，常规检验可以在普通大气中进行。

（2）服用织物有经（纵）、纬（横）两个方向且其性质不同，应在两个方向分别进行单轴拉伸实验。一般按照织物的产品标准或有关各方协议取样，在没有上述要求的情况下，可采用如图5-2所示的阶梯状取样方法。

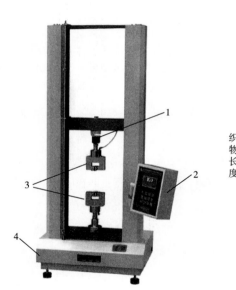

图5-1　YG026H多功能电子织物强力机
1—力传感器　2—控制箱　3—夹持器　4—机身

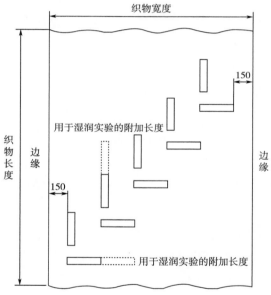

图5-2　试样取样方法（单位：mm）

从每个实验样品上剪取两组试样，一组为经向（或纵向）试样，另一组为纬向（或横向）试样，阶梯状取样，需要避开匹布的头尾，且试样应距布边至少150mm以上，同时应避开有明显折痕和疵点的部位。每组至少包括5块试样，其宽度和长度应满足如下规定：

①试样有效宽度应为（50±0.5）mm（不包括毛边）。对于机织物，可首先裁取60mm

宽度的试样，然后从条样的两侧拆去数量大致相等的纱线形成毛边，直至试样宽度符合要求（扯边纱条样法）；对于不能拆边纱的织物，应沿织物纵向或横向平行剪切宽度为50mm的试样（剪切条样法）。同时按有关各方协议，试样也可采用其他宽度，应在实验报告中予以说明。

②取试样长度时，为满足设备夹持的需要，一般建议其比隔距长度（上下两个夹持器钳口之间的长度）至少要大50mm以上，即试样长度=隔距长度+50mm以上。

5. 实验方法与步骤

（1）仪器调整：

①对于破坏性的实验，安装较大量程（500kg）的力传感器；选择钳口夹持面宽度大于60mm的上、下夹持器。

②按下机身上的开机按钮，听到"嘀"的一声，控制箱液晶屏亮起。开机之后点击控制箱的"设定"按钮，进入参数设置界面。在"测量设定（1）"画面中通过"移位"和"+"（上移）、"−"（下移）修改对应参数。

测量次数：设置为005。

夹距（即隔距长度）：断裂伸长率≤75%的织物，隔距长度设为（200±1）mm；断裂伸长率>75%的织物，隔距长度应为（100±1）mm。

拉伸速度：断裂伸长率<8%的织物，拉伸速度设为20mm/min；断裂伸长率≥8%的织物，拉伸速度设为100mm/min。

预张力：如采用预张力夹持，需要根据试样的单位面积质量 m 来设置，若 $m \leq 200g/m^2$，预张力取2N；若 $200g/m^2 < m \leq 500g/m^2$，预张力取5N；若 $m > 500g/m^2$，预张力取10N。

开机后，在"实时测量"画面，检查两项指标：第一，是否有"拉力"字样显示，以确认强力机功能选择正确与否；第二，力传感器量程设置与所安装传感器的铭牌标识（破坏性实验一般为500kg）是否一致。如果不一致，可按照下述操作进行：点击两次"设定"按钮，将画面切换到"测量设定（2）"，查看"功能选择"选项，将其数值改为"0"（数字0代表拉伸实验，数字1代表顶破实验），同时将"传感器"一栏选项参数值与实际传感器铭牌修改为相同数值。

③确定实验方法和试样尺寸后，第一次实验前一般需要标定夹距和传感器，点击控制箱上的"标定"按钮，进入标定画面。

夹距标定：打开夹距标定开关，将对应数字改为"1"（数字0：OFF，代表关闭该项标定开关；数字1：ON，代表打开该项标定开关，下同），测量上下夹持器间的实际距离，并将结果填入"实测距离"一栏。点击"标定"按钮，设备将自动调整上夹持器位置，听到"嘀嘀"两声则表明标定已完成，可通过仪器左侧标尺再次核对隔距长度是否准确。

传感器标定：首先点击控制箱上的"去皮"按钮，将传感器实时拉力值清零；然后打开传感器标定开关，将对应数字改为"1"（打开该项标定开关）；在上夹持器放置已知质量的砝码，并将其数值填入"砝码质量"一栏，单位为kg。点击"标定"按钮，听到"嘀嘀"两声后，再次点击"标定"按钮，返回"实时测量"画面，此时显示的实时拉力值应与所放置砝码的重力值相同，即完成传感器力值的标定。

（2）操作步骤：

①夹持试样，首先装载试样的上端，注意其纵向中心线与夹钳中心线要保持一致，并与钳口线相垂直，确认无误后旋紧上夹钳。随后观察试样下端，使其依靠自重下垂并平置于下夹钳内（采用预张力夹持试样时，需悬挂对应力值的预张力夹），确保整条试样平整挺括后旋紧下夹钳。

②点击控制箱上的"去皮"按钮，将传感器实时拉力值清零，然后点击"启动"按钮开始测试，此时"测量次数"会自动累加1。上夹持器沿轨道先以恒定速度向上移动，对试样进行拉伸直至其断脱，然后自动向下移动复位，待上夹持器返回初始位置，听到"嘀嘀"两声后，记录此时控制箱显示屏上的"强力"值（即断裂强力，单位为N）和"伸长"值（即断裂伸长率，单位为%）。如果此次实验失败，点击控制箱上的"删除"按钮，清除该次实验结果，此时"测量次数"会自动减1，可换同向另一试样重复上述实验操作。同一方向至少测试5块试样。

③如果试样在距离钳口线5mm以内的位置断裂，则记为钳口断裂。按照标准规定，当5块试样测试完毕后，若钳口断裂测试值大于最小正常断裂测试值，则可以保留该次实验结果，并且备注为"钳口断裂"；反之则应舍弃该次实验结果，另加补充实验。

④手动记录每块试样的单次实验结果，待该方向5块试样测试完毕，点击控制箱上的"统计"按钮，系统将自动计算并显示最小值、最大值、标准偏差和变异系数等统计指标。

⑤点击控制箱上的"初始化"按钮，将前一组实验结果清空，此时液晶屏上的"测量次数"将归零。重复上述步骤，即可进行另外一组试样的测试。

6. 实验结果与修约

按照织物不同方向，分别计算断裂强力平均值、断裂伸长率平均值及其变异系数。其中，断裂强力的变异系数按照GB/T 8170—2019的规定修约到1位小数，断裂强力平均值按如下修约：

（1）计算结果<100N，修约到1N。

（2）计算结果≥100N且<1000N，修约到10N。

（3）计算结果≥1000N，修约到100N。

注意，如有需要，计算结果也可修约到0.1N或1N。

二、抓样法

1. 实验目的与要求

通过实验了解多功能电子织物强力机（YG026H）的结构与测试原理，掌握抓样法织物拉伸性能测试方法。

2. 实验原理

对规定尺寸的织物试样，用指定尺寸的夹钳夹持试样的中央部位，并以恒定的速度拉伸试样直至其断脱，此过程中所记录到的最大的力，即为断裂强力。

3. 实验仪器与用具

与前述条样法所用的实验仪器与用具（图5-1）相同，由于夹持试样的方法不同，强力机的上、下夹持器尺寸有所区别。

4. 试样准备

（1）取样前按照GB/T 6529—2008对样品进行预调湿和调湿。实验要求在标准大气条件下进行，常规检验可以在普通大气中进行。

（2）取样方法与前述图5-2所示方法相同。每组应至少包括5块试样，如果有更高精度的要求，可增加试样数量，其宽度和长度应满足以下规定：①试样宽度应为（100±2）mm；②长度应能满足隔距长度100mm，建议至少大50mm以上，即试样长度＝隔距长度＋50mm以上。

5. 实验方法与步骤

（1）仪器调整：

①对于破坏性实验，一般选择较大量程（500kg）的力传感器；选择钳口夹持面为（25±1）mm×（25±1）mm的上、下夹持器。

②按下机身上的开机按钮，听到"嘀"的一声，控制箱液晶屏亮起。然后点击控制箱上的"设定"按钮，进入参数设置界面。在"测量设定（1）"画面中通过"移位"和"＋"（上移）、"－"（下移）修改对应参数。

测量次数：设置为005。

夹距（即隔距长度）：设定拉伸实验仪的隔距长度为100mm。

拉伸速度：设定拉伸实验仪的拉伸速度为50mm/min。

在"实时测量"画面，检查下述两项指标：第一，是否有"拉力"字样显示，以确认强力机功能选择正确与否；第二，力传感器量程显示与所安装传感器的铭牌标识（破坏性实验一般为500kg）是否一致。如果不一致，可按照下述操作进行：点击两次"设定"按钮，将画面切换到"测量设定（2）"，查看"功能选择"选项，将其数值改为"0"（数字0代表拉伸实验，数字1代表顶破实验），同时将"传感器"一栏参数值与实际传感器铭牌修改为相同数值。

③确定实验方法和试样尺寸后，第一次实验前一般需要标定夹距和传感器，标定方法参照前述条样法的具体操作，不再赘述。

（2）操作步骤：

①夹持试样，注意确保其纵向中心线通过夹钳的中心线，并与夹钳钳口线相垂直。先旋紧上夹钳，使试样依靠自重下垂，并平置于下夹钳内，确保整条试样平整挺括后旋紧下夹钳。

②点击控制箱上的"去皮"按钮，将传感器实时拉力值清零；然后点击"启动"按钮，开始测试，此时"测量次数"会自动累加1。上夹持器沿轨道先以恒定速度向上移动，对试样进行拉伸直至其断脱，待上夹持器返回至初始位置，听到"嘀嘀"两声后，记录此时控制箱显示屏上的"强力"值（即断裂强力，单位为N），无须记录断裂伸长率。如果当次实验失败，点击控制箱上的"删除"按钮，清除该次实验结果，此时"测量次数"会自动减1，可换另一块试样重复上述实验操作。每个方向至少测试5块试样。

③如果试样在距离钳口线5mm以内的位置断裂，则记为钳口断裂。根据标准规定，当5块试样测试完毕后，若钳口断裂测试值大于最小正常断裂测试值，可以保留该次实验结果，并且备注为"钳口断裂"；反之则应舍弃该次实验结果，另加补充实验。

④待该方向5块试样测试完毕，点击控制箱上的"统计"按钮，系统将自动计算并显示最小值、最大值、标准偏差和变异系数，记录相应结果。

⑤点击控制箱上的"初始化"按钮，将前一组实验结果清空，此时液晶屏上的"测量次数"将归零。重复上述步骤，即可进行另外一组试样的测试。

6. 实验结果与修约

按照织物不同方向，分别计算断裂强力平均值和断裂强力的变异系数。其中，断裂强力的变异系数按照GB/T 8170—2019的规定修约到一位小数，断裂强力值平均值按如下修约：

（1）计算结果<100N，修约到1N。

（2）计算结果≥100N且＜1000N，修约到10N。

（3）计算结果≥1000N，修约到100N。

注意，如有需要，计算结果也可修约到0.1N或1N。

思考题

1. 抓样法和条样法在试样准备和参数设定上有什么不同？

2. 织物强力机一般在什么情况下需要标定，标定的参数和步骤分别是什么？

本实验技术依据：GB/T 3923.1—2013《纺织品　织物拉伸性能　第1部分：断裂强力和断裂伸长率的测定（条样法）》、GB/T 3923.2—2013《纺织品　织物拉伸性能　第2部分：断裂强力的测定（抓样法）》。

第二节
织物拉伸弹性测试

在一定拉伸力的作用下，纺织材料的变形量与力的大小成某种比例。在该力持续作用的过程中，其变形量并不固定，而是会随时间的推移不断发生变化。在这一过程中，纺织材料内部发生的变形一般可分为两类：其中一类变形在去除掉外力后能够恢复，称为弹性变形，根据恢复时间的快慢，又可细分为急弹性变形与缓弹性变形；而另一类变形则在去除掉外力后不能恢复，称为塑性变形。拉伸弹性是衡量织物服用性能的重要指标，对服装压力舒适性和保形性等有直接影响，其测试标准按照织物种类，一般分为机织物和针织物两大类，按照实验方法可分为定伸长和定负荷两种。

一、机织物拉伸弹性测试

1. 实验目的与要求

通过实验了解弹性综合强力机（YG091L）的基本构造与测试原理，理解并掌握机织物拉伸弹性回复率的实验方法。

2. 实验原理

将规定尺寸的织物试样沿长度方向两端平整地紧固在夹持器内，首先以恒定速度对其进行拉伸，待达到规定力值（定负荷）或规定伸长长度（定伸长）后，在该位置保持一定时间（负荷时间）；然后夹持器以规定的速度复位，使试样在初始位置停留一定时间（松弛时间）；最后再次对其进行拉伸，使拉力值达到规定预张力值。根据上述过程中夹持器位置距离与拉伸力值的变化情况，分别计算反映弹性变形和塑性变形的相关指标，即弹性回复率、塑性变形率、定伸长力或定力伸长率。

3. 实验仪器与用具

YG091L型弹性综合强力机（图5-3）、剪刀、尺子、记号笔等。其中弹性综合强力机主要由控制面板、机身、夹持器、力传感器等硬件和配套计算机软件组成。在进行实验时，上夹持器保持固定，下夹持器可沿轨道向下或向上以恒定速度移动，且该端与传感器相连，能够记录拉伸过程中力的变化情况和两个夹持器之间的距离变化。根据测试结果，软件可自动代入相关公式后计算出定力伸长率、定伸长力、弹性回复率和塑性变形率等指标。

4. 实验准备

（1）取样前在GB/T 6529—2008规定的标准大气环境下对样品进行调湿，常规检验可以在普通大气中进行。

（2）取样应具有代表性，确保避开明显的折皱及影响实验结果的疵点。试样应距离布边100mm以上剪取，每块试样应包含不同的纱线。每个样品至少剪取经、纬向各三块试样，试样长度应满足隔距长度200mm，宽度应满足有效宽度50mm。

5. 实验方法与步骤

（1）仪器调整：

①打开仪器电源，根据织物的种类和测试需要，在控制面板上选择定负荷或定伸长的实验方法。调整好夹持器隔距，检查钳口是否准确对正和平行。打开电脑，确保仪器软、硬件连接正常，工作状态正常。

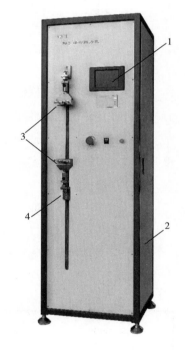

图5-3 YG091L型弹性综合
强力机
1—控制面板 2—机身 3—夹持
器 4—力传感器

②打开配套软件，点击"方法"选项卡，界面如图5-4所示，主要包括以下项目：

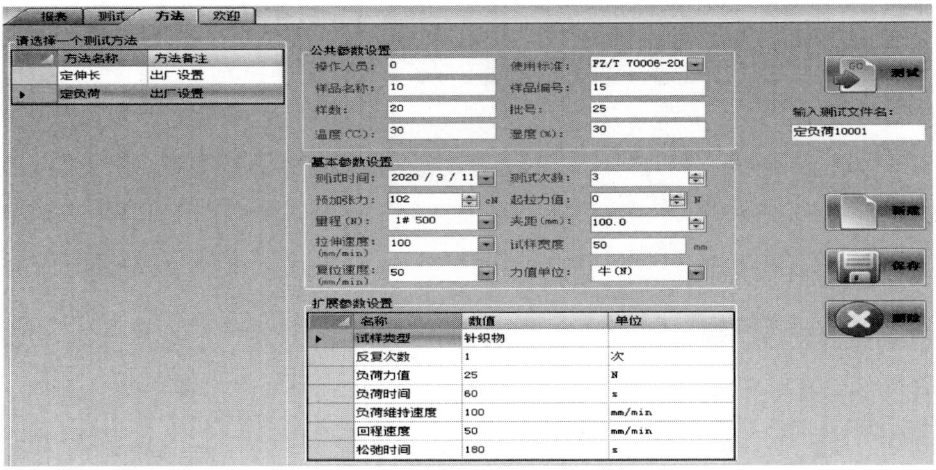

图5-4 软件参数设定界面

测试方法选择：在软件界面左上角选择定负荷、定伸长或自定义实验方法，其中前两者为出厂设定，也是标准规定的方法。

公共参数设置：包括操作人员、使用标准、样品名称、样品编号、样数、批号、温湿度等参数，可根据实验实际情况如实填写。

基本参数设置：

测试时间：自动读取计算机系统时间。

测试次数：根据试样数量设定，经、纬向需分别测试，一般设为3次。

预加张力：根据织物种类而定，如表5-1所示。

表5-1 机织物预加张力

织物种类	预加张力值		
	≤ 200g/m²	200~500g/m²	> 500g/m²
普通机织物	2N	5N	10N
弹力机织物	0.3N 或较低值	1N	1N

注 对于弹力机织物，预加张力是指施加在弹力纱方向的力。

起拉力值：采用默认值。

量程：自动读取系统力传感器数值，正常显示"1#500"字样，即量程为500N的力传感器。

夹距：根据织物种类而定，一般机织物为200mm。

拉伸速度：根据织物定伸长率或定负荷下的伸长率而定，具体设置如表5-2所示。

表5-2 机织物拉伸速度参数设置

伸长率（定伸长、定负荷）/%	≤ 8	>8
拉伸速度/（mm/min）	20	100

复位速度：即回程速度，视织物种类不同而定，机织物一般设定为与拉伸速度相同。

试样宽度：一般为50mm。

力值单位：一般设为牛顿（N）。

扩展参数设置：根据实验方法不同而定，请参考下述实验操作步骤进行设定。

（2）操作步骤：

①实验方法选定和扩展参数设定。

实验方法：根据实验需要，选择定负荷或定伸长的方法，参数设定所遵循的标准为FZ/T 01034—2008《纺织品机织物拉伸弹性试验方法》。

扩展参数设定：

织物种类：根据实际测试对象，选择机织物。

反复次数：根据协议约定或织物品种设定，机织物一般推荐为3次、5次或10次。

负荷力值：选择定负荷方法时需设定此参数，机织物一般根据协议约定或推荐采用20N、25N或30N。

伸长率：选择定伸长方法时需设定此参数，机织物一般根据协议约定或推荐采用3%、5%或10%。

拉伸速度：同基本参数设定。

复位速度：同基本参数设定。

负荷时间：根据测试标准的规定设置，通常为1min。

松弛时间：根据测试标准的规定设置，通常为3min。

②实验测试。

选定好实验方法和参数设定后，输入测试文件名，点击"测试"按钮，自动进入"测试"选项卡，界面如图5-5所示。

检查联机状态，确保仪器软、硬件处于已联机状态且运行正常。

依次点击软件中的"清零"与"发送参数"按钮，将设定好的参数传输给硬件设备。

从下拉列表框中，将曲线类别选定为"强力/伸长曲线"。

将准备好的试样分别装入上、下夹持器，并再次检查参数的设定是否符合实验要求。

按仪器控制面板上的"校正"按钮，此时液晶屏上将显示夹持器上的实时强力值，按

"C"键去皮，最后按"校正"键退出，完成实时力值清零。

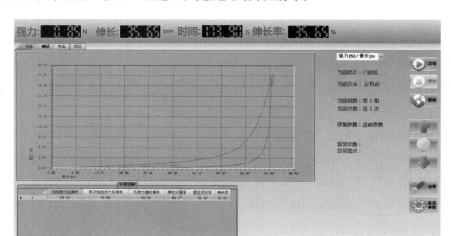

图5-5 软件测试界面

点击软件中的"启动"按钮或仪器上的绿色启动键，开始实验，观察相应数值与曲线变化情况。

③结果记录。

待一次实验完成后，蜂鸣器"嘀"的一声响起，序号为"1"的测试结果，将自动显示在"测试"选项卡界面下方的"计算结果"一栏中。

记录相应实验结果后，更换试样，重复上述步骤，直至同一方向3块试样测试完毕，软件将自动统计最大值、最小值、平均值和变异系数等数据，根据实验需要记录测试结果。

换另一方向试样，直至实验完毕，记录各次实验结果。

点击"报表"选项卡，可查看所有之前已经测试并保存的实验结果数据。

6. 实验结果计算与修约

分别计算弹性回复率、塑形变形率、定力伸长率和定伸长力的平均值。其中弹性回复率、塑性变形率、定力伸长率、定伸长力的计算结果按照GB/T 8170—2019的规定修约到一位小数。

二、针织物拉伸弹性测试

1. 实验目的与要求

通过实验了解弹性综合强力机（YG091L）的基本构造与测试原理，理解并掌握针织物恒速拉伸法弹性回复率测试的实验方法。

2. 实验原理

将规定尺寸的织物试样沿长度方向两端平整地紧固在夹持器内，首先施加张力并以恒定速度对其进行拉伸，待达到规定力值（定负荷）或规定伸长长度（定伸长）后，在该位置保持一定时间（负荷时间）；然后夹持器以规定的速度复位，使试样在初始位置停留一定时间（松弛时间）；最后再次对其进行拉伸，并使拉力值达到规定预张力值。根据实验过程中夹持器位置与拉伸力值变化情况，分别计算反映弹性变形和塑性变形的相关指标。

3. 实验仪器与用具

与前述机织物所用的实验仪器与用具（图5-3）相同。

4. 实验准备

（1）取样前按照GB/T 6529—2008对样品进行预调湿和调湿。实验要求在标准大气条件下进行，常规检验可以在普通大气中进行。

（2）样品应距离布端1.5m以上裁取。

（3）试样应距离布边10cm以上剪取，确保避开明显的折皱及影响实验结果的疵点。

（4）每项实验裁剪纵向和横向试样各3块，试样有效尺寸为100mm×50mm。一般实验时，采用如图5-6所示的取样方法；仲裁实验时，则可按照类似于图5-2所示的取样方法。

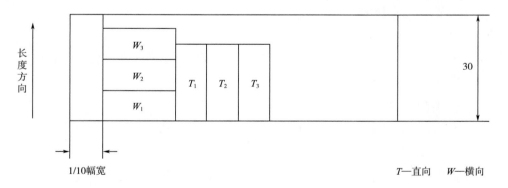

图5-6 针织物平行法取样（单位：cm）

5. 实验方法与步骤

（1）仪器调整：

①打开仪器电源，根据织物的种类和测试需要，在控制面板上选择定负荷或定伸长的

实验方法。调整好夹持器隔距，检查钳口是否准确对正和平行。打开电脑，确保仪器软、硬件连接正常，工作状态正常。

②打开配套软件，点击"方法"选项卡，界面如图5-4所示，主要包括以下项目：

测试方法选择：在软件界面左上角可选择定负荷、定伸长或自定义实验方法，其中前两者为出厂设定，也是标准规定的方法。

公共参数设置：包括操作人员、使用标准、样品名称、样品编号、样数、批号、温湿度等参数，可根据实验实际情况如实填写。

基本参数设置：

测试时间：自动读取计算机系统时间。

测试次数：根据试样数量设定，纵向、横向需分别测试，故该参数一般设为3次。

预加张力：根据标准规定，针织物此项参数设为0.1N（常规织物）或0.05N（高弹织物）。

起拉力值：采用默认值。

量程：自动读取系统力传感器数值，通常显示为"1#500"字样，即量程为500N的力传感器。

夹距：根据织物种类而定，一般针织物为100mm。

拉伸速度：按产品标准或协议规定一般在50~30mm/min之间取值，未明确时取300mm/min。

复位速度：即回程速度，针织物此项参数未做规定，建议设为50mm/min。

试样宽度：一般为50mm。

力值单位：一般设为牛顿（N）。

扩展参数设置：根据实验方法不同而定，请参考以下实验操作步骤进行设定。

（2）操作步骤：

①实验方法选定和扩展参数设定。

实验方法：根据实验需要，选择定负荷或定伸长的方法，参数设定所遵循的标准为FZ/T 70006—2022《针织物拉伸弹性回复率试验方法》。

扩展参数设定：

织物种类：根据实际测试对象选择针织物。

反复次数：根据协议约定或织物品种设定，针织物一般推荐为1、3、5或10次。

负荷力值：选择定负荷方法时需设定此参数，针织物一般根据协议约定或不同品种，试样每1cm宽施加1N、3N、5N、7N等适当力值。

伸长率：选择定伸长方法时需设定此参数，针织物一般根据协议约定或采用10%、30%或50%。

拉伸速度：同基本参数设定。

复位速度：同基本参数设定。

负荷时间：根据测试标准规定设置，通常为1min。

松弛时间：根据测试标准规定设置，通常为3min。

②实验测试。

选定好实验方法和参数设定后，输入测试文件名，点击"测试"按钮，自动进入"测试"选项卡，界面如图5-5所示。

检查联机状态，确保仪器软、硬件处于已联机状态且运行正常。

依次点击软件中的"清零"与"发送参数"按钮，将设定好的参数传输给硬件设备。

在下拉列表框中，将曲线类别选定为"强力/伸长曲线"。

将准备好的试样分别装入上、下夹持器，并再次检查参数的设定是否符合实验要求。

按仪器控制面板上的"校正"按钮，此时液晶屏上将显示夹持器上的实时强力值，按"C"键去皮，最后按"校正"键退出，完成实时力值清零。

点击软件中的"启动"按钮或仪器上的绿色启动键，开始实验，观察相应数值与曲线变化情况。

③结果记录。

待一次实验完成后，蜂鸣器"嘀"的一声响起，序号为"1"的测试结果，将自动显示在测试界面。

记录相应实验结果后，更换试样，重复上述步骤，直至同一方向3块试样测试完毕，软件自动统计最大值、最小值、平均值和变异系数等数据，根据实验需要记录测试结果。

换另一方向试样，直至实验完毕，记录各次实验结果。

点击"报表"选项卡，可查看所有之前已经测试并保存的实验结果数据。

6. 实验结果计算与修约

分别计算弹性回复率、塑形变形率、定力伸长率和定伸长力的平均值。其中弹性回复率、塑性变形率、定力伸长率、定伸长力的计算结果按照GB/T 8170—2019的规定修约到一位小数。

思考题

1. 在进行机织物和针织物拉伸弹性实验时，取样方法有何不同？

2. 影响织物拉伸弹性的因素有哪些？

本实验技术依据：FZ/T 01034—2008《纺织品　机织物拉伸弹性试验方法》，FZ/T 70006—2022《针织物拉伸弹性回复率试验方法》。

第三节
织物撕裂性能测试

撕裂性能是衡量服用织物，特别是户外服装耐用性的一项重要指标，按照不同的测试标准共有五种测试方法，分别为冲击摆锤法、裤形试样（单缝）法、梯形试样法、舌形试样（双缝）法和翼形试样（单缝）法。

一、冲击摆锤法

1. 实验目的与要求

通过实验了解冲击摆锤法数字式织物撕裂仪（YG033E）的基本构造与测试原理，理解并掌握冲击摆锤法撕破强力的实验方法。

2. 实验原理

试样固定在夹具上，将试样切开一个切口，释放处于最大势能位置的摆锤，可动夹具离开固定夹具时，试样沿切口方向被撕裂，把撕破织物一定长度所做的功换算成撕破力。

3. 实验仪器与用具

YG033E数字式织物撕裂仪（图5-7）、剪刀、尺子、记号笔等。其中，数字式织物撕裂仪由刚性机架、可动与固定夹具、摆锤、刀片和电子记录装置等部件组成。

4. 试样准备

（1）取样前按照GB/T 6529—2008对样品进行预调湿和调湿。实验要求在标准大气条件下进行，常规检验可以在普通大气中进行。

（2）每个实验室样品应裁取两组实验试样，一组为经向，另一组为纬向，试样的短边应与经向或纬向平行以保证撕裂沿切口进行。每组至少包含5块试样或协议规定的更多试样，

图5-7　YG033E数字式织物撕裂仪

每两块试样不能包含同一长度或宽度方向的纱线，距离布边150mm内不得取样，取样方法同图5-2所示的阶梯状取样。试样尺寸如图5-8所示。

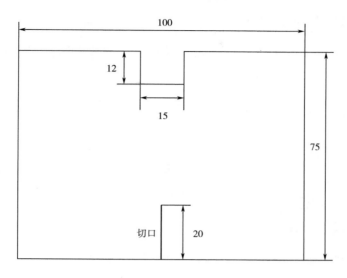

图5-8 冲击摆锤法试样尺寸（单位：mm）

5. 实验方法与步骤

（1）按下机身侧面的开机按钮，根据织物种类不同，首先装载合适的砝码（标示有"A""B""C""D"字样），并选择对应的量程，其中A：0~16N，B：0~32N，C：0~64N，D：0~128N，然后将夹钳夹紧，依次点击"校准"→"零位"按钮，根据提示音，同时按下机身两侧的红色按钮，释放重锤，读取脉冲值（一般为2600左右），完成零位校准。

（2）点击"夹钳"按钮，使其处于松开状态，将试样缺口朝上，并使其中心通过夹钳缝隙后，将其夹紧。

（3）点击"测试"按钮，等待刀片切出初始切口，听到"嘀嘀"的提示音后，同时按下机身两侧的红色按钮，释放摆锤，观察实验现象，如果撕裂线在凹字缺口范围之内，点击"保存"按钮，保存该次实验结果，否则点击"取消"，舍弃该结果。

（4）点击"报表"按钮，查看并记录每块试样的实验数据。点击"统计"按钮，查看并记录最大值、最小值、平均值、标准偏差和变异系数等数据。

6. 实验结果计算与修约

分别求出经、纬向撕破强力的平均值，计算结果按照GB/T 8170—2019的规定修约到1位小数。

二、裤形试样（单缝）法

1. 实验目的与要求

通过实验了解多功能电子织物强力机（YG026H）的基本构造与测试原理，理解并掌握裤形试样（单缝）法撕破强力的实验方法。

2. 实验原理

夹持裤形试样的两条腿，使试样切口线在上下夹具之间形成直线。启动仪器将拉力施加于切口方向，记录直至撕裂到规定长度内的撕破强力，并根据自动绘图装置绘出的曲线上的峰值或通过自动电子装置计算出撕破强力。

3. 实验仪器与用具

YG026H多功能电子织物强力机（图5-1）、剪刀、尺子、记号笔等。

4. 试样准备

（1）取样前按照GB/T 6529—2008对样品进行预调湿和调湿。实验要求在标准大气条件下进行，常规检验可以在普通大气中进行。

（2）每个实验室样品应裁取两组实验试样，一组为经向，另一组为纬向，试样的短边应与经向或纬向平行以保证撕裂沿切口进行。每组至少包含5块试样或合同规定的更多试样，每两块试样不能包含同一长度或宽度方向的纱线，距离布边150mm内不得取样，取样方法同图5-2所示。试样尺寸如图5-9所示。

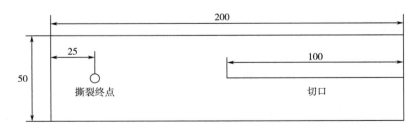

图5-9　裤形试样（单缝）尺寸（单位：mm）

5. 实验方法与步骤

（1）开机后，点击控制箱上的"设定"按钮，进入"测量设定（1）"画面，设定两夹钳距离为100mm，拉伸速度为100mm/min，然后进行"隔距"和"传感器"的标定，标定方法同本章第一节所述。

（2）按照如图5-10所示方法夹持试样。

（3）打开配套计算机软件，确保其与强力机硬件连接正常。

（4）点击"启动"按钮，根据计算机软件中绘制出的"强力—伸长曲线"，分割峰值曲线，计算撕破强力平均值。

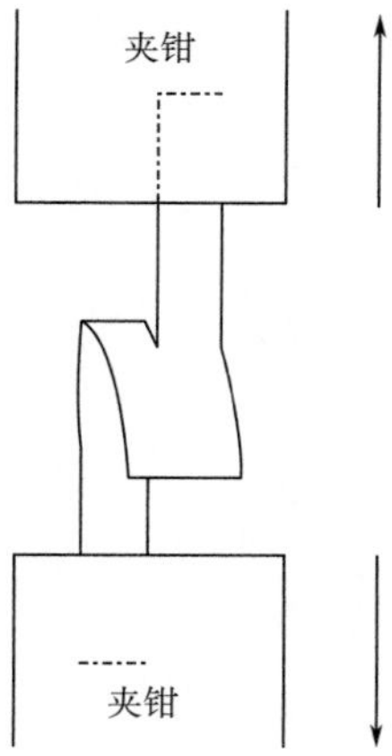

6. 实验结果计算与修约

记录每块试样的实验数据，并分方向求撕破强力的平均值。计算结果按照GB/T 8170—2019的规定修约到1位小数。

图5-10　裤形试样
（单缝）夹持方法

三、梯形试样法

1. 实验目的与要求

通过实验了解多功能电子织物强力机（YG026H）的基本构造与测试原理，理解并掌握梯形试样法撕破强力的实验方法。

2. 实验原理

在试样上画一个梯形，用强力实验仪的夹钳夹住梯形上下两条不平行的边。对试样施加连续增加的力，使撕破强力沿试样宽度方向传播，测定平均最大撕破力，单位为N。

3. 实验仪器与用具

YG026H多功能电子织物强力机（图5-1）、剪刀、尺子、记号笔等。

4. 试样准备

（1）取样前按在GB/T 6529—2008规定的标准大气环境下对样品进行调湿。实验要求在标准大气条件下进行，常规检验可以在普通大气中进行。

（2）每个实验室样品应裁取两组实验试样，一组为经向，另一组为纬向，试样的短边应与经向或纬向平行以保证撕裂沿切口进行。每组至少包含5块试样或合同规定更多试样，每两块试样不能包含同一长度或宽度方向的纱线，距离布边150mm内不得取样，取样方法同图5-2所示。试样尺寸如图5-11所示。

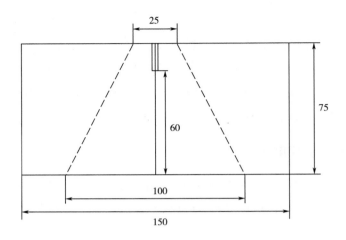

图5-11　梯形法试样尺寸（单位：mm）

5. 实验方法与步骤

（1）开机后，点击控制箱上"设定"按钮，进入"测量设定（1）"画面，设定两夹钳距离为25mm，拉伸速度为100mm/min，然后进行"隔距"和"传感器"的标定，方法同本章第一节所述。

（2）沿梯形试样不平行的两边夹住试样，使切口位于两夹钳中间，梯形短边保持拉紧，长边处于折皱状态。

（3）打开配套计算机软件，确保其与强力机硬件连接正常。

（4）点击"启动"按钮，根据计算机软件中绘制出的"强力—伸长曲线"，分割峰值曲线，计算撕破强力平均值。

6. 实验结果计算与修约

记录每块试样的实验数据，并分方向求撕破强力的平均值。计算结果按照GB/T 8170—2019的规定修约到一位小数。

四、舌形试样（双缝）法

1. 实验目的与要求

通过实验了解多功能电子织物强力机（YG026H）的基本构造与测试原理，理解并掌握舌形试样（双缝）法撕破强力的实验方法。

2. 实验原理

在矩形试样中，切开两条平行切口，形成舌形试样。将舌形试样夹入拉伸实验仪的一个夹钳中，试样的其余部分对称地夹入另一个夹钳，保持切口线的顺直平行。在切口方向施加拉力，模拟两个平行撕破强力。记录直至撕裂到规定长度的撕破强力，并根据自动绘图装置绘出的曲线上的峰值或通过自动电子装置计算出撕破强力。

3. 实验仪器与用具

YG026H多功能电子织物强力机（图5−1）、剪刀、尺子、记号笔等。

4. 试样准备

（1）取样前按照GB/T 6529—2008对样品进行预调湿和调湿。实验要求在标准大气条件下进行，常规检验可以在普通大气中进行。

（2）每个实验室样品应裁取两组实验试样，一组为经向，另一组为纬向，试样的短边应与经向或纬向平行以保证撕裂沿切口进行。每组至少包含5块试样或合同规定更多试样，每两块试样不能包含同一长度或宽度方向的纱线，距离布边150mm内不得取样，取样方法同图5−2所示。舌形试样示例如图5−12所示，取样尺寸如图5−13所示。

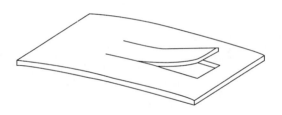

图5−12　舌形试样示例

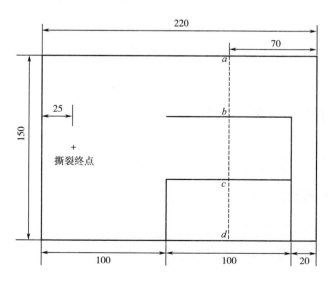

图5−13　舌形试样取样尺寸（单位：mm）

5. 实验方法与步骤

（1）开机后，点击控制箱上"设定"按钮，进入"测量设定（1）"画面，设定两夹钳距离为100mm，拉伸速度为100mm/min，然后进行"隔距"和"传感器"的标定，标定方法同本章第一节所述。

（2）将试样的舌形部分夹在固定夹钳的中心且对称，使直线bc刚好可见，如图5-14所示。将试样的两条腿对称地夹入仪器的移动夹钳中，使直线ab和cd刚好可见，并使试样的两条腿平行于撕力方向。注意保证每条舌形被固定于夹钳中能使撕裂开始时是平行于撕力所施的方向。实验不用预加张力。

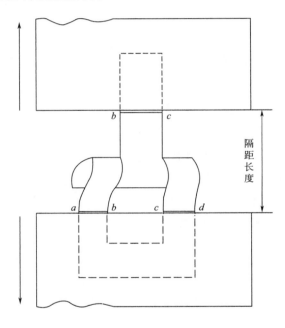

图5-14　舌形试样（双缝）夹持方法

（3）打开配套计算机软件，确保其与强力机硬件连接正常。

（4）点击"启动"按钮，使试样持续撕破至试样的终点标记处。根据计算机软件中绘制出的"强力—伸长曲线"，分割峰值曲线，计算撕破强力平均值。

6. 实验结果计算与修约

记录每块试样的实验数据，并分方向求撕破强力的平均值。计算结果按照GB/T 8170—2019的规定修约到一位小数。

五、翼形试样（单缝）法

1. 实验目的与要求

通过实验了解多功能电子织物强力机（YG026H）的基本构造与测试原理，理解并掌握翼形试样（单缝）法撕破强力的实验方法。

2. 实验原理

一端剪成两翼特定形状的试样按两翼倾斜于被撕裂纱线的方向进行夹持，施加机械拉力使拉力集中在切口处以使撕裂沿着预想的方向进行。记录直至撕裂到规定长度的撕破强力，并根据自动绘图装置绘出的曲线上的峰值或通过自动电子装置计算出撕破强力。

3. 实验仪器与用具

YG026H多功能电子织物强力机（图5-1）、剪刀、尺子、记号笔等。

4. 试样准备

（1）取样前按照GB/T 6529—2008对样品进行预调湿和调湿。实验要求在标准大气条件下进行，常规检验可以在普通大气中进行。

（2）每个实验室样品应裁取两组实验试样，一组为经向，另一组为纬向，试样的短边应与经向或纬向平行以保证撕裂沿切口进行。每组至少包含5块试样或合同规定更多试样，每两块试样不能包含同一长度或宽度方向的纱线，距离布边150mm内不得取样，取样方法同图5-2所示。翼形试样取样尺寸如图5-15所示。

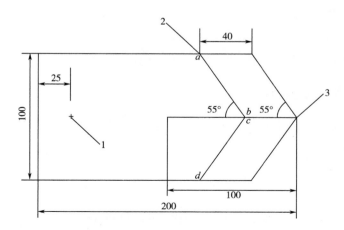

图5-15 翼形试样取样尺寸（单位：mm）
1—撕裂长度终点标记 2—夹持标记 3—切口

5. 实验方法与步骤

（1）开机后，点击控制箱上"设定"按钮，进入"测量设定（1）"画面，设定两夹钳距离为100mm，拉伸速度为100mm/min，然后进行"隔距"和"传感器"的标定，标定方法同本章第一节所述。

（2）将试样夹在夹钳中心，沿着夹钳端线使标记55°的直线*ab*和*cd*刚好可见，并使试样两翼相同表面朝向同一方向，如图5-16所示。实验不用预加张力。

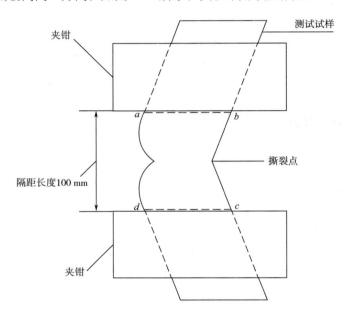

图5-16　翼形试样（单缝）夹持方法

（3）打开配套计算机软件，确保其与强力机硬件连接正常。

（4）点击"启动"按钮，使试样持续撕破至试样的终点标记处。根据计算机软件绘制出的"强力—伸长曲线"，分割峰值曲线，计算撕破强力平均值。

6. 实验结果计算与修约

记录每块试样的实验数据，并分方向求撕破强力的平均值。计算结果按照GB/T 8170—2019的规定修约到一位小数。

思考题

1. 采用冲击摆锤法测试撕破强力时，织物的撕破长度是多少？

2. 影响撕破强力的因素有哪些？

本实验技术依据：GB/T 3917.1—2009《纺织品 织物撕破性能 第1部分：冲击摆锤法撕破强力的测定》、GB/T 3917.2—2009《纺织品 织物撕破性能 第2部分：裤形试样（单缝）撕破强力的测定》、GB/T 3917.3—2009《纺织品 织物撕破性能 第3部分：梯形试样撕破强力的测定》、GB/T 3917.4—2009《纺织品 织物撕破性能 第4部分：舌形试样（双缝）撕破强力的测定》、GB/T 3917.5—2009《纺织品 织物撕破性能 第5部分：翼形试样（单缝）撕破强力的测定》。

第四节
织物顶破性能测试

顶破是指织物在垂直于织物平面的外力作用下，鼓起扩张而逐渐破坏的现象，属于多向受力破坏。服装肘部、膝部等弯曲时的受力，袜子、手套等的破坏形式，都属于这类情况。织物的顶破性能测试一般采用钢球法。

一、实验目的与要求

通过实验掌握钢球法织物顶破性能测试的方法，理解顶破强力的含义。

二、实验原理

将试样夹持在固定基座的圆环试样夹内，圆球形顶杆沿轨道以恒定的速度垂直顶向试样，使试样变形直至破裂，测得顶破强力。

三、实验仪器与用具

YG026H多功能电子织物强力机（图5-1）、剪刀、尺子、记号笔等，其中多功能电子织物强力机的夹持器组合为球形顶杆和环形夹持器。

四、试样准备

（1）取样前按照GB/T 6529—2008对样品进行预调湿和调湿。实验要求在标准大气条件下进行，常规检验可以在普通大气中进行。

（2）试样尺寸需大于直径为45mm的圆环夹持装置的面积，可裁取边长>100mm的正方形，数量至少为5块。试样应具有代表性，实验区域避免折叠、折皱，并避开布边，取样方法如图5-17所示。

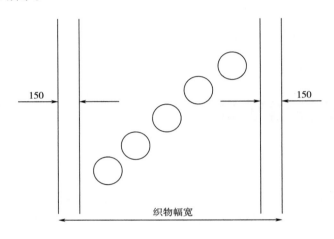

图5-17　取样方法（单位：mm）

五、实验方法与步骤

1. 仪器调整

（1）安装顶破装置：根据面料性能不同，选择直径为25mm或38mm的球形顶杆，将球形顶杆和夹持器安装在实验机上，保证环形夹持器的中心在球形顶杆的轴线上。

> 注意：如果双方协议，可使用其他尺寸的球形顶杆和环形夹持器内径，但应在实验报告中说明。在相同直径球形顶杆的条件下进行比较实验。

（2）设定仪器参数：

①安装合适量程的传感器，对于破坏性实验，一般为500kg。

②点击控制箱上的"设定"按钮，将实验次数设定为5次，实验机速度设定为（300±10）mm/min。

2. 操作步骤

（1）将试样反面朝向顶杆，夹持在夹持器上，保证试样平整、无折皱、无张力。

（2）启动仪器，进行测试。点击控制箱上的"去皮"按钮，将实时顶力清零，然后按下"启动"按钮，开始测试，直至将试样顶破，记录其最大值，作为顶破强力。如果测试过程中出现试样滑脱或纱线从环形夹持器中滑出，则舍弃该次实验结果。

（3）在试样的不同部位取样5次，至少取得5个实验结果。

（4）如有必要，将试样从液体中取出，放在吸水纸上吸取多余水分后，立即进行湿润实验。

六、实验结果计算与修约

计算顶破强力的平均值，以牛顿（N）为单位，计算结果按照GB/T 8170—2019的规定修约到个数位。如果需要，计算顶破强力的变异系数，修约到1位小数。

思考题

1. 影响织物顶破强力的因素有哪些？

2. 一般而言，服装的哪些部位需要进行顶破强力测试？

本实验技术依据GB/T 19976—2005《纺织品　顶破强力的测定　钢球法》。

第五节
织物耐磨性能测试

织物在使用过程中经常出现受到其他物体的反复摩擦而逐渐被损坏的现象，称为磨损，它一般是由机械作用和热学作用共同造成的。织物的耐磨性能指织物抵抗磨损的性能，是衡量服装穿用耐久性的一项重要指标。

一、马丁代尔法

1. 实验目的与要求

通过实验掌握马丁代尔法评价织物耐磨性能的方法，理解影响织物耐磨性的主要因素。

2. 实验原理

安装在马丁代尔织物平磨仪夹具内的圆形织物试样，在规定的摩擦负荷下，与标准磨料做轨迹为李莎茹图形（Lissajous-Figure）的平面摩擦运动。在实验过程中间隔称取试样质量，由试样的质量损失情况确定织物耐磨性能。试样质量损失测定的实验间隔由表5-3确定。

表5-3　质量损失实验间隔

实验系列	预计试样破损时的摩擦次数	在以下摩擦次数时测定质量损失
a	≤ 1000	100，250，500，750，1000，（1250）
b	>1000 且≤ 5000	500，750，1000，2500，5000，（7500）
c	>5000 且≤ 10000	1000，2500，5000，7500，10000，（15000）
d	>10000 且≤ 25000	5000，7500，10000，15000，25000，（40000）
e	>25000 且≤ 50000	10000，15000，25000，40000，50000，（75000）
f	>50000 且≤ 100000	10000，25000，50000，75000，100000，（125000）
g	>100000	25000，50000，75000，100000，（125000）

注　括弧内的值应经有关双方同意。

3. 实验仪器与用具

YG401G马丁代尔仪（图5-18）、电子天平、软毛刷、剪刀、尺子、记号笔等，其中马丁代尔仪由机身、具有计数功能的液晶显示屏和9个摩擦工位组成。

4. 试样准备

（1）取样前在GB/T 6529—2008规定的标准大气环境下对样品进行调湿。实验要求在标准大气条件下进行，常规检验可以在普通大气中进行。

（2）距离布边100mm以上，取至少3块圆形试样，直径为38mm。对于机织物，每块试样应包括不同的经纱和纬纱；对于提花组织或花式组织的织物，试样应包含图案各部分的所有特征，每个部分分别取样。

图 5-18 YG401G马丁代尔仪

5. 实验方法与步骤

（1）打开电源，在液晶触摸屏上设置各个工位的摩擦次数，并将计数器调整为0。

（2）将试样夹具压紧螺母放在仪器台的安装装置上，试样摩擦面朝外，居中放在压紧螺母内，当试样的单位面积质量小于500g/m²时，需将泡沫塑料衬垫放在试样上。将试样夹具嵌块放在压紧螺母内，再将试样夹具接套放上后拧紧。

（3）对装有试样的夹具组合进行称重，精确到1mg。

（4）将试样夹具组合摩擦面朝下与标准磨料相接触，并通过摩擦工位的小孔插入销轴。根据织物类型的不同，将耐磨实验规定的加压块（一般服用和家用纺织品为9kPa，工作服和产业用纺织品为12kPa）放在每个试样的销轴上。

（5）检查预先设定好的摩擦次数，启动仪器，开始摩擦，直到达到表5-3规定的摩擦次数。从试样上取下加压块，检查试样表面的异常变化（如起毛、起球、起皱、起绒织物掉绒等），如果存在异常现象，则舍弃该试样。如无异常现象，则从仪器上取下试样夹具，用软毛刷除去两面的磨损材料（纤维碎屑）。不要用手触摸试样，测量每个组件的质量，精确到1mg。

6. 实验结果计算与修约

根据每一个试样组件在实验前后的质量差异，求出质量损失。计算相同摩擦次数下，各个试样的质量损失平均值，修约到整数。计算结果按照GB/T 8170—2019的规定修约到1位小数。

按照表5-3规定的摩擦次数完成实验后，根据各摩擦次数对应的平均质量损失作图，如果需要，指出平均值的置信区间，按式（5-1）计算耐磨指数。

$$A_i = n/\Delta m \qquad (5-1)$$

式中：A_i——耐磨指数，次/mg；

$\quad$ n——总摩擦次数；

$\quad$ Δm——该摩擦次数下对应的试样平均质量损失，mg。

二、圆盘式平磨仪法

1. 实验目的与要求

通过实验掌握圆盘式平磨仪法评价织物耐磨性能的方法，理解影响织物耐磨性的主要因素。

2. 实验原理

安装在织物平磨仪上的圆形试样，根据不同织物种类选择合适的砂轮和加压重量，如表5-4所示。圆盘以70r/min做等速回转运动，当表面出现1~2根纱线断裂时，记录摩擦次数。

表5-4　不同织物类型的砂轮种类和加压重量

织物种类	砂轮种类	加压重量（不含砂轮重量）/g
粗厚织物	A-100（粗号）	750（或1000）
一般织物	A-150（中号）	500（或750、250）
薄型织物	A-280（细号）	125（或250）

3. 实验仪器与用具

剪刀、尺子、记号笔、YG522圆盘式织物平磨仪（图5-19）等。其中，织物平磨仪由机身、砂轮、吸尘器等部件组成。

4. 试样准备

（1）取样前按照GB/T 6529—2008对样品进行预调湿和调湿。实验要求在标准大气条件下进行，常规检验可以在

图5-19　YG522圆盘式织物平磨仪

普通大气中进行。

（2）距离布边100mm以上，取直径为125mm的圆形织物试样5~10个，每个试样中央需剪出1个小孔。

5. 实验方法与步骤

（1）将实验机计数器调整为0，调节吸尘器吸尘管高度（高出试样1~1.5mm）和风量。

（2）安装试样，将试样在工作圆盘上夹紧，用六角扳手旋紧夹布圆环，使试样受到一定张力，表面平整。

（3）选择砂轮和压力，根据织物种类不同，选择表5-4规定的砂轮和加压砝码，并放下支架。

（4）调节吸尘器，将吸尘管高度调节至高出试样1~1.5mm。

（5）摩擦试样，开启电源开关进行实验，当织物表面出现1~2根纱线断裂时，记录摩擦次数。

（6）继续进行重复实验，抬起支架吸尘管，取下试样，使计数器复位，清理砂轮。重复上述步骤，直到把5~10块试样全部测试完毕。

6. 实验结果计算与修约

计算织物所有试样摩擦次数的算术平均值，计算结果按照GB/T 8170—2019的规定修约到个数位。

思考题

1. 影响织物耐磨性的因素主要有哪些?

2. 耐磨性的表征指标有哪些?

3. 简述两种耐磨性测试方法区别及其适用性。

本实验技术依据GB/T 21196.1—2007《纺织品　马丁代尔法织物耐磨性的测定　第1部分：马丁代尔耐磨试验仪》，GB/T 21196.2—2007《纺织品　马丁代尔法织物耐磨性的测定　第2部分：试样破损的测定》，GB/T 21196.3—2007《纺织品　马丁代尔法织物耐磨性的测定　第3部分：质量损失的测定》，GB/T 21196.4—2007《纺织品　马丁代尔法织物耐磨性的测定　第4部分：外观变化的评定》。

第六节
织物接缝滑移性能测试

织物的接缝滑移性能，也称为纰裂程度，是指织物经接缝后，缝纫处的纱线抵抗外在拉力的能力，是衡量织物接缝性能的一项重要指标，对于服装在特殊情况下的耐用性至关重要。织物接缝滑移性能的测试有定滑移量法、定负荷法、针夹法和摩擦法，本节主要介绍定负荷法。

一、实验目的与要求

利用YG026H多功能电子织物强力机（参见图5-1）测试织物接缝滑移性能，理解影响织物接缝滑移性能的因素，掌握测试原理和方法。

二、实验原理

首先将矩形织物试样折叠后按宽度方向以规定线迹进行缝合，然后沿折痕剪开，用夹持器夹持试样，并于垂直接缝方向上施加一定的负荷，测定此时产生的滑移量。

三、实验仪器与用具

YG026H多功能电子织物强力机（图5-1）、缝纫机（可车缝301线迹）、14号缝纫机针（公制号数90）、缝纫线（100%涤纶包芯纱）、剪刀、测量尺（分度为0.5mm）。具体缝纫要求如表5-5所示，配套软件界面如图5-20所示。

表5-5　缝纫要求

织物分类	缝纫线线密度 /tex	缝针规格		针迹密度 /（针/100mm）
		公制机针号数	直径 /mm	
服用织物	45±5	90	0.90	50±2
装饰用织物	74±5	110	1.10	32±2

注　1. 用放大装置检查缝针确保其完好无损。
　　2. 公制机针号数90相当于习惯称谓的14号，110相当于习惯称谓的18号。

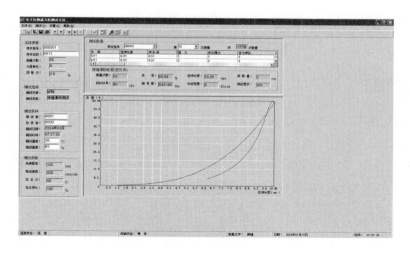

图5-20　电子织物强力机测试系统界面

四、试样准备

（1）取样前在GB/T 6529—2008规定的标准大气环境下对样品进行调湿。实验要求在标准大气条件下进行，常规检验可以在普通大气中进行。

（2）本实验采用抓样法，按照图5-2所示的方法取样，取矩形试样的尺寸为200mm×100mm，如果没有其他的附加说明，通常是取经纱滑移试样与纬纱滑移试样各5块。经纱滑移试样的长度方向平行于纬纱，用于测定经纱滑移；纬纱滑移试样的长度方向平行于经纱，用于测定纬纱滑移，如果有更高精度的要求，应增加试样数量。

（3）将试样沿长度方向正面相对折叠，折痕平行于宽度方向，距离折痕20mm处缝制一条301线迹。

（4）在折痕端距离缝线12mm处剪开试样，注意保持两层织物缝合余量相同。试样准备如图5-21所示。

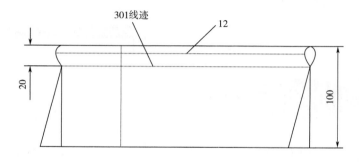

图5-21　试样准备（单位：mm）

五、实验方法与步骤

1. 仪器调整

（1）打开强力机电源，在控制箱上设定隔距长度为（100±1）mm，拉伸速度为（50±5）mm/min。

（2）打开电脑，点击配套软件，检查软件和强力机是否自动连接，并在软件界面中选定实验方法为定负荷法。定负荷力值的设定按照表5-6确定。

表5-6　定负荷力值的设定

织物分类	定负荷力值 /N
服用织物克重 ≤ 55g/cm²	45
55g/cm² < 服用织物克重 ≤ 220g/m²	60
服用织物克重 ≥ 220g/m²	120
装饰用织物	180

注　67g/cm² 以上缎类丝绸织物定负荷（45±1.0）N。

2. 操作步骤

（1）夹持试样，保证试样的接缝位于两夹持器中间且平行于夹持线。

（2）启动仪器，以（50±5）mm/min的速度拉伸试样，施加在试样上的负荷缓慢增加，直至达到表5-6所示的数值。

（3）达到规定负荷力值后，立即以（50±5）mm/min的速度将施加在试样上的负荷力值减小至5N，并保持夹持器不动。

（4）用测量尺测量缝迹两边缝隙的最大宽度值，即滑移量，修约到最接近的1mm，也即测量缝隙两边未受到破坏作用的织物边纱的垂直距离，并将数值填入软件弹出的对话框，点击确定，夹持器回到初始位置，如图5-22所示。

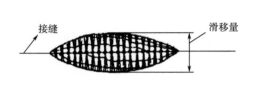

（a）滑移量示意图　　　　　　　　　（b）滑移量输入窗口

图5-22　滑移量的测定

（5）对其他试样重复上述步骤，得到5个经纱和5个纬纱滑移的结果，然后点击界面相关图标，查看实验报表。

六、实验结果计算与修约

（1）由滑移量测量结果计算经纱和纬纱的滑移平均值，计算结果按照GB/T 8170—2019的规定修约到1位小数。

（2）如果在达到负荷力值前，由于织物或接缝受到破坏而导致无法测定滑移量，则报告"织物断裂"或"接缝断裂"，并记录此时所施加的拉伸力值。

思考题

1. 影响织物接缝处纱线抗滑移能力的因素有哪些？

2. 一般而言，服装产品的哪些部位需要进行接缝滑移测试？

> 本实验技术依据：GB/T 13772.2—2018《纺织品　机织物接缝处纱线抗滑移的测定　第2部分：定负荷法》。

第七节

织物硬挺度测试

织物抵抗弯曲方向形状变化的能力称为织物的硬挺度。弯曲性能是研究织物挺括性、悬垂性、柔软性等性质的重要物理参量，织物硬挺度是衡量织物服用性能的一项重要指标，与纤维原料、纱线结构、织物组织和后整理等因素密切相关。

一、实验目的与要求

通过实验掌握利用YG022D型全自动织物硬挺度仪（斜面法）测试织物硬挺度的方法，理解硬挺度测量的实验原理和量化指标，并能够熟练处理实验结果。

二、实验原理

将矩形试样放置在水平平台上，其长度方向垂直于平台的前缘。沿试样长度方向移动试样，使试样伸出长度逐渐增加，在自重作用下缓慢下弯，当试样条的前端弯曲到与平台的延长面呈41.5°的斜面时，测量伸出的部分长度，并结合试样的单位面积质量，计算普通弯曲硬挺度。

三、实验仪器与用具

剪刀、尺子、记号笔、YG022D型全自动织物硬挺度仪（图5-23）等。其中，织物硬挺度仪由机身、夹具、角度调整、红外线接收装置以及控制面板等部件组成。

图5-23　YG022D型全自动织物硬挺度仪

四、试样准备

（1）取样前按照GB/T 6529—2008对样品进行预调湿和调湿。实验要求在标准大气条件下进行，常规检验可以在普通大气中进行。

（2）距离布边至少100mm以上剪取12块试样，试样尺寸为（25±1）mm×（250±1）mm，其中6块试样的长边平行于织物的纵向，6块试样的长边平行于织物的横向。注意尽量减少用手触摸试样。

五、实验方法与步骤

1. 仪器调整

设定实验仪器参数，按控制面板上"⟵⟶"按钮，进入参数设定画面，设定试样数量为6块，填写织物单位面积质量等必要参数。检查并调整角度线，使检测线指示位置与设定值一致。

2. 操作步骤

（1）打开电源，按下"↑↓"按钮，抬起平板压脚，将裁好的试样沿平台边缘放好，并重新按下该按钮，夹持试样。

（2）按下"启动"按钮，启动仪器，试样缓慢被平台向外推出，直到达到规定位置，读取此时的伸出长度，单位以cm表示。

（3）待夹具复位后，抬起压脚，取出试样，按照同样的方法测试另外两个相同方向、相同表面的试样。重复操作测试同一方向，另一表面的试样。

（4）重复上述操作，测试另一方向的试样。

六、实验结果计算与修约

（1）取伸出长度的一半作为弯曲长度，每个试样记录四个弯曲长度，以此计算每个试样的平均弯曲长度。

（2）分别计算两个方向各试样的平均弯曲长度C，单位为cm。

（3）根据式（5-2）分别计算两个方向的平均单位宽度的抗弯刚度，结果按照GB/T 8170—2019的规定修约成3位有效数字。

$$G = m \times C^3 \times 10^{-3} \qquad （5-2）$$

式中：G——单位宽度的抗弯刚度，mN·cm；

　　　m——试样的单位面积质量，g/m^2；

　　　C——试样的平均弯曲长度，cm。

（4）分别计算两个方向的弯曲长度和抗弯刚度的平均值、变异系数。

思考题

1. 影响织物刚柔性的因素有哪些？
2. 简述斜面法弯曲性能测试的实验原理。

本实验技术依据：GB/T 18318.1—2009《纺织品弯曲性能的测定　第1部分：斜面法》。

第八节
织物胀破性能测试

织物在一垂直织物平面的负荷作用下鼓起、扩张，进而破裂的现象称为胀破。胀破强力是织物的一个重要力学指标，目前主要采用弹性膜片法测定织物的胀破强力。影响织物胀破强力的因素很多，如试样匀质性、温湿度、实验面积、实验条件（定油压速率和定胀破时间）、仪器设备等。

一、实验目的与要求

通过实验了解织物胀破仪的结构及测试原理，掌握织物胀破性能的测试方法。

二、实验原理

将试样夹持在可延伸的膜片上，膜片下面施加液体压力，使膜片和试样膨胀。以恒定速度增加液体体积，直到试样破裂，测得胀破强力和胀破扩张度。

三、实验仪器与用具

YG032型织物胀破强度测试仪（图5-24）、剪刀、尺子、记号笔等。

图5-24　YG032型织物胀破强度测试仪

四、试样准备

（1）取样前按照GB/T 6529—2008对样品进行预调湿和调湿。实验要求在标准大气条件下进行，常规检验可以在普通大气中进行。

（2）整幅织物作为样品，避开布边、折叠、折皱和明显疵点的区域，按照梯形备样法在距离布边150mm的不同部位至少测试5次（无须裁剪试样），如图5-25所示，或者裁取5块以上面积大于50cm²（直径79.8mm）的试样进行测试。

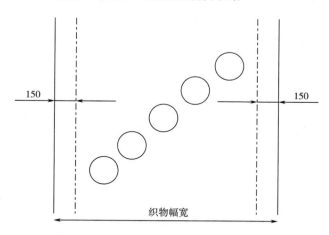

图5-25 试样取样部位示意图（单位：mm）

五、实验方法与步骤

（1）将调湿后的试样放入三脚架下，将样品沿着平面拉紧，用夹持环夹紧试样，避免损伤，防止在实验中滑移。

（2）以120r/min的速度沿顺时针方向旋转手轮，直至样品破裂。在样品破裂的瞬间停止旋转手轮。

（3）样品破裂之后迅速地放松试样上面的夹持环，将手轮逆时针旋转到起点，使薄膜放松，记录膨胀薄膜所需的压力，记录样品破裂所需要的总压力。如果刻度盘上显示压力停止上升了，但样品还没有破裂，推动操作杆去除压力，记录下样品超过测试机的测量极限的伸长。

六、实验结果计算与修约

（1）计算胀破压力的平均值，以kPa为单位。从该值中减去膜片压力得到胀破强力，计算结果按照GB/T 8170—2019的规定修约成3位有效数字。

（2）计算胀破高度的平均值，以mm为单位，结果修约成2位有效数字。

（3）如果需要，计算胀破体积的平均值，以cm³为单位，结果修约成3位有效数字。

（4）如果需要，计算胀破压力和胀破高度的平均值、变异系数和95%置信区间。计算结果按照GB/T 8170—2019的规定修约到一位小数。

思考题

　　1. 请简单陈述影响织物胀破强度的因素有哪些？如何影响？

　　2. 如何提高织物的胀破强度？

　　本技术依据GB/T 7742.1—2005《纺织品织物胀破性能　第1部分：胀破强力和胀破扩张度的测定　液压法》。

第六章
织物舒适性测试

章节名称：织物舒适性测试　　　　课程时数：3 课时

教学内容：

织物透气性测试

织物透湿性测试

织物热湿传递性（热阻和湿阻）测试

织物吸水性（毛细效应）测试

织物速干性测试

织物接触冷暖感测试

教学目的：

通过本章的学习，学生应达到以下要求和效果：

1. 了解织物舒适性的重要性及其影响因素。

2. 学习并掌握织物透气性、透湿性、热湿传递性、吸水性、速干性和
接触冷暖感的测试方法。

教学方法：

以理论讲授和实践操作为主，辅以课堂讨论。

教学要求：

在熟悉织物舒适性检测标准和测试方法的前提下，严格按照实验操作
规范，在专业实验室中开展织物舒适性的测试与实验分析。

教学重点：

掌握织物舒适性的各项测试方法和评价指标。

教学难点：

结合理论知识和实验结论，讨论影响织物舒适性的主要因素及规律，
分析提高服装舒适性的织物结构参数设计方法。

随着生活水平的提高，消费者越来越注重服装的舒适性，追求轻松、舒适的穿着感受。服装的舒适性很大程度上取决于织物本身的舒适性。织物的舒适性是指人着装时在冷暖感、干湿感和触感上都处于舒适状态的总称，主要包括热湿舒适性、接触舒适性。热湿舒适性是指织物通过热传递（隔热、保温、导热、散热等）和湿传递（透湿、吸湿等）使人体在变化环境中获得舒适满意的感觉。接触舒适性是指服装与人体皮肤接触时产生的湿冷刺激、刺痒感、过敏反应等。

第一节
织物透气性测试

气体透过织物的性能称为透气性或通气性。透气性是织物的一项重要性能，直接影响到服装的舒适性。夏季服装应具有良好的透气性，以便迅速散热，否则会因为人体热、湿不易排出而使人感到闷热不适。冬季外套应具有较小的透气性，以达到防风保暖的目的。影响织物透气性的主要因素有纤维的几何特征、纱线线密度、纱线捻度、织物密度、厚度、组织、表面特征以及染整加工方式等。

一、实验目的与要求

通过实验了解织物透气量仪的结构及测试原理，掌握织物透气性的测试方法。

二、实验原理

在规定的压差条件下，测定一定时间内垂直通过试样给定面积的气流流量，计算出透气率。

三、实验仪器与用具

YG461E-Ⅲ全自动透气量仪主要由上夹头、下夹头、垫圈、打印机、触摸屏、压杆等组成，如图6-1所示。

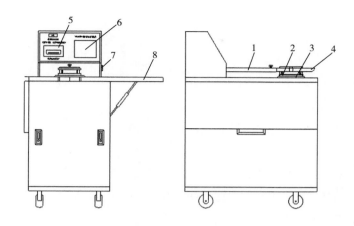

图 6-1　YG461E-Ⅲ全自动透气量仪示意图

1—压杆　2—下夹头　3—垫圈　4—上夹头　5—打印机　6—触摸屏　7—仪器开关　8—扩展门

四、试样准备

（1）取样前按照GB/T 6529—2008对样品进行预调湿和调湿。实验要求在标准大气条件下进行，常规检验可以在普通大气中进行。

（2）从匹样中剪取长至少为1m的整幅织物作为样品，注意应在距布端3m以上部位随机选取避开布边、折皱和明显疵点的区域，按照梯形备样法在距离布边10cm的不同部位至少测试10次，或者在合适区域随机裁取10块以上面积大于20cm²的试样进行测试（一般裁取边长15cm的方形试样）。

五、实验方法与步骤

1. 仪器调整

（1）接通电源，打开仪器开关，预热30min，仪器稳定后，方可进行仪器设置。

（2）点击触摸屏进入工作界面，点击测试界面并修改测试方式，由"手动"改为"自动"。

（3）点击设置界面，通过点击箭头"▲"和"▼"选中测试项目（测试单位、测试压差、时间、语言），点击"设置"进行修改，再通过点击箭头"▲"和"▼"修改测试项目，修改完毕点击"确定"。其中测试单位选择mm/s，测试压差服用织物选择100Pa，产业用织物选择200Pa。参数设置完毕，点击测试界面，准备测试。

2.操作步骤

（1）移除垫圈和下夹头中间的防尘橡皮塞，将试样平铺在测试台的下夹头上。为防止漏气，垫上垫圈，夹紧试样，使试样平整而不变形。当织物正反两面的透气性有差异时，应在报告中注明测试面。

（2）按压上夹头手柄，听到"咔"声，上下夹头自动吸合，真空吸风机自动启动，开始进行测试。

（3）测试结束，上夹头自动弹开，读取并记录透气率。如口径不合适，仪器自动切换口径，重新进行测试，直到上夹头自动弹开，方可读取测量数据。

（4）测试结果可通过点击查询界面的"打印"键打印出来。

（5）最后一次测试完成后，将防尘橡皮塞放置在下夹头中间，关闭仪器电源，清理工作台，盖好防尘罩，以保护仪器免受灰尘的危害。

六、实验结果计算与修约

计算10次以上测定值的算术平均值和变异系数，计算结果按照GB/T 8170—2019的规定修约到一位小数。

思考题

1.影响织物透气性的因素有哪些？如何影响？

2.如何改善服装的透气性？

本技术依据GB/T 5453—1997《纺织品　织物透气性的测定》和《YG461E-Ⅲ全自动透气量仪使用说明书》。

第二节

织物透湿性测试

气态水分透过织物的性能称为透湿性。当织物两面存在较大的水蒸气压差时，水蒸气就可以通过织物的孔隙向水气压力小的一面传递。服装用织物一般要求有一定程度的透湿性，它可反映服装排汗、排汽的性能，是衡量服装舒适性、卫生性的重要指标之一。织物透湿性测试方法有吸湿法和蒸发法两种，其中蒸发法实验又包含正杯法和倒杯法，倒杯法仅适用于防水透气织物。织物透湿性主要与织物的原料组成、厚度、结构紧密程度、织物表面处理等因素有关。

一、实验目的与要求

通过实验了解织物透湿性测试仪的结构及测试原理，掌握织物透湿性的测试方法及有关指标的计算方法。

二、实验原理

1. 吸湿法

把盛有干燥剂并封以织物试样的透湿杯放置于规定温度和湿度的密封环境中，根据一定时间内透湿杯质量的变化计算透湿率、透湿度和透湿系数。

2. 蒸发法

把盛有一定温度蒸馏水并封以织物试样的透湿杯放置于规定温度和湿度的密封环境中，根据一定时间内透湿杯质量的变化计算透湿率、透湿度和透湿系数。

三、实验仪器与用具

YG601H-II 电脑型织物透湿仪（图6-2）、透湿杯（内径60mm、杯深22mm，图6-3）、乙烯胶黏带（宽度大于10mm）、电子天平（精度为0.001g）、烘箱、干燥剂（无水氯化钙或变色硅胶，粒度0.63~2.5mm，使用前需要在160℃烘箱中干燥3h）、蒸馏水、标准筛（孔径0.63mm和孔径2.5mm各一个）、干燥器、标准圆片冲刀、量筒（量程50mL）、织物厚度仪（精度0.01mm）、尺子、剪刀、记号笔等。

图6-2 YG601H-II 电脑型
织物透湿仪

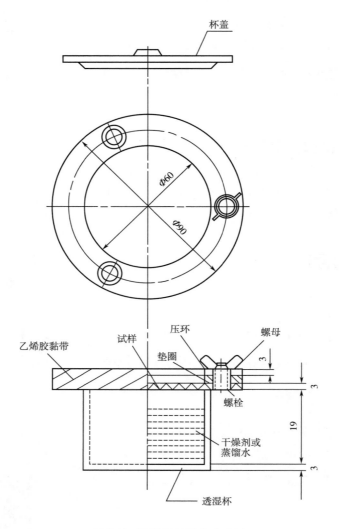

图6-3 透湿杯及附件示意图

四、试样准备

（1）取样前按照GB/T 6529—2008对样品进行预调湿和调湿。实验要求在标准大气条件下进行。

（2）样品应在距布边1/10幅宽，距匹端2m外裁取，且样品应具有代表性。从每个样品上至少剪取3块试样，每块试样直径为70mm。对两面不同材质的样品（如涂层织物），若无特别指明，应在两面各取3块试样，且应在实验报告中说明。

（3）涂层织物试样应平整、均匀，不得有孔洞、针眼、折皱、划伤等缺陷。

（4）对于实验精确度要求较高的样品，应另取一个试样用于空白实验。

五、实验方法与步骤

1. 吸湿法

（1）开机前，检查透湿仪箱体右侧的水位标记，如果水位较低，打开箱体顶端的加水盖，加入适量的蒸馏水。

（2）打开仪器电源开关，点击箱门旁边的液晶显示屏和操作键盘上的按键，设置实验箱温度38℃，相对湿度90%，气流速度0.3~0.5m/s。

（3）按下启动按钮，进入开机自控状态，自动开启风机，5min后进入调温调湿控制。等到液晶显示屏上显示的实验箱内温湿度达到步骤（2）中设定的实验条件，打开照明、转动按钮，进入正式实验。

（4）向清洁、干燥的透湿杯内装入干燥剂约35g，振荡均匀，使干燥剂成一平面。干燥剂装填高度为距试样下表面位置4mm左右，空白实验的透湿杯中不加干燥剂。

（5）将试样测试面朝上放置在透湿杯上，装上垫圈和压环，旋上螺帽，再用乙烯胶黏带从侧面封住压环、垫圈和透湿杯，组成实验组合体。实验组合体质量应小于210g。

> 注意：步骤（4）和（5）尽可能在短时间内完成。

（6）迅速将实验组合体水平放置在已达到规定实验条件的实验箱内，经过1h平衡后取出。

（7）迅速盖上对应的杯盖，放在20℃左右的硅胶干燥器中平衡30min，按编号逐一称量，精确至0.001g，每个实验组合体称重时间不超过15s。

（8）称量后轻微振动杯中的干燥剂，使其上下混合，以免长时间使用上层干燥剂使其干燥效用减弱。振动过程中，尽量避免使干燥剂与试样接触。

（9）除去杯盖，迅速将实验组合体再次放入实验箱内，经过1h实验后取出，按步骤（7）中的规定称量，每次称量实验组合体的先后顺序应一致。

> 注意：干燥剂吸湿总增量不得超过10%。若试样透湿率过小，可延长步骤（9）的实验时间，并在实验报告中说明。

2. 蒸发法

（1）方法A（正杯法）：

①同吸湿法步骤（1）。

②打开透湿仪电源开关，点击箱门旁边的液晶显示屏和操作键盘上的按键，设置实验箱温度38℃，相对湿度50%，气流速度0.3~0.5m/s。

③同吸湿法步骤（3）。

④用量筒精确量取与实验条件温度相同的蒸馏水34mL，注入清洁、干燥的透湿杯内，使水距试样下表面位置10mm左右。

⑤将试样测试面朝下放置在透湿杯上，装上垫圈和压环，旋上螺帽，再用乙烯胶黏带从侧面封住压环、垫圈和透湿杯，组成实验组合体。实验组合体质量应小于210g。

注意：步骤④和步骤⑤尽可能在短时间内完成。

⑥迅速将实验组合体水平放置在已达到规定实验条件的实验箱内，经过1h平衡后，按编号在箱内逐一称量，精确至0.001g。若在箱外称重，每个实验组合体称量时间不得超过15s。

⑦随后经过实验时间1h后，按步骤⑥的规定以同一顺序称量。

注意：整个实验过程中要保持实验组合体水平，避免杯中的水沾到试样的内表面。若试样透湿率过小，可延长步骤⑦的实验时间，并在实验报告中说明。

（2）方法B（倒杯法）：

①同正杯法步骤①。

②打开透湿仪电源开关，点击箱门旁边的液晶显示屏和操作键盘上的按键，设置实验箱温度38℃，相对湿度50%，气流速度0.3~0.5m/s。

③同正杯法步骤③。

④用量筒精确量取与实验条件温度相同的蒸馏水34mL，注入清洁、干燥的透湿杯内。

⑤将试样测试面朝上放置在透湿杯上，装上垫圈和压环，旋上螺帽，再用乙烯胶黏带从侧面封住压环、垫圈和透湿杯，组成实验组合体。试样、蒸馏水、透湿杯及附件组成的实验组合体质量应小于210g。

注意：步骤④和步骤⑤尽可能在短时间内完成。

⑥迅速将整个实验组合体倒置后，水平放置在已达到规定实验条件的实验箱内（要保证试样下表面处有足够的空间），经过1h平衡后，按编号在箱内逐一称量，精确至0.001g。若在箱外称重，每个实验组合体称量时间不得超过15s。

⑦同正杯法步骤⑦。

注意：若试样透湿率过小，可延长步骤⑦的实验时间，并在实验报告中说明。

六、实验结果计算与修约

（1）试样透湿率按式（6-1）计算，实验结果以3块试样的平均值表示，结果按照GB/T 8170—2019的规定修约成三位有效数字。

$$WVT = \frac{(\Delta m - \Delta m')}{A \cdot t} \tag{6-1}$$

式中：WVT——透湿率，g/（m²·h）或g/（m²·24h）；

    Δm——同一实验组合体两次称量之差，g；

    $\Delta m'$——空白试样的同一实验组合体两次称量之差，g；不做空白实验时，$\Delta m'=0$；

    A——有效实验面积（本部分的装置为0.00283m²），m²；

    t——实验时间，h。

（2）试样透湿度按式（6-2）计算，结果修约成三位有效数字。

$$WVP = \frac{WVT}{\Delta p} = \frac{WVT}{p_{CB}(R_1 - R_2)} \tag{6-2}$$

式中：WVP——透湿度，g/（m²·Pa·h）；

    Δp——试样两侧水蒸气压差，Pa；

    p_{CB}——在实验温度下的饱和水蒸气压，Pa；

    R_1——实验时实验箱的相对湿度，%；

    R_2——透湿杯内的相对湿度（可按100%计算），%。

（3）如果需要，按式（6-3）计算透湿系数，结果修约成两位有效数字。

$$PV = 1.157 \times 10^{-9} WVP \cdot d \tag{6-3}$$

式中：PV——透湿系数，g·cm/（cm²·s·Pa）；

    d——试样厚度，cm。

透湿系数仅对均匀的单层材料有意义。对于两面不同的试样，若无特别指明，分别按照以上公式计算其两面的透湿率、透湿度和透湿系数，并在实验报告中说明。涂层试样一般以涂层面为测试面。

思考题

  1.影响织物透湿性的因素有哪些？如何影响？

  2.如何改善服装的透湿性？

  3.正杯法和倒杯法分别适用于什么样的织物？

  4.影响透湿性实验结果的因素有哪些？

本技术依据GB/T 12704.1—2009《纺织品　织物透湿性试验方法　第1部分：吸湿法》、GB/T 12704.2—2009《纺织品　织物透湿性试验方法　第2部分：蒸发法》。

第三节
织物热湿传递性（热阻和湿阻）测试

在人体—服装—环境中，服装起着调节人体热湿平衡的作用，通过热湿传递使人体达到舒适满意的状态。冬季人体为了防寒保暖，要求服用织物减少热传导损失，夏季人体为了热能发散和汗液蒸发，要求服用织物增加热传导和皮肤水分（汗液）的散发。织物的热湿传递性能既包括人体与环境之间的热量传递（辐射、传导、对流和蒸发等），也包含织物两面的水蒸气传递，热与湿互相交叉，很难独立分离，同时受到多种综合因素的影响。通过测试织物的热阻和湿阻可评价其热湿传递性能。其中热阻用试样两面的温差与垂直通过单位面积试样的热流量之比表示，湿阻用试样两面的水蒸气压力差与垂直通过试样的单位面积蒸发热流量之比表示。

一、实验目的与要求

通过实验了解织物热阻湿阻测试仪的结构及测试原理，掌握织物热阻和湿阻的测试方法。

二、实验原理

测试热阻时，将试样覆盖在电加热测试板上，测试板及其周围的热护环、底部的保护板都能保持恒温，以使测试板的热量只能通过试样散失，空气可平行于试样上表面流动。在实验条件达到稳定后，测定通过试样的热流量来计算试样的热阻。

测试湿阻时，需在多孔测试板上覆盖透气但不透水的薄膜，进入测试板的水蒸发后以水蒸气的形式通过薄膜，没有液态水接触试样。试样放在薄膜上后，测定一定水分蒸发率下保持测试板恒温所需热流量，与通过试样的水蒸气压力一起计算试样湿阻。

三、实验仪器与用具

YG606G- Ⅱ热阻湿阻测试仪主要由测试主机、气候室、显示与控制三部分组成，其中测试主机内部安装有保护板、底板、热护环及温度控制装置、温度和水控制的测定装置等，如图6-4~图6-6所示。

图6-4　YG606G- Ⅱ热阻湿阻测试仪

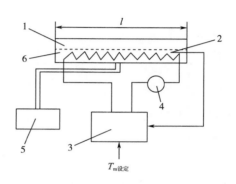

图6-5　温度和水控制的测定装置
1—测试板　2—温度传感器　3—温度控制器
4—热量测定装置　5—定量供水装置
6—装有加热元件的金属体

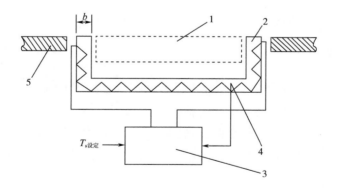

图6-6　热护环及温度控制装置
1—测试板　2—热护环　3—温度控制器　4—温度测定装置　5—试样台

四、试样准备

（1）取样前在GB/T 6529—2008规定的标准大气环境下对样品进行调湿。实验要求在标准大气条件下进行。

（2）对于厚度小于5mm的样品，试样尺寸为35cm×35cm，可完全覆盖测试板和热护环表面，裁取3块，要求表面平整、无折皱；对于厚度大于5mm的样品，根据样品类型和特点，按照GB/T 11048—2018规定的相关要求制样，并根据相关修正方法及公式计算热阻值。

五、实验方法与步骤

1. 仪器调整

（1）开机前，先检查恒温恒湿水箱的水位指示，如果水位较低，打开正门，加入蒸馏水，将水加至水位指示线之间。

（2）打开电源，点击显示屏登录，进入主界面，选择测试界面，打开制冷控制按钮，启动恒温恒湿系统。

（3）返回主界面选择设置界面，点击温湿度控制参数，设置温湿度气候环境参数。测试热阻时，气候室温度设置为20℃，湿度为65%；测试湿阻时，气候室温度设置为35℃，湿度为40%。

（4）点击参数设置界面的热湿阻实验参数，设置测试板的温度（T_m）为35℃，预热周期一般为6次，测试时间为600s。

（5）在照明控制界面，打开照明按钮，开启气候室内的日光灯。

2. 热阻测试

（1）检查测试板是否干燥。如果没有完全干燥，使用空压机排干水分，将测试板温度设定到40℃，运行1h左右。干燥之后把测试板温度再调回35℃。

（2）预热45min，预热期间在多孔测试板上覆盖一块中等厚度的织物，待测试板的温度到达35℃，将织物取出，观察加热板温度（T_s）与底板温度到35.2℃左右，完成冷机预热，即可开始测试。

（3）在参数设置界面设置好参数，点击测试，进入"热阻"运行界面，实验次数选择"0"，点击"启动"按钮，开始空白实验（建议3~6个月做一次空白实验），仪器自动记录空白热阻实验数据。

（4）在"热阻"运行界面，实验次数选择"1"，开始有样实验。将试样正面朝上平铺在多孔测试板上，将测试板四周全部覆盖。按实验台前端的"升、降"按钮，使试样上表面与外框等高，盖上四边的金属压边，放下有机玻璃盖，关闭仪器门，按"启动"按钮，仪器开始运行。等到实验次数变为2，可在数据界面查询实验次数1的测试结果，按"停止"按钮，结束本次实验。

（5）更换试样，实验次数选择"2"，按照步骤（4）方法开始第2次实验，以此类推，完成所有待测样品的测试。

3. 湿阻测试

（1）预热60min，预热期间在多孔测试板上覆盖一块中等厚度的织物，待测试板的温度达到35℃，将织物取出，观察加热板温度与底板温度升到35.2℃左右，完成冷机预热，即可开始测试。

（2）检查自动补水水箱是否有水。若无水，则打开仪器左侧板小门，拧开水箱封盖，将水位指示杆插到水箱底并拧紧调节杆防水螺母，使用漏斗向水箱口灌入蒸馏水至红色水位指示线之间，然后拧紧水箱盖子。

（3）按下"进水"键，将调节杆防水接头拧松一点，将水位调节杆慢慢往上拔，补水水箱内部水会自动流入测试体内，观察实验台右边水位指示器及测试体多孔板表面，用手触摸多孔板表面，有水分出来时，可停止水位调节杆往上拔，并拧紧防水接头。

（4）取附件中的一张测试用薄膜（提前一天泡在水里，方便撕下来），撕掉保护膜，有弹性的一张为测试用，向多孔板表面铺平，取附件中的棉块将薄膜抹平，将薄膜与多孔板之间的气泡去除，之后取附件中的橡胶条子，从四周方向上将薄膜固定于测试体上。

（5）在"湿阻"运行界面，实验次数选择"0"，开始空白实验（建议3~6个月做一次空白实验），仪器自动记录空白热阻实验数据。

（6）在"湿阻"运行界面，实验次数选择"1"，开始有样实验。将被测试样放在薄膜上表面，按实验台前端的"升、降"按钮，使试样上表面与外框等高，盖上四边的金属压边，放下有机玻璃盖，关闭仪器门，按"启动"按钮，仪器开始运行。等到实验次数变为2，可在数据界面查询实验次数1的测试结果，按"停止"按钮，结束本次实验。

（7）更换试样，实验次数选择"2"，按照步骤（6）方法开始第2次实验，以此类推，完成所有待测样品的测试。

六、实验结果计算与修约

在"热阻"运行界面和"湿阻"运行界面查询每次测试的结果，包括热阻、保温率、传热系数、克罗值、空白热阻；湿阻、透湿率、透湿指数、空白湿阻，以3块试样的算术平均值作为最终结果，按照GB/T 8170—2019的规定修约成三位有效数字。

思考题

　　1. 影响服装保暖性的因素有哪些？如何影响？

　　2. 保暖性的表征指标有哪些？它们之间的关系如何？分别代表什么含义？

　　3. 织物湿传递的表征指标有哪些？

　　本技术依据GB/T 11048—2018《纺织品　生理舒适性　稳态条件下热阻和湿阻的测定》和《YG606G-Ⅱ热阻湿阻测试仪说明书》。

第四节
织物吸水性（毛细效应）测试

　　毛细效应简称毛效，是指纺织材料的一端被液体浸湿，液体在纺织材料上沿其毛细管传输的现象，用来表征纤维和织物的吸水性能。毛效越高，说明吸水性越好。织物的毛细效应直接影响后序加工的质量，如匀染性、上染率、色牢度等，常用液体芯吸高度、液体芯吸速率和芯吸效应表示。芯吸效应好的织物吸水性强，芯吸速率大的织物湿传递速度快，有助于织物吸湿和散湿，保持人体皮肤表面干爽。

一、实验目的与要求

　　通过实验了解毛细管效应测定仪的结构和测试原理，掌握毛细效应的测试方法及有关指标的计算方法。

二、实验原理

　　将试样垂直悬挂，其一端浸在液体中，测定经过规定时间液体沿试样的上升高度，并利用时间—液体上升高度的曲线求得某一时刻的液体芯吸速率。

三、实验仪器用具

YG871毛细管效应测定仪（图6-7）、蓝黑（或红）墨水、三级水、试样夹、张力夹（3g）、尺子、剪刀等。

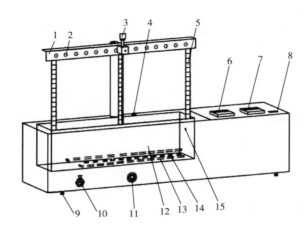

图6-7 YG871毛细管效应测定仪

1—横梁架 2—试样夹 3—有机玻璃直尺升降滑杆 4—水平泡 5—不锈钢标尺 6—温度控制器
7—时间控制器 8—电源开关 9—底脚可调螺栓 10—水浴槽出水开关 11—横梁升降手轮 12—水浴槽
13—加热管 14—水温传感器 15—水位传感器

四、试样准备

（1）根据样品种类，按照如下要求裁取试样。

①长丝和纱线试样，可紧密地缠绕（保持自然伸直状态）在适当尺寸的矩形框上，或用其他方法形成长度300mm、宽度约30mm的薄层，每个样品至少制备3份试样。

②织物试样，距布边1/10幅宽处，沿纵向在左、中、右部位各剪取至少一条试样，并沿横向剪取至少3条试样。每条试样的长度不小于250mm，有效宽度约30mm。保证沿试样长度方向的边纱为完整的纱线。

③绳、带等幅宽低于30mm的产品或不适宜剪裁的产品，用自身宽度进行实验，沿长度方向在每个样品上剪取300mm的3份试样。

（2）将待测试样在标准大气中放置24h，调湿至平衡后进行实验，实验要求在标准大气条件下进行。

（3）为了便于观察和测量，在三级水中加入适量蓝黑（或红）墨水制成试液，放置在标准大气中平衡。

五、实验方法与步骤

1. 仪器调整

（1）通过水平泡观察仪器水平状态，旋转底脚可调螺栓调整仪器水平。

（2）关闭水浴槽出水开关（手柄与出水口垂直），将大约2500mL试液注入水浴槽内，确保高出水位传感器的位置。转动升降手轮，使横梁架处于最低点，调整水位使液面均处于不锈钢标尺的零位。

（3）接通电源，打开仪器开关，调节温湿度控制器设置实验参数，其中试液温度为27℃，实验时间为30min。开启"升温"开关，当水浴槽内的试液温度达到27℃停止加热，10~20min后，进入恒温状态。

2. 操作步骤

（1）转动升降手轮，使横梁架上升至最高位置。用试样夹将试样一端固定在横梁架上（注意夹子的正反面，小孔朝内，大孔朝外，以防读数时样品掉入水槽），在距离试样下端8~10mm处装上不锈钢张力夹，使试样保持垂直。

（2）调整试样位置，使试样靠近并平行于标尺，下端位于标尺零位以下（15±2）mm处。

（3）转动升降手轮，使横梁架下降至最低点，液面均处于不锈钢标尺的零位线，试样下端位于液面以下（15±2）mm处，开始计时。

（4）实验30min，蜂鸣器响起，迅速转动升降手轮，使横梁架上升至最高点。提取有机玻璃直尺升降滑杆，将直尺分别对准试样渗液上边缘，迅速读取相对应的标尺读数，记录每根试样条的液体芯吸高度的最大值和（或）最小值，单位为mm。

（5）如果需要，分别测量经过1min、5min、10min、20min、30min或更长时间液体芯吸高度的最大值和（或）最小值。对吸水性好的试样，可增加测量10s、30s时的值。

（6）实验结束后，关闭电源开关，打开水浴槽出水开关，排出水浴槽内试液。

六、实验结果计算与修约

（1）分别计算各向在某时刻3个试样的液体芯吸高度的最大值的平均值和（或）最小值的平均值，计算结果按照GB/T 8170—2019的规定修约到一位小数。

（2）按式（6-4）计算芯吸效应H，计算到两位小数，修约到一位小数。

$$H = \frac{1}{n}\sum_{i=1}^{n} h_i \qquad (6-4)$$

式中：H——芯吸效应，mm/30min；

　　　n——试样个数；

$\sum_{i=1}^{n}h_i$——每条试样芯吸高度的最低值总和，mm/30min。

（3）如果需要，以测试时间t（min）为横坐标，以液体芯吸高度h（mm）为纵坐标，根据所测数据绘制光滑$t-h$曲线，曲线上某点切线的斜率即为t时刻的液体芯吸速率，单位为mm/min。

思考题

1. 织物的毛细效应跟哪些因素有关？
2. 如何设定丝织物和涤纶织物毛细效应的实验时间？

　　本技术依据FZ/T 01071—2008《纺织品　毛细效应试验方法》和《YG871毛细管效应测定仪》。

第五节
织物速干性测试

　　吸湿速干服装是近年来发展较快的一类功能性产品，尤其是夏季贴身衣物以及运动类衣物。吸湿速干性能是指当人体剧烈运动产生大量汗液后，织物可以迅速吸收体表汗液，且汗液能够传导至织物表面并快速蒸发，使身体保持干爽舒适的性能。干燥速率是织物吸湿速干性的主要考核指标之一，干燥速率越大，织物的速干性越强。

一、实验目的与要求

　　通过实验了解纺织品水分蒸发速率测试仪的结构及测试原理，掌握织物速干性的测试方法。

二、实验原理

通过测定织物在规定条件下的干燥速率来模拟水分在织物中的干燥过程，以表征织物的速干性能。

三、实验仪器与用具

NF5021纺织品水分蒸发速率测试仪（图6-8）、高精度天平（精度为0.001g）、微量移液器（精度为0.01mL）、三级水、计时器、试样夹持器、滴管（100mL）、洗衣机等。

图6-8　NF5021纺织品水分蒸发速率测试仪

四、试样准备

（1）每个样品剪取0.5m以上的全幅织物，取样时避开匹端2m以上。

（2）将每个样品剪为两块，其中一块用于洗前实验，另一块用于洗后实验。洗涤方法按GB/T 8629—2017的A型标准洗衣机4N程序洗涤5次，使用标准洗涤剂3，洗后自然晾干，或者按有关各方商定的洗涤次数进行洗涤，至少为5次。

（3）裁取3块试样，每块试样的尺寸至少为10cm×10cm，确保水分不能扩散到试样边缘，试样应平整无褶皱，确保边纱在实验过程中不会脱落。裁样时应在距布边150mm以上区域内均匀排布，各试样都不在相同的经（纵）向和纬（横）向位置上。如果制品由不同面料构成，试样应从主要面料上选取，并避开影响实验结果的疵点和折皱。

（4）将试样放置在标准大气条件下调湿至平衡。

五、实验方法与步骤

1. 仪器调整

开始实验前，须确保设备处于相对水平状态，实验过程中不得倾斜或推动设备，以免影响实验结果。仪器使用时应当避免强气流环境，否则影响所测试的结果，推荐最佳的工作环境为恒温恒湿实验室。

2. 操作步骤

（1）打开主机电源，点击触摸屏，进入工作界面。点击"参数设定"，设置布样称重的时间间隔，选择需要测试的工位。

（2）去皮（1个星期重新去皮一下）后放置试样。点击"放样"，转盘转动3个工位，方便操作人员把需要测试的工位都夹上待测布样。

（3）点击"称重"，对所选测试工位上的干布样进行称重。

（4）点击"放样"，用微量移液器吸入适量的三级水，将（0.2±0.01）mL的水滴在试样中心位置上，确保水滴全部被吸收。

（5）布样放好后点击"测试"，测试开始。实时采集的数据会通过数据界面上的各工位显示当前蒸发量，也可以切换到曲线界面看各工位的曲线。

> 注意：如果水滴不能扩散，一定时间（如60s）后仍不能渗入试样，则可停止实验，并报告试样不能吸水，无法测定干燥速率。

六、实验结果计算与修约

在数据查询界面查询每次测试的结果，包括蒸发时间和干燥速率，计算3块试样的算术平均值作为最终结果，按照GB/T 8170—2019的规定修约成2位有效数字。

思考题

1. 哪些服装需要具备速干性？原因是什么？

2. 影响织物干燥速率的因素有哪些？如何影响？

3. 如何提高服装的速干性？

> 本技术依据GB/T 21655.1—2023《纺织品　吸湿速干性的评定　第1部分：单项组合试验法》和《NF5021纺织品水分蒸发速率测试仪使用说明书》。

第六节
织物接触冷暖感测试

近年来，在户外运动服装和夏季服装中，凉感面料成为大家关注的热点。织物接触冷暖感是织物与人体皮肤接触后，织物给皮肤的温度刺激在人大脑中形成的关于冷和暖的判断。织物在接触人体皮肤的瞬间，若织物表面的温度低于皮肤表面的温度，则会产生接触冷感，反之则会产生接触暖感。织物接触冷暖感通常用织物的瞬间最大热流量 q_{max} 值（接触凉感系数）表示，单位为 W/cm^2，q_{max} 值越大，代表织物可带走的热量越多。一般认为，最大瞬间热流量大于 $0.15W/cm^2$ 的织物凉感比较明显，小于 $0.10W/cm^2$ 的织物暖感比较明显。织物的冷暖感与纤维、纱线和织物的表面形态结构有关，可通过改变纤维原料和截面形态、纱线捻度和线密度、织物组织结构以及后整理加工等方式改善织物的接触冷暖感。

一、实验目的与要求

通过实验了解KES-F7织物接触冷暖感测试仪的结构和工作原理，掌握织物接触冷暖感的测试方法。

二、实验原理

在规定的实验环境条件下，将温度高于试样的热检测板与试样接触，测定热检测板温度随时间发生的变化，并计算其接触凉感系数（q_{max} 值），由此表征试样的接触瞬间凉感。接触凉感系数越大，表示皮肤感受到的凉感程度越强；接触凉感系数越小，表示皮肤感受到的凉感程度越弱。

三、实验仪器与用具

KES-F7织物接触冷暖感测试仪（图6-9）、尺子、剪刀，其中KES-F7织物接触冷暖感测试仪由测试板（T Box）、热板（BT Box）、冷板（Thermo Cool）三部分及其控制系统构成。

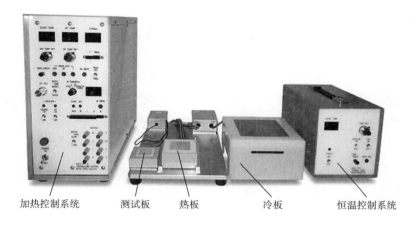

图6-9 KES-F7织物接触冷暖感测试仪

四、试样准备

裁取代表性试样5块，每块试样尺寸为20cm×20cm。取样时应避开影响实验结果的疵点和褶皱。实验过程要求在标准大气下进行，试样需要调湿。

五、实验方法与步骤

1. 仪器调整

（1）开机之前，检查热板转换器的连接线是否连接正确（KES-F7织物接触冷暖感测试仪还可以测量织物的保温率和导热系数，需要更换连接线，连接风洞装置）。

（2）完成设备零位校准之后，打开加热控制系统的电源开关，指示灯亮起，预热15min。

（3）旋转加热控制系统上的温度调节旋钮，分别设置保护板（GUARD）和热板的温度为30.3℃和30.0℃。打开保护板和热板的加热控制开关，待保护板和热板温度显示窗的数据稳定到设定温度，加热控制系统设置完毕。

（4）打开恒温控制系统的电源开关，旋转冷板温度设置旋钮，设置冷板温度为20℃，打开风扇（FAN）和制冷（COOLING）开关。待温度显示窗的数据稳定在20℃，恒温控制系统设置完毕。

2. 操作步骤

（1）将待测试样反面朝上平铺在冷板上。

（2）将测试板放在热板上蓄热，当加热控制系统的 T/q_{max} 显示窗数据与BT温度显示窗一致，均为30℃时，迅速把测试板移动至试样上（正面朝下扣在试样上），同时按下 q_{max} 按键，读出即时的 q_{max} 值，即为接触冷暖感的测试指标。记录实验数据，结果保留至小数点后3位。

六、实验结果计算与修约

计算5块试样 q_{max} 的平均值，计算结果按照GB/T 8170—2019的规定修约到2位小数。

思考题

1. 影响织物接触冷暖感的因素有哪些？如何影响？

2. 如何改善服装的接触冷暖感？

　　本技术依据GB/T 35263—2017《纺织品　接触瞬间凉感性能的检测和评价》和《KES-F7织物接触冷暖感测试仪使用说明书》。

第七章
织物外观性测试

章节名称：织物外观性测试　　　　课程时数：3 课时

教学内容：

织物折痕回复性测试

织物抗起毛起球性测试

织物抗勾丝性测试

织物免烫性测试

织物褶裥持久性测试

织物悬垂性测试

织物光泽度测试

教学目的：

通过本章的学习，学生应达到以下要求和效果：

1. 了解织物外观性测试的重要性及其影响因素。

2. 学习并掌握织物折痕回复性、起毛起球性、抗勾丝性、免烫性、褶裥持久性、悬垂性和光泽度的测试方法。

教学方法：

以理论讲授和实践操作为主，辅以课堂讨论。

教学要求：

在熟悉织物外观性检测标准和测试方法的前提下，严格按照实验操作规范，在专业实验室中开展织物外观性的测试与实验分析。

教学重点：

掌握织物外观性的各项测试方法和评价指标。

教学难点：

结合理论知识和实验结论，讨论影响织物外观性的主要因素及规律，分析提高服装外观性的织物结构参数设计方法。

织物外观是反映服装品质的重要方面，也是消费者选购、穿用服装过程中格外关注的内容。影响服装外观的织物性能主要有抗皱性、抗起毛起球性、抗勾丝性、洗可穿性、悬垂性、色泽和色牢度等。

第一节
织物折痕回复性测试

服装在穿着和洗涤过程中，受到反复揉搓而发生塑性弯曲变形，形成折皱的性能，称为折皱性。服装材料在使用过程中抵抗起皱以及折皱恢复的能力称为抗折皱性，也常称为服装材料的折皱回复性或折皱弹性。织物折皱回复是织物试样向其原本平整状态恢复的动态过程，通常用折皱回复角表示，其数值越大，则表明织物的抗皱性越好。根据服装材料的使用特点，可分别测定干燥和湿润状态时的折皱回复角。

一、垂直法

1. 实验目的与要求

通过实验了解垂直法织物折皱弹性仪的结构和基本测试原理，并掌握其测试方法。

2. 实验原理

将一定形状和尺寸的试样，在规定条件下折叠加压并保持一定时间。在卸除负荷后，让试样经过一定时间的回复，然后测量折痕回复角，以测得的折痕回复角度来表示织物的抗折皱能力。

3. 实验仪器与用具

YG541E型织物折皱弹性仪（图7-1）、剪刀、尺子、记号笔等，其中YG541E型织物折皱弹性仪主要由控制面板、砝码、调节式底脚、有机玻璃压板、抽屉、手柄、试样尺寸图章等组成。

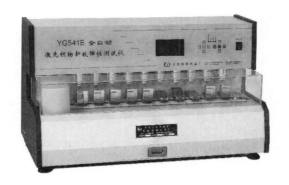

图7-1　YG541E型织物折皱弹性仪

4.试样准备

（1）取样前在GB/T 6529—2008规定的标准大气环境下对样品进行调湿。实验要求在标准大气条件下进行，常规检验可以在普通大气中进行。如果要测定高湿条件下的回复角，即温度为（35±2）℃、相对湿度为（90±2）%，试样可不进行预调湿。

（2）试样与布边的距离大于150mm。裁剪试样时，尺寸务必正确，经（纵）、纬（横）向要剪得平直。在样品和试样的正面打上织物经向或纵向的标记。

（3）每个样品的试样数量至少为30个，其中经向（纵向）与纬向（横向）各10个，每一个方向的正面对折和反面对折各5个。日常实验可只测样品的正面，即经向和纬向各5个。

（4）实验回复翼尺寸：长为20mm，宽为15mm。试样在样品上的采集部位和尺寸如图7-2所示。

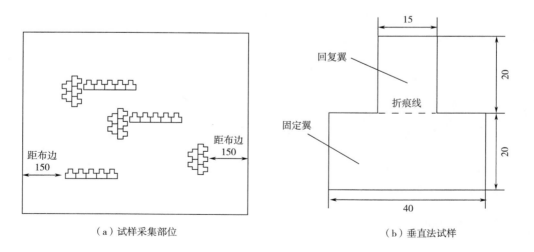

（a）试样采集部位　　　　　　　　　　（b）垂直法试样

图7-2　垂直法30个试样的采集部位及试样尺寸（单位：mm）

5. 实验方法与步骤

（1）开启机器电源开关，机器自动进入复位状态，观察采样小车是否处于左边起始位置，重锤是否全部提起，日光灯是否已被点亮。

（2）推平所有小翻板至水平位置。逐个按下小翻板下的夹布按钮，使夹布器开启，按5经5纬的顺序，将试样的固定翼装入试样夹内，使试样的折痕线与试样夹的折叠标记线重合，用试样手柄将试样沿折叠线对折试样，不要在折叠处施加任何压力，然后在对折好的试样上放上有机玻璃压板。

（3）点击操作面板上的"测试"键，液晶屏显示"请夹好布样按工作按钮"。确认试样已放置妥当，再次点击操作面板上的"测试"键，液晶屏显示"布样压重一"，15s后重锤落下，压在试样一的透明压板上。此后每隔15s将有一个重锤落下，依次开始试样压重操作（加压重锤的质量为1kg）。

（4）当压重完成后，接下来仪器将自动进行急弹测试与缓弹测试。在此过程中，请及时清理采样小车轨道上的杂物（尤其是有机玻璃压板及试样手柄）。若有异常现象（如采样小车受到意外阻力，引起定位不准，有异声等）请按"复位"键，及时终止实验，使仪器恢复到初始状态。

（5）当测试完毕后，仪器自动恢复到起始状态，液晶屏显示急弹数据表。直接按"◀"和"▶"键切换显示测试日期、缓弹数据表、急弹数据表。

6. 实验结果计算与修约

分别计算以下各向测试结果的平均值，按照GB/T 8170—2019的规定修约到个数位。
（1）经向（纵向）折痕回复角：正面对折和反面对折。
（2）纬向（横向）折痕回复角：正面对折和反面对折。
（3）总折痕回复角：经纬向折痕回复角算术平均值之和。

二、水平法

1. 实验目的与要求

通过实验了解水平法织物折皱弹性仪的结构和基本原理，掌握织物折皱回复性的水平法测试方式。

2. 实验原理

同织物折痕回复性测试（垂直法）。

3. 实验仪器与用具

LLY-02型织物折皱弹性仪（图7-3）、剪刀、尺子、宽口钳、记号笔等，其中LLY-02型织物折皱弹性仪主要由控制面板、压力重锤、角度测量器等组成。

图7-3　LLY-02型织物折皱弹性仪

4. 试样准备

试样制备方法同织物折痕回复性测试（垂直法）。试样尺寸为40mm×15mm。

5. 实验方法与步骤

（1）在试样的长度方向两端对齐折叠后，用宽口钳夹住，夹持位置从布端起不超过5mm，然后移至标有15mm×20mm标记的平板上。试样确定位置后，轻轻放上压力重锤，加压重锤质量为1kg，加压时间为5min，受压面积为15mm×15mm。

（2）卸去负荷，用宽口钳将试样移至测量回复角的试样夹中。试样一翼被夹住，另一翼自由悬挂。连续调整试样夹，使悬垂下来的自由端始终保持垂直位置。

（3）卸压5min后读取折痕回复角。如果自由端有轻微转曲或扭转，可将该端中心与刻度盘轴心的垂直平面作为折痕回复角读数的基准。

6. 实验结果计算与修约

同织物折痕回复性测试（垂直法）。

思考题

1. 织物折皱回复性的影响因素有哪些？如何影响？
2. 简述垂直法和水平法测试的特点及其区别。

本技术依据GB/T 3819—1997《纺织品　织物折痕回复性的测定　回复角法》。

第二节
织物抗起毛起球性测试

服装材料在日常穿用与洗涤过程中，不断经受外界的摩擦，在容易受到摩擦的部位上，材料表面的纤维端由于摩擦滑动而松散，露在材料表面外形成毛绒，此类现象即为"起毛"。在继续穿用时，毛绒不能及时脱落，而是继续受摩擦卷曲，互相纠缠在一起，被揉成许多球形小粒的现象通常称为"起球"。材料起毛起球会影响服装外观效果，降低材料的服用性能，特别是合成纤维织物，由于纤维本身抱合性差、强力高，所以起毛起球现象更为突出。目前，起毛起球已成为评定织物服用性能的重要指标之一。

一、圆轨迹法

1. 实验目的与要求

通过实验了解织物起毛起球的基本原理和测试流程，掌握圆轨迹法起毛起球的实验方法。

2. 实验原理

按规定方法和实验参数，利用尼龙刷和织物磨料或仅用织物磨料，使试样摩擦起毛起球，然后在规定光照条件下，对起毛起球性能进行视觉描述评定。

3. 实验仪器与用具

YG502G圆轨迹起球仪（图7-4）、尼龙刷、标准磨料（2201全毛华达呢）、泡沫塑料垫片、

图7-4　YG502G圆轨迹起球仪

裁样用具或模板、记号笔、剪刀、尺子、标准样照和评级箱。

4. 试样准备

（1）取样前按照GB/T 6529—2008对样品进行预调湿和调湿。实验要求在标准大气条件下进行，常规检验可以在普通大气中进行。

（2）在距织物布边10cm以上部位随机剪取5个圆形试样，每个试样的直径为（113±0.5）mm。在每个试样上标记出织物反面。当织物没有明显的正反面时，两面都要进行测试。另剪取1块评级所需的对比样，尺寸与试样相同。试样上不得有影响实验结果的疵点。取样时，各试样不应包括相同的经纱和纬纱（纵列和横行）。

5. 实验方法与步骤

（1）仪器调整：实验前仪器应保持水平，尼龙刷保持清洁，可用合适的溶剂（如丙酮）清洁刷子。如有凸出的尼龙丝，可用剪刀剪平；如已松动，则可用夹子去除。

（2）操作步骤：

①分别将泡沫塑料垫片、试样和标准磨料装在实验夹头和磨台上，注意试样正面朝外。

②根据织物类型按表7-1所示设定实验参数。

表7-1 实验参数及适用织物类型示例

参数类型	压力/cN	起毛次数	起球次数	适用织物类型示例
A	590	150	150	工作服面料、运动服装面料、紧密厚重织物等
B	590	50	50	合成纤维长丝外衣织物等
C	490	30	50	军需服（精梳混纺）面料等
D	490	10	50	化纤混纺、交织织物等
E	780	0	600	精梳毛织物、轻起绒织物、短纤维编织物、内衣面料等
F	490	0	50	粗梳毛织物、绒类织物、松结构织物等

注 1. 表中未列出的其他织物可以参照表7-1中所列类似织物或按有关各方商定选择参数类别。
2. 根据需要或有关各方协商同意，可以适当选择参数类别，但应在报告中说明。
3. 鉴于对所有类型织物或穿着时的起球情况进行测试是不可能的，各有关方可采用取得一致意见的实验参数，并在报告中说明。

③放下夹头，使试样与毛刷平面接触。打开电源开关，指示灯亮。按"启动"键，仪器开始运转。实验中可随时按下"暂停"键观察试样的变化形态，总摩擦次数自动积累。当达到预定次数自动停止后，此时如有必要，可对试样进行起毛评定。

④起毛操作流程完成后，向上翻转试样夹头，提起磨台旋转180°放下。然后翻转试样夹头，使测试布样与磨料平面接触，按"启动"键，对试样进行起球操作。

⑤到达预设摩擦次数，仪器自动停机后，翻转试样夹头，取下摩擦完毕的试样，置入评级箱进行评级，注意不要使测试面受到任何外界影响。

（3）起毛起球的评定：

①评级箱应放在暗室中。沿织物经（纬）向，将已测试样和未测试样分别并排放置于评级箱试样板中间（一般已测试样置于左侧，未测试样置于右侧）。若测试试样在测试前未经过预处理，则对比样也应为未经过预处理的试样，反之亦然。

②为防止直视灯光，可在评级箱的边缘，从试样前方直接进行观察，并根据表7-2所列出的视觉描述情况对每一块试样进行评级。如果介于两级之间，记录为半级，如3.5级。

③由于评定的主观性，建议至少2人对试样进行评定。在有关方的同意下，亦可采用样照评级方法。同时还需记录试样表面外观发生变化的任何其他状况。

表7-2　视觉描述等级

级数	状态描述
5	无变化
4	表面轻微起毛和（或）轻微起球
3	表面中度起毛和（或）中度起球，不同大小和密度的球覆盖试样的部分表面
2	表面明显起毛和（或）起球，不同大小和密度的球覆盖试样的大部分表面
1	表面严重起毛和（或）起球，不同大小和密度的球覆盖试样的整个表面

6. 实验结果计算与修约

记录每一块试样的级数，单个人员的评级结果为其对所有试样评定等级的平均值。样品的实验结果为全部人员评级的平均值，如果平均值不是整数，修约到最近的0.5级，并采用"-"表示，如"3-4级"。若单个测试结果与平均值之差超过半级，则应同时报告每一块试样的级数。

二、马丁代尔法

1. 实验目的与要求

通过实验了解织物起毛起球的基本原理和测试流程，掌握马丁代尔法起毛起球的实验方法。

2. 实验原理

在规定压力下，圆形试样以李莎茹图形轨迹与相同织物或标准羊毛织物磨料进行摩擦。试样能够围绕与试样平面垂直的中心轴自由转动。经过规定的摩擦次数后，采用视觉描述的方式对试样的起毛或起球等级进行评定。

3. 实验仪器与用具

YG401G马丁代尔仪（图5-18）、机织毛毡、聚氨酯泡沫塑料、圆形冲样器（直径为140mm）、裁样模板、记号笔、剪刀、尺子、标准样照、评级箱。

4. 试样准备

（1）取样前在GB/T 6529—2008规定的标准大气环境下对样品进行调湿。实验要求在标准大气条件下进行，常规检验可以在普通大气中进行。

（2）试样夹具中的试样取直径为（140±5）mm的圆形布样；起球台上的试样可裁取直径为（140±5）mm的圆形或边长为（150±2）mm的方形。注意在取样和试样准备过程中应尽可能减小拉伸力，以防止织物发生不必要的变形。试样之间不应包括相同的经纱和纬纱。

（3）在距布边10cm以上的织物样品上随机取样，且所取试样中不得含有影响实验结果的疵点。至少取3组试样，每组2块试样，1块安装在试样夹具中，另1块作为磨料安装在起球台上。如果起球台上选用羊毛标准磨料，则至少取3块试样进行测试。若需要3块以上的试样，则应取奇数块试样，另取1块试样用作评级时的对比样。

（4）取样前，在需评级的每块试样背面的同一点做标记，确保评级时沿同一纱线方向评定试样。注意所作标记应不影响实验的进行。

5. 实验方法与步骤

（1）仪器调整：

实验前全面检查马丁代尔仪，并核对所用辅助材料，提前替换已被沾污或磨损的材料。

（2）操作步骤：

①从试样夹具上移开试样夹具环和导向轴，将试样安装辅助装置的小头端朝下放置在平台上，将试样夹具环套在辅助装置上。

②翻转试样夹具，在试样夹具内部中央放入直径为（90±1）mm的毡垫。将直径为（140±5）mm的试样正面朝上放在毡垫上，允许多余的试样从试样夹具边缘延伸出来，以

保证试样完全覆盖住试样夹具的凹槽部分。

③小心地将带有毡垫和试样的试样夹具放置在辅助装置大头端的凹槽处，以使试样夹具与辅助装置紧密结合在一起。然后将试样夹具环拧紧到试样夹具上，确保试样和毡垫能够做到不移动、不变形。对于轻薄针织物，要确保其在装载时没有被明显拉伸。

④重复上述步骤，装载其他试样。如有需要可在导板上或试样夹具的凹槽上放置加载块。

⑤在起球台上放置一块直径为（140±5）mm的毛毡，并将试样或羊毛标准磨料的摩擦面向上置于其上。然后放置加压重锤，并用固定环加以固定。

⑥按照表7-3所示的参数进行摩擦测试。当达到第1个评定阶段的摩擦次数后，对试样进行第1次起毛起球评定。注意在评定时，既不用取出试样，也不清除试样表面。在评定完成后，将试样夹具按照原位置放回测试台，并启动仪器继续测试。在达到每个评定阶段的摩擦次数时，都要进行评估，直至到达表7-3所规定的实验终点。

（3）起毛起球的评定：进行起毛起球评定的方法同圆轨迹法。

表7-3　起球试样分类

类别	纺织品种类	磨料	负荷质量/g	评定阶段	摩擦次数
1	装饰织物	羊毛织物磨料	415±2	1	500
				2	1000
				3	2000
				4	5000
2	机织物（除装饰织物外）	机织物本身（面/面）或羊毛织物磨料	415±2	1	125
				2	500
				3	1000
				4	2000
				5	5000
				6	7000
3	针织物（除装饰织物外）	针织物本身（面/面）或羊毛织物磨料	155±1	1	125
				2	500
				3	1000
				4	2000
				5	5000
				6	7000

注　实验表明，通过7000次连续摩擦后，实验和穿着之间有较好的相关性，因为2000次摩擦后还存在的毛球，经过7000次摩擦后很可能已经被磨掉。对于2、3类中的织物，起球摩擦次数不低于2000次。在实验的评定阶段观察到的起球级数即使为4.5级或以上，也可在7000次之前终止实验（达到规定摩擦次数后，无论起球好坏，均可终止实验）。

6. 实验结果计算与修约

同圆轨迹法。

三、起球箱法

1. 实验目的与要求

通过实验了解织物起毛起球的基本原理和测试流程，掌握起球箱法起毛起球的实验方法。

2. 实验原理

将安装在聚氨酯管上的试样，在具有恒定转速、衬有软木的木箱内进行任意翻转。当经过规定的翻转次数后，对其起毛和（或）起球性能采用视觉描述的方式进行评定。

3. 实验仪器与用具

YG511A起球箱（图7-5）、聚氨酯载样管、装样器、方形冲样器、裁样模板、记号笔、剪刀、尺子、缝纫机、PVC胶带纸、标准样照和评级箱等。

图7-5　YG511A起球箱

4. 试样准备

（1）取样前在GB/T 6529—2008规定的标准大气环境下对样品进行调湿，常规检验可以在普通大气中进行。

（2）在距织物布边10cm以上的部位随机剪取4个尺寸为125mm×125mm的试样。在每个试样上标记织物反面和织物纵向。当织物没有明显的正反面时，两面均要进行测试。另剪取1块试样作为评级所需的对比样。注意试样上不得有影响实验结果的疵点；试样之间不应包括相同的经纱和纬纱。

（3）先剪取2个试样，若能辨别正反面，将每个试样正面向内折叠，距边12mm缝合，形成试样管，确保折叠方向与织物纵向保持一致。另剪取2个试样，采用同样的方法将其分别向内折叠，并缝合成试样管，注意折叠方向与织物横向保持一致。

（4）将缝合试样管的里面翻出，使织物正面朝外。在试样管的两端各剪6mm的端口，以去除缝纫变形。然后将其装在聚氨酯载样管上，使试样两端到聚氨酯载样管边缘的距离相等，如图7-6所示，保证接缝部位尽可能平整。用PVC胶带缠绕试样管的两端，使试样固定在聚氨酯载样管上，且其两端各留有6mm的裸露。注意固定试样的每条胶带长度不应超过聚氨酯载样管周长的1.5倍。

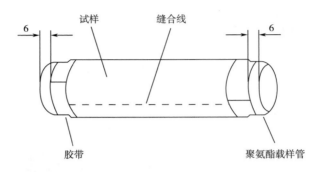

图7-6　聚氨酯载样管上的试样（单位：mm）

5. 实验方法与步骤

（1）仪器调整：

实验前对起球箱进行检查，要确保箱内干净，无绒毛、碎片等脏物。将4个安装好的试样放入同一起球箱内，盖紧盖子。

（2）操作步骤：

①接通电源，打开仪器开关。在计数器上设定目标次数。推荐粗纺织物翻动7200转，精纺织物翻动14400转。

②按下"工作"键，起球箱开始转动，计数器自动计数。

③当计数器计数至用户设定的转数时，马达停止工作，计数器上的状态指示灯闪烁，内部报警器响起，提示用户实验完毕。

④打开箱盖，拿出载样管。

⑤若需继续做下一组实验，可重复上述步骤。

（3）起毛起球的评定：取下试样，除去缝线，展开试样，进行起毛起球的评定，评定方法同圆轨迹法。

6. 实验结果计算与修约

同圆轨迹法。

四、随机翻滚法

1. 实验目的与要求

通过实验了解织物起毛起球的基本原理和测试流程，掌握随机翻滚法起毛起球的实验方法，并了解该实验方法起毛起球的特点与适用范围。

2. 实验原理

在规定条件下，使试样在铺有内衬材料的圆筒状实验舱中随机翻滚，经过规定的测试时间后，对织物的起毛、起球和毡化性进行视觉评级。

3. 实验仪器与用具

随机翻滚测试仪、聚氯丁二烯内衬［长、宽应满足其在实验舱内牢固安装，厚度（3.2±0.4）mm，硬度60~70IRHD］、空气压缩装置、胶黏剂、真空除尘器、短绒棉、评级箱等。

4. 试样准备

（1）取样前在GB/T 6529—2008规定的标准大气环境下对样品和内衬进行调湿，常规检验可以在普通大气中进行。

（2）与织物经向（纵向）或纬向（横向）呈约45°剪取4个100mm×100mm的正方形试样，或面积为100cm² 的圆形试样。沿织物宽度方向均匀取样或从服装样品的3个不同衣片上剪取试样（距布边的距离不小于幅宽的1/10），避免每两块试样中含有相同的经纱或纬纱。试样应具有代表性，且避开织物的褶皱、疵点部位。

（3）在3块待测试样的反面分别进行编号（第4块用于评级参与，不进行测试）。为防止试样边缘在测试过中磨损或脱散，使用胶粘剂以不超过3mm的宽度对其进行封边，且至少干燥2h。

5. 实验方法与步骤

（1）将聚氯丁二烯内衬准确平整地安装在实验舱内，并保证测试时实验舱紧密贴合，不产生错位。

（2）将取自同一个样品的3块试样置于同一个实验舱内。关闭舱门后，启动仪器，按照5min、15min和30min共三个测试阶段进行实验。

（3）每个测试阶段完成后，取出试样，用气流除去试样表面没有缠结成球的多余纤维和实验舱内残留的毛絮，并参照前述圆轨迹法对其进行评级。

（4）重复（1）～（3）的步骤，直到完成总测试时间。如有需要，可在每个测试阶段放入一份长约6mm，重约25mg的短绒棉，以增加起球状况的视觉效果。

6. 实验结果计算与修约

同圆轨迹法。

思考题

1. 影响织物起毛起球的因素有哪些？如何影响？

2. 如何改善服装的起毛起球？

> 本技术依据GB/T 4802.1—2008《纺织品　织物起毛起球性能的测定　第1部分：圆轨迹法》、GB/T 4802.2—2008《纺织品　织物起毛起球性能的测定　第2部分：改型马丁代尔法》、GB/T 4802.3—2008《纺织品　织物起毛起球性能的测定　第3部分：起球箱法》、GB/T 4802.4—2020《纺织品　织物起毛起球性能的测定　第4部分：随机翻滚法》。

第三节
织物抗勾丝性测试

纺织品中的纤维或纱线由于受到钉、刺等尖锐物体的勾、挂而被拉出织物表面的现象，称为勾丝性。对于由组织比较松散的机织物或针织物制成的服装，其在穿用过程中，若碰到粗糙、坚硬的物体，织物中的纤维或单丝极易被勾出，从而在其表面形成丝环和抽拔痕；而当该物体比较锐利，且作用剧烈时，丝环又容易被勾断或拉出，在织物表面形成残疵，将会极大影响服装的品质和档次。

一、钉锤法

1. 实验目的与要求

通过实验了解织物抗勾丝性测试的基本原理和测试流程，掌握钉锤式勾丝仪的使用方法。

2. 实验原理

把筒状试样装载于转筒上，并将链条悬挂的钉锤置于其表面。当转筒以恒定的速度转动时，钉锤在试样表面随机翻转、跳动，并进行勾挂，使试样表面产生勾丝。当经过指定转动次数后，取下试样，在规定条件下与标准样照进行视觉对比评级。

3. 实验仪器与用具

YG518G钉锤式勾丝仪（图7-7）、橡胶环、毛毡垫（厚度为3~3.2mm）、卡尺、画样板、评定板（幅面为140mm×280mm，厚度不超过3mm）、放大镜、缝纫机、钢尺、剪刀、评级箱、勾丝级别标准样照。

图7-7 YG518G钉锤式勾丝仪

4. 试样准备

（1）取样前在GB/T 6529—2008规定的标准大气环境下对样品进行调湿，常规检验可以在普通大气中进行。

（2）距离布匹端1m以上取尺寸至少为550mm×全幅的样品，确保其平整、无皱、无疵点。从距布边1/10幅宽以上的样品上，剪取尺寸为330mm×200mm的纵向和横向试样各2块，机织物试样不应含有相同的经纬纱，如图7-8所示。

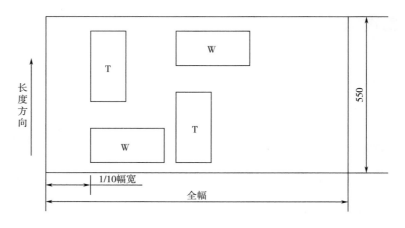

图7-8 钉锤法勾丝试样取样方法（单位：mm）

（3）将试样正面相对缝纫成筒状，其周长应与转筒周长相适应。弹性织物（包括伸缩性大的织物）的试样套筒周长为270mm，非弹性织物的试样套筒周长为280mm。然后将试样正面朝里对折，沿标记线平直地缝成筒状，再翻转，使织物正面朝外。如果试样套在转筒上过紧或过松，可适当调节周长尺寸，使其松紧适度。

5. 实验方法与步骤

（1）将钉锤式勾丝仪实验转筒的速度设置为（60±2）r/min，实验转数设置为600转。

（2）将筒状试样的缝边分向两侧展开，小心套在转筒上，使缝口平整。然后用橡胶环先固定试样一端，展开所有折皱，使其表面保持平整，再用另一橡胶环固定另一端。在装载横向针织物试样时，应使其中一块试样的纵行线圈头端向左，另一块试样向右；机织物经向和纬向试样应随机装载于不同的转筒上。

（3）将钉锤绕过导杆，轻轻置于试样上，并用卡尺设定钉锤位置。

（4）启动仪器，注意钉锤应能自由地在整个转筒上翻转跳动，否则需要停机检查。

（5）当转动次数达到600r后，小心地移去钉锤，取下试样。

（6）试样取下后至少放置4h再进行评级。评价时，首先将评定板插入筒状试样中，使试样的评级区位于评定板正面，缝线处于背面中心。然后将试样放入评级箱观察窗内，标准样照放在另一侧，进行对照评级。评级时，根据试样勾丝（包括紧纱段）的密度（不论长短），按表7-4列出的级数，对每一块试样进行评级。如果介于两级之间，则记录为半级，如"3.5级"。

表7-4 织物勾丝性视觉描述评级

级数	状态描述
5	表面无变化
4	表面轻微勾丝（或）紧纱段
3	表面中度勾丝和（或）紧纱段，不同密度的勾丝（紧纱段）覆盖试样的部分表面
2	表面明显勾丝和（或）紧纱段，不同密度的勾丝（紧纱段）覆盖试样的大部分表面
1	表面严重勾丝和（或）紧纱段，不同密度的勾丝（紧纱段）覆盖试样的整个表面

如果试样勾丝中含中、长勾丝，则应按表7-5的规定，在原评级的基础上顺降等级。一块试样中，长勾丝累计顺降最多为1级。

表7-5 试样中、长勾丝顺降的级别

勾丝类别	占全部勾丝比例	顺降级别（级）
中勾丝	≥ 1/2 ~ 3/4	1/4
	≥ 3/4	1/2
长勾丝	≥ 1/4 ~ 1/2	1/4
	≥ 1/2 ~ 3/4	1/2
	≥ 3/4	1

6. 实验结果计算与修约

分别计算经（纵）向和纬（横）向试样（包括增试试样）勾丝级别的算术平均值，作为该方向的最终勾丝级别，如果平均值不是整数，修约到最接近的0.5级，并用"-"表示，如"3-4"。

如果需要，对试样的勾丝性进行评级，≥4级表示具有良好的抗勾丝能力，>3-4级表示具有抗勾丝性，≤3级表示抗勾丝性差。

二、针筒法

1. 实验目的与要求

通过实验了解织物抗勾丝性测试的基本原理和测试流程，掌握针筒式勾丝仪的使用方法。

2. 实验原理

将条形试样的一端固定在转筒上，另一端处于自由状态。当转筒以恒速转动时，试样周期性地擦过具有一定转动阻力的针筒，使其表面产生勾丝。经一定转数后，取下试样，在规定条件下与标准样照进行视觉对比评级。

3. 实验仪器与用具

针筒法勾丝仪（图7-9）、钢尺、剪刀、缝纫机、画样板、评定板、放大镜、评级箱、勾丝级别标准样照等，其中针筒法勾丝仪由夹布滚筒、夹布器松紧螺丝、夹布器、刺辊、调节杆方位角度尺、调节杆和安全罩等组成。

图7-9　针筒法勾丝仪

4. 试样准备

（1）取样前在GB/T 6529—2008规定的标准大气环境下进行调湿。实验要求在标准大气条件下进行，常规检验可以在普通大气中进行。

（2）剪取纵向和横向试样各2块，尺寸为300mm×100mm，并在其正面画出4条标记线，具体位置如图7-10所示。

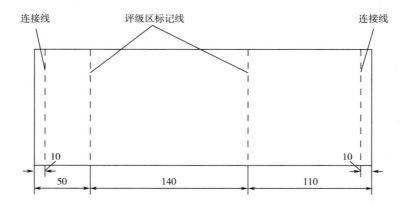

图7-10　针筒法勾丝试样尺寸及标记线示样（单位：mm）

5. 实验方法与步骤

（1）将针筒式勾丝仪的夹布转筒的转速设置为（25±1）r/min；实验转数设置为15r。

（2）将试样正面朝外，与垫片一并夹在转筒上，试样长边要与转筒边线平行。夹装针织物横向试样时，一块的纵向线圈头端被夹，另一块则相反。

（3）启动仪器，达到规定转数后，取下试样。如果在实验中出现试样自由端有脱散（下跌）现象，查明原因，并换新试样重新实验。

（4）试样取下后至少放置4h再进行评级。评级方法同钉锤式。

6. 实验结果计算与修约

同钉锤法。

三、滚箱法

1. 实验目的与要求

通过实验了解织物抗勾丝性测试的基本原理和测试流程，掌握滚箱法勾丝仪的使用方法。

2. 实验原理

将筒状试样安装在有毛毡包覆的聚氨酯载样管上，然后置于内部装有4排勾丝钉的正八边体勾丝实验箱中。当勾丝实验箱以恒定速度转动时，装有试样的载样管随机翻转、滚动，并与勾丝钉勾挂，试样表面会产生勾丝等外观变化。达到规定转数后，取下试样，在规定条件下与标准样照进行视觉对比评级。

3. 实验仪器与用具

滚箱法勾丝仪（图7-11）、聚氨酯载样管、毛毡、双面胶带、聚氨酯类胶水、锁定环、评级箱、评级卡纸、钢尺、缝纫机和吸尘器等。

4. 试样准备

（1）如需预处理，可按照GB/T 8629—2017、GB/T 19981.2—2005或GB/T 19981.3—2009的方法水洗或干洗样品。

（2）取样时距离布边至少1/10幅宽，应避开褶皱、疵点等。从织物上剪取经向（长度方向）和纬向（宽度方向）试样各2块，尺寸为140mm×140mm，试样不应包含相同的经、纬纱线，在每个试样的非测试面标记织物方向。另取1块相同尺寸试样，作为评级对比样。

（a）滚箱式勾丝测试仪

（b）装有4排勾丝钉的实验箱内部

图7-11 滚箱法勾丝仪

（3）将每个试样测试面向内对折，2个试样的折叠线平行于经向（长度方向），2个试样的折叠线平行于纬向（宽度方向），使用缝纫机将试样缝合成筒状，机织物缝合宜距边8mm，针织物缝合宜距边9~10mm，对于某些结构的织物可能需要缝合不同宽度，可根据实际情况灵活调整。总体要求针迹密度适中，确保接缝处保持平整。

（4）用双面胶带包覆整个载样管侧表面，再将毛毡包覆黏合固定在上面，毛毡两个短边的接头处可使用聚氨酯类胶水或其他合适的方式固定，多余部分可以用剪刀剪掉，确保接头处毛毡牢固、平整。

（5）外翻缝制的筒状试样，将试样测试面朝外，套在包覆毛毡的载样管上。载样管置于筒状试样中间位置，再将露出载样管两端的试样塞进载样管内壁，使包覆毛毡的载样管完全被试样包覆。最后将两个锁定环分别以螺旋状塞进载样管两端内壁，固定好试样。

（6）重复步骤（5），完成其他试样的安装。试样安装后不应出现松动、起皱和扭曲现象，确保接缝处平整，锁定环测试结束后，使载样管两端不外露。

5. 实验方法与步骤

（1）每次实验之前，使用吸尘器清理勾丝实验箱内部，确保没有多余纤维、污尘和碎屑。检查勾丝钉状态，如出现弯曲、松动、钝尖等现象，应加以替换。

（2）每个勾丝实验箱放入4个安装好试样的载样管，并牢固关闭勾丝实验箱。

（3）启动仪器，使勾丝实验箱以60r/min的速度转动，转动2000次。

（4）测试完成后，取出载样管，拿出锁定环，从载样管上小心地取下试样，沿缝线拆开，但不要修剪试样。取出载样管过程中需检查锁定环状态，若出现任何一个露出头端现象，应舍弃本次实验所有样品，准备一套新的试样重新测试。

（5）试样取下后应在暗室的评级箱中进行评级。评级方法同钉锤式。

6. 实验结果计算与修约

同钉锤式。

思考题

1. 影响织物勾丝性的因素有哪些？如何影响？
2. 怎样评定织物勾丝级别？

> 本技术依据GB/T 11047—2008《纺织品 织物勾丝性能评定 钉锤法、针筒勾丝仪说明书》、GB/T 11047.2—2022《纺织品 织物勾丝性能的检测和评价 第2部分：滚箱法》。

第四节
织物免烫性测试

织物的免烫性，又称洗可穿性，主要指织物经过洗涤后不经熨烫即可保持平整状态的性能。织物的免烫性，通常与纤维材料的吸湿性、织物在湿态下的折皱弹性及缩水性等因素密切相关，目前国内外多采用拧绞法、落水变形法和洗衣机洗涤法等测定方法。在具体评定时，多以织物经水洗后的折皱回复性来进行衡量。首先将织物试样按一定的洗涤方法处理并干燥，然后根据试样表面的折痕状态，与标准免烫样照对比，进行目测评级。标准样照中规定的免烫等级，一般分为5级，其中"5级"免烫性最好，"1级"免烫性最差。

一、拧绞法

在一定张力作用下，首先对浸渍的织物试样加以拧绞，当释放拧绞后，在织物表面会显现出不同的凹凸条纹和波峰高度，将其与标准样照进行对比。计算3块试样的算术平均值，精确至0.5级。一般免烫性好的织物，凹凸条纹少而且波峰高度不高，布面较为平挺；

反之，则条纹多而混乱，波峰高，布面多折皱。虽然这种方法操作简便，评定方法简单明了，但大部分织物在拧绞后条纹都比较多，多用于不同原料织物的免烫性比较。

二、落水变形法

1. 实验仪器与用具

盛水容器、夹子、评级箱、标准样照等。

2. 试样准备

裁取2块尺寸为25mm×25mm的试样。

3. 实验方法与步骤

（1）配制浸渍溶液（配制方案：每1000mL水中加入5g合成洗涤剂），浴比为1∶3，浸渍溶液的温度为（40±2）℃。

（2）将裁好的2块试样放入溶液中，浸渍10min后，用双手执其两角，先在水中轻轻摆动，然后提出水面，再放回水中，如此经、纬向反复操作5次，再将试样在温度为20~30℃的清水中漂洗2次，并在试样滴水状态下，用夹子夹住试样两角，悬挂在绳上，使其在阴凉处自然晾干至与原重相差 ±2%。

（3）将试样放入灯光评级箱内，与标准样照对比进行评级，以2块试样的平均级数表示其免烫性能。该方法适用于精梳毛织物及毛型化纤织物。

三、洗衣机洗涤法

1. 实验仪器与用具

家用洗衣机、评级箱、标准样照等。

2. 试样准备

避免边缘容易脱开的试样即可。

3. 实验方法与步骤

将织物试样按一定条件洗涤、甩干、摊放干燥（转笼烘干）后，以测定洗涤后的外观

（皱纹）、接缝和褶裥的三种变化为依据，与标准样照对比评级，以3块试样的平均级数表示其免烫性能。该方法与服装的实际洗可穿性能最为接近。由于洗涤设备与干燥方式不同，其免烫性所呈现的结构是有差异的。在同一条件下和不同条件下进行免烫性评级，其结果是不一样的，测试者可视具体需要选择进行。

思考题

　　1. 影响织物免烫性的因素有哪些？如何影响？

　　2. 免烫性的测试方法有哪些？

第五节
织物褶裥持久性测试

　　织物经熨烫所形成的褶裥（含轧纹、折痕），在洗涤后经久仍能保持原状的性能，称为褶裥持久性，常用褶裥持久率这一指标来表征。

一、实验目的与要求

　　通过实验了解织物褶裥持久性测试的基本原理和测试流程，掌握织物褶裥持久性的测试方法。

二、实验原理

　　将按规定温度、时间和压力熨烫后带有褶裥的织物试样，在规定温度、浓度的洗涤液中，按指定的方法洗涤、处理和干燥后，将其放入评级箱中，与标准样照对比采用目测视觉方式进行评级。

三、实验仪器与用具

　　评级箱、电熨斗、剪刀、尺子、温度计（200℃）、石棉板、熨垫、熨布、家用洗涤剂若干、标准样照。

四、试样准备

尺寸为经向120mm、纬向100mm的试样2块。

五、实验方法与步骤

（1）把试样正面朝外，沿经向对折，用缝线固定其位置，保证褶裥在同一经纱上。

（2）将试样放在熨垫上，覆盖两层经水浸湿的熨布（手挤干不滴水为宜）。

（3）将电熨斗加热至155℃，待降温到150℃时，将熨斗压在试样上30s。

（4）将熨好的试样放在空气中冷却6h以上，再用单层干熨布覆盖试样，按照第（3）步的要求压烫30s，然后拆去缝线。

（5）展开试样，将其浸于1∶50、洗涤剂浓度为3g/L、温度（40±2）℃的溶液中5min。然后提起试样，顺着烫缝轻擦15次；再用另一端轻擦15次，2次共约1min。用20~30℃的清水漂洗两次后，用夹子夹住试样，展开一角悬挂晾干，并在标准大气条件下调湿2h。

六、评级

由三名评级者各自对试样逐块进行评级。评级时，将试样放入评级箱内，灯光位置应与试样褶裥平行，对比标准样照，评出试样级别。褶裥持久性一般分为5级，评定标准如下：

5级——褶裥很明显，顶端呈尖角状，灯光照射下背光面有明显阴影。

4级——褶裥明显，顶端小圆角状，灯光照射下背光面有阴影。

3级——有褶裥，顶端呈圆角状，灯光照射下背光面稍有阴影。

2级——留有轻微褶裥，没有阴影。

1级——褶裥基本消失。

七、实验结果计算与修约

根据观测结果，计算平均值，若其数介于两级之间者以在两级间加"-"表示，如"2-3级"。

思考题

  1. 影响织物褶裥持久性的因素有哪些？如何影响？

  2. 织物褶裥持久性如何进行评级的？

  本技术依据FZ/T 20022—2010《织物褶裥持久性试验方法》。

第六节
织物悬垂性测试

  织物的悬垂性是指织物因自身重力作用向下发生形变的能力，它是体现织物视觉形态风格和美学外观舒适性的重要方面，多与纤维材料本身的初始模量、纱线结构、织物组织和后整理等因素密切相关。对于服装，特别是裙装能否形成优美的曲面造型至关重要。

一、实验目的与要求

  通过实验了解织物动态悬垂性风格仪的结构及测试原理，掌握织物悬垂性的测试方法及测试指标。

二、实验原理

  将圆形试样水平置于与圆形试样同心且较小的夹持盘之间，让其自由悬垂，用与水平相垂直的平行光线照射，利用数码相机分别拍摄试样的静态和动态投影图，再通过计算机软件计算试样悬垂和未悬垂时的投影面积，从而求得悬垂系数等一系列指标。

三、实验仪器与用具

  YG811E型织物动态悬垂性风格仪（图7-12）、夹持盘（直径12cm和18cm）、试样模板（24cm、30cm和36cm）、钢尺、剪刀、记号笔。

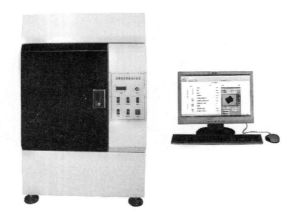

图 7-12　YG811E 型织物动态悬垂性风格仪

四、试样准备

（1）取样前在 GB/T 6529—2008 规定的标准大气环境下对样品进行调湿。实验要求在标准大气条件下进行，常规检验可以在普通大气中进行。

（2）要测试一种面料的悬垂性，至少需要准备 3 块圆形试样（其直径需根据夹持盘的直径来确定）；取样时要求无折痕，避开布面上的疵点；在圆心处挖取直径为 0.4cm 的定位孔；然后将试样正、反两面分别标记为 A 面和 B 面。

（3）若选择直径为 18cm 的夹持盘，需先进行预实验，利用试样模板裁剪直径为 30cm 的试样上机测试。根据测试结果确定试样直径：若测得悬垂系数为 30%~85%，属于一般织物，试样直径选择为 30cm；若测得的悬垂系数小于 30%，属于柔软织物，试样直径选择为 24cm；若测得的悬垂系数大于 85%，属于硬挺织物，试样直径选择为 36cm。

（4）若选择直径为 12cm 的夹持盘，那么所有试样的直径统一选择为 24cm。

五、实验方法与步骤

1. 仪器调整

（1）打开电脑电源，依次按下悬垂仪电源按钮、摄像按钮、灯箱按钮（亮度高低可自由选择）、平台升降按钮，待工作台升起后，放置 Φ12cm 压板（注意，关机顺序与开机顺序相反）。

（2）确定试样尺寸后，需要先进行一次标定操作（在进行后续连续实验时，只要不改变夹持盘大小和试样尺寸，无须再次标定），主要标定对象分别为内圆和外圆。标定操作方法如下：打开悬垂测试仪软件，点击"图像（P）"菜单，选择标定—内圆，对夹持盘进行标定。根据实际情况选择直径为12cm或18cm，点击"确定"，此时将自动弹出"RemoteCapture DC"拍摄窗口，并在软件工作区域显示实时图像，建议将"摄像模式调整"中自动曝光模式参数选择为"快门速度优先"，TV值选择为"1/160"，如图7-13所示。

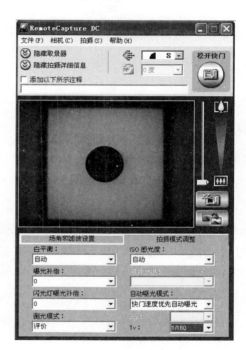

（a）内、外圆直径选择　　　　　　　　（b）相机参数设定

图7-13　直径选择与相机参数设定

　　点击"松开快门"按钮即可进行拍照，拍摄完毕后关闭"RemoteCapture DC"窗口。打开软件工具栏中的"定位"按钮，此时照片上会在外围显示一个正方形，内部一个圆和代表圆心的十字交叉线。通过单击鼠标左键并拖动，可调节圆心位置；通过点击工具栏上的"圆形放大"和"圆形缩小"按钮，可调节圆形的大小。内圆标定时，需调节其直至与内圆投影基本完全重合，最后点击工具栏上的"处理"按钮进行确认，内圆标定完成（注意；此时不用调节外围的正方形）。

　　在菜单栏点击"图像（P）"，选择标定—外圆，根据夹持盘尺寸，选择相应直径的试样模板进行标定，拍摄参数设定和内圆标定一致；然后打开软件工具栏中的"定位"按钮，点击"矩形放大"和"矩形缩小"按钮调节矩形大小，使其四条边线与大圆盘投影相切。最后点击"处理"按钮确认，外圆标定完成（注意，此时千万不能再调节已经标定好的内圆），如图7-14所示。

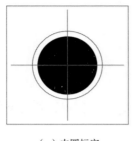 

（a）内圆标定   （b）外圆标定

图7-14　内圆与外圆标定

在标定程序完成后，不能直接拿试样上机测试，需要先进行验证实验，以检验标定结果是否准确。验证实验时，测试对象为试样模板，因其为刚性体，故悬垂系数理论上应为100%。操作步骤为：首先点击"直接拍摄"按钮，在弹出的"RemoteCapture DC"窗口，参数设定同前，点击"松开快门"按钮，获取静态照片；然后打开控制面板上的"动/静"转换开关，并将转速调整为50~100r/min，此时试样盘开始旋转，待转速稳定后，按下"松开快门"按钮，获取动态照片。拍摄完毕，关闭"RemoteCapture DC"窗口。点击"相应指标"选项卡，查看"悬垂系数"指标，检查其测试结果是否在（100±2）%范围内，若在此范围内，则标定完成；否则需重新进行标定，直至验证实验结果误差在许可范围之内。标定时测试圆盘上升至最高处，升降台保持水平。

2. 操作步骤

（1）将试样的A面朝上，使定位柱穿过其圆心，置于下夹持盘上，然后放置在夹持盘上，并关闭舱门。

（2）开启"动/静"开关，使试样以100r/min的转速旋转并开始计时，45s后停止旋转，再静置30s后方可进行实验。

（3）点击"直接拍摄"按钮，调出"RemoteCapture DC"窗口，此时会显示试样实时悬垂图像；然后点击"拍摄模式调整"选项卡，选择"快门速度优先"的自动曝光模式和"1/160"的TV值，再点击"松开快门"按钮进行拍照，以获取试样的静态悬垂图像。

（4）开启"动/静"开关，使其以50~150r/min的转速进行旋转，待转速稳定后，点击"松开快门"按钮进行拍照，即可获取试样的动态悬垂图像。

（5）拍摄完毕后，关闭"RemoteCapture DC"窗口。点击"相应指标"，分别记录试样动、静态悬垂系数，悬垂曲线均匀度，悬垂波数以及悬垂变化率等指标。

（6）将试样的B面朝上装载于夹持盘，重复步骤（2）~步骤（5）。

（7）对于同一种待测面料，至少取3块试样，每块试样的正、反面均需进行实验，共计至少完成6次测试。

六、实验结果计算与修约

（1）分别计算各试样A面、B面悬垂系数的平均值和悬垂系数的总平均值，按照GB/T 8170—2019的规定修约到个数位，其中悬垂系数D由式（7-1）计算，以百分率表示。

$$D = \frac{A_s - A_d}{A_0 - A_d} \times 100\% \qquad (7-1)$$

式中：D——悬垂系数；

　　A_0——悬垂前试样的初始面积，cm^2；

　　A_d——夹持盘面积，cm^2；

　　A_s——试样在悬垂后投影面积，cm^2。

（2）分别记录静态和动态悬垂性均匀度，用来表示织物在重力作用下沿圆周方向下垂的均匀程度，可由式（7-2）计算，以百分率表示。

$$V_m（或 V_\xi） = \frac{\sum_{i=1}^{N} \left| S_i - \bar{S} \right|}{N \times \bar{S}} \times 100 \qquad (7-2)$$

式中：S_i——实测每两波谷之间面积，cm^2；

　　$\bar{S}$——波谷之间面积的平均值，cm^2；

　　N——悬垂系数，%；

　　V_m——动态悬垂性均匀度（或织物两波谷之间面积的平均差系数），%；

　　V_ξ——静态悬垂性均匀度（或织物两波谷之间面积的平均差系数），%。

（3）静态和动态的悬垂波数。

（4）静态和动态的投影周长，单位为cm。

（5）最小波幅、最大波幅和平均波幅，单位为cm。

思考题

1. 影响织物悬垂性的因素有哪些？如何影响？

2. 织物悬垂性测试的原理是什么？

本技术依据GB/T 23329—2009《纺织品 织物悬垂性的测定》。

第七节
织物光泽度测试

一、实验目的与要求

通过实验了解织物光泽仪的基本原理和测试流程，掌握织物光泽度的评价指标和测试方法。

二、实验原理

用60°角（与法线的夹角）的入射平行光照射在试样上，检测器分别在60°和30°角位置上接收其正反射光和漫反射光，如图7-15所示，经过光电转换电路，用数字显示光强度，以正反射光强度与漫反射光强度的比值来表示织物的光泽度。

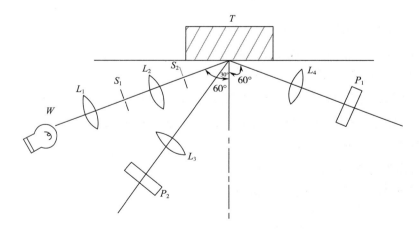

图7-15 光泽仪原理示意图

三、实验仪器与用具

LFY-224织物光泽度测定仪（图7-16）、钢尺、剪刀、记号笔、标准板等。

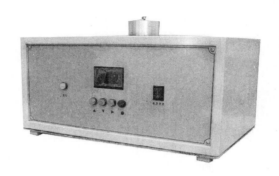

图7-16 LFY-224织物光泽度测定仪

四、试样准备

（1）取样前在GB/T 6529—2008规定的标准大气环境下对样品进行调湿。实验要求在标准大气条件下进行，常规检验可以在普通大气中进行，但环境温度必须低于30℃。

（2）在每块样品上裁取3块代表性试样，试样尺寸为160mm×160mm。如需要，可适当增加试样数量。试样应平整，无明显疵点。

五、实验方法与步骤

（1）开机预热30min，将暗筒放在仪器的测量口上，调整仪器的零点。换上标准板，调整仪器，使读数符合标准板的数值。

（2）将试样的测试面向外，平整地绷在暗筒上，并将其放在仪器测量口上。

（3）将样品台旋转一周，读取织物正反射光泽度G_S的最大值，及其对应的织物正反射光泽度与漫反射光泽度之差值G_R。

六、实验结果计算与修约

按照式（7-3）计算织物光泽度。计算3块试样的平均值，结果按照GB/T 8170—2019的规定修约到一位小数。

$$G_C = \frac{G_S}{\sqrt{G_S - G_R}} = \frac{G_S}{\sqrt{G_R}} \times 100\% \qquad (7-3)$$

式中：G_S——织物正反射光泽度；

G_R——织物正反射光泽度与漫反射光泽度差值；

G——织物漫反射光泽度。

思考题

1. 影响织物光泽的因素有哪些？如何影响？

2. 织物光泽测试的原理是什么？

本技术依据FZ/T 01097—2006《织物光泽测试方法》。

第八章
织物尺寸稳定性测试

章节名称：织物尺寸稳定性测试　　　课程时数：2 课时

教学内容：

织物尺寸不稳定的诱因分析

织物缩水率测试

织物干热熨烫收缩率测试

织物经汽蒸处理后尺寸变化率测试

教学目的：

通过本章的学习，学生应达到以下要求和效果：

1. 了解织物尺寸稳定性的影响因素。

2. 学习并掌握织物缩水率、织物干热熨烫收缩率、织物经蒸汽处理后尺寸变化率等织物尺寸稳定性的测试方法及操作注意事项。

教学方法：

以理论讲授和实践操作为主，辅以课堂讨论。

教学要求：

在熟悉织物尺寸稳定性检测标准和测试方法的前提下，严格按照实验操作规范，在专业实验室中开展各种织物尺寸稳定性测试与实验分析。

教学重点：

掌握织物尺寸稳定性的测试方法和评价指标。

教学难点：

讨论影响织物尺寸稳定性的主要因素及规律，分析提高织物尺寸稳定性的工艺参数设计。

织物的尺寸稳定性是织物服用性能的重要指标之一，是指织物在热湿、化学助剂、机械外力等作用下，织物尺寸维持稳定不变的性能。织物尺寸稳定性直接影响服装生产过程中织物的裁剪尺寸，是品牌服装必须具备的基础性能之一，影响服装在穿着过程中的外观保形性、穿着效果和舒适性，甚至影响到服装穿着者的穿着感受和情绪。此外，织物的尺寸稳定性对生产厂家和服装设计师准确订购面料数量和精准测算单件服装的用量都很重要。因此，有必要深入学习尺寸稳定性的测试方法，以便获得准确的尺寸变化信息。

第一节
织物尺寸不稳定的诱因分析

一、松弛收缩

松弛收缩是指纤维、纱线和织物因在纺织染整加工过程中多次经受外力作用，而产生一定的变形，当外力去除后，仍留有残余应力，使其部分变形未能得到回复。但如果给予其充分的放置时间，特别是织物经过洗涤或汽蒸，水、蒸汽、助剂的作用会促进织物残余应力的释放，使织物的缓弹性变形得到回复，致使织物尺寸收缩变形，即松弛收缩。

二、湿膨胀收缩

湿膨胀收缩又称缩水，是导致天然纤维和再生纤维素纤维织物尺寸不稳定的主要原因。一些吸湿性能好的纤维织物，在洗涤或浸渍过程中存在着明显的吸湿（水）膨胀现象，致使织物中某一系统（或两个系统）的纱线屈曲程度增加，从而引起该方向织物尺寸明显缩短。当织物干燥后，虽然纤维、纱线的直径相应减小，但纱线间的摩擦阻力限制了纱线复位，导致织物缩水。

三、毡缩

毡缩属于毛织物特有的现象。当毛织物在热、湿条件下，覆盖在毛纤维上的鳞片张角会变大，使纤维表面顺、逆摩擦系数差值（又称差微摩擦效应）更加明显，洗涤过程中的外力作用使织物中的毛纤维相互穿插产生毡化，而导致尺寸缩小。

四、热收缩

热收缩属于合成纤维织物常见的现象。合成纤维织物在加工和使用中，如果遇到高温作用，不仅会产生因纤维内应力松弛而导致的热收缩，还可能出现因大分子产生折叠或重结晶而导致的明显热收缩，甚至熔融。

思考题

1. 请简述导致织物尺寸不稳定的诱因有哪些。

2. 请简单说明导致不同织物尺寸不稳定性的原因是否完全一致，并举例说明。

第二节

织物缩水率测试

织物缩水率是表示织物浸水或洗涤干燥后，织物尺寸产生变化的指标，它是织物重要的服用性能之一。缩水率的大小对成衣或其他纺织品的规格影响很大，特别是容易吸湿膨胀的纤维织物。在裁制衣料时，尤其是裁制由两种以上的织物合缝而成的服装时，必须考虑缩水率的大小，以保证成衣的规格和穿着的要求。织物缩水率的测试方法有静态浸水法、温和式家庭洗涤法和FAST-4缩水实验法三种方式。

一、静态浸水法

1. 实验目的与要求

通过实验了解静态浸水法织物缩水率的测试方法，掌握其测试原理及其操作步骤。

2. 实验原理

从样品上截取试样，经调湿后在规定条件下测量其标记尺寸，再经过温水或皂液静态浸渍、干燥，再次测量原标记的尺寸，计算其尺寸变化率。

3. 实验仪器与用具

织物静态缩水率试验机、钢尺、记号笔、清水、皂液（含水率≤5%，游离碱按碳酸钠计≤3g/kg，游离碱按氢氧化钠计≤1g/kg，脂肪物质总含量≥850g/kg）。

4. 试样准备

（1）取样前按照GB/T 6529—2008对样品进行预调湿和调湿。实验要求在标准大气条件下进行，常规检验可以在普通大气中进行。

（2）在实际测试过程，根据实际测试织物种类制作不同的试样尺寸。例如，幅宽在1200mm以上的织物，每块样品至少剪取500mm×500mm，而幅宽小于650mm时，取全幅。在取样的过程，应保证样品各边与织物长度及宽度方向相平行，长度及宽度方向分别用不褪色墨水或带色细线，各做3对标记，每对标记间距离≥350mm，标记距离试样边≥50mm，如图8-1~图8-4所示，分别为宽幅织物、幅宽<70mm织物、幅宽为70~250mm的织物和幅宽为250~500mm的织物试样测量点标记及尺寸，图中单位均为mm。

5. 实验方法与步骤

方法一：将实验机恒温水浴箱注入清水并升温至（40±3）℃，然后将测量后的试样逐块放在试样盘（网）上，每盘（网）放1块试样。使试样浸没在（40±3）℃清水中，30min后取出试样，夹在平整的干布中轻压，吸去水分，再将试样置于平台上，摊开铺平，用手除去折皱，注意不要使其伸长或变形，然后晾干。将干燥后的试样放在标准大气中进行调湿，然后将试样无张力地平放在实验台上，测量并记录每对标记间的距离，精确至1mm。

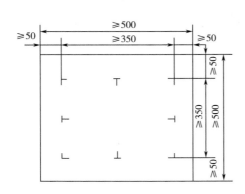

图8-1　宽幅织物测量点标记
（单位：mm）

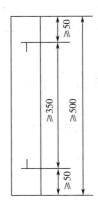

图8-2　幅宽<70mm的织物测量点标记
（单位：mm）

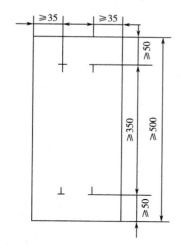

图8-3　幅宽为70~250mm的织物
测量点标记（单位：mm）

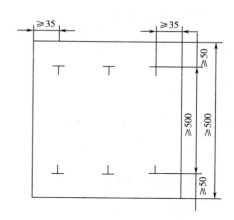

图8-4　幅宽为250~500mm的织物
测量点标记（单位：mm）

方法二：将实验机恒温水浴箱注入皂液，要求试样全部浸于实验溶液中，升温至（40±3）℃。然后将测量后的试样逐块放在试样盘（网）上，每盘（网）放1块试样，使试样浸没在（40±3）℃的溶液中，待30min后取出试样，用40℃温水漂去皂液，将试样夹在平整的干布中轻压，吸去水分，再将试样置于平台上摊开铺平，用手除去折皱，注意不要使其伸长或变形，然后晾干。将干燥后的试样放在标准大气中进行调湿，然后将试样无张力地平放在实验台上，测量并记录每对标记间的距离，精确至1mm。

6. 实验结果计算与修约

分别计算试样长度方向（经向或纵向）、宽度方向（纬向或横向）的原始尺寸和最终尺寸的平均值，按式（8-1）计算尺寸变化占原始尺寸平均值的百分率，计算结果按照GB/T 8170—2019的规定修约到1位小数。

$$尺寸变化率 = \frac{L_2 - L_1}{L_1} \times 100\% \tag{8-1}$$

式中：L_1——实验前测量两标记间距离，mm；

L_2——实验后测量两标记间距离，mm。

实验结果以负号（-）表示尺寸减小（试样收缩），以正号（+）表示尺寸增加（试样伸长）。

二、温和式家庭洗涤法

1. 实验目的与要求

通过实验了解温和式家庭洗涤法织物缩水率的测试方法，掌握其测试原理及其操作步骤。

2. 实验原理

将规定尺寸的试样，经规定的温和家庭方式洗涤后，按洗涤前后的尺寸，计算经、纬向的尺寸变化率、缝口的尺寸变化率及经向或纬向的尺寸变化与缝口尺寸变化的差异。

3. 实验仪器与用具

自动洗衣机、钢尺、陪洗织物 [若干，双层涤纶针织物，质量（35±2）g、尺寸（300±30）mm]、洗涤剂、丝光加捻棉线（9.7tex×3，60英支/3）、丝光加捻棉线（16.2tex×3，36英支/3）、缝纫机、缝纫机针（11号和14号）。

4. 试样准备

（1）取样前按照GB/T 6529—2008对样品进行预调湿和调湿。实验要求在标准大气条件下进行，常规检验可以在普通大气中进行。

（2）裁取500mm×500mm试样1块。分别在试样的经、纬向距布边40mm处的一边折一个折口并压烫缝合，如图8-5所示，图中的单位为mm。140g/m² 以下织物用9.7tex×3（60Ne /3）棉线和14号缝纫针，要调整好缝纫机，使25mm距离内有14个针孔。

（3）用与试样色泽相异的细线，在试样经、纬向各做3对标记，折口部位也分别做1对标记。

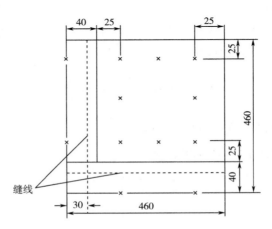

图8-5 温和式洗涤法试样的测量点标记（单位：mm）

5. 实验方法与步骤

（1）将试样在标准大气中平铺于工作台，调湿至少24h。

（2）将调湿后的试样无张力地平放在工作台上，依次测量各对标记间的距离，精确到1mm。

（3）把试样按GB/T 8629—2017规定的4G程序处理2次，试样和陪洗织物质量共为1kg，其中试样不能超过总质量的一半。实验时加入1g/L的洗涤剂（洗涤剂应在50℃以下的水中充分溶解后再在循环开始前加入洗液中），泡沫高度不应超过3cm，水的硬度（以碳酸钙计）不超过5mg/kg。

（4）处理后的试样无张力地平放在工作台上，置于室内自然晾干。

（5）按步骤（1）和步骤（2）的要求重新调湿和测量。

6. 实验结果计算与修约

分别按式（8-2）、式（8-3）计算试样经纬向以及缝口的尺寸变化，计算结果按照GB/T 8170—2019的规定修约到1位小数，以正号（＋）表示尺寸减小（试样收缩），以负号（－）表示尺寸增大（试样伸长）。

$$R_0 = \frac{\text{OM} - \text{RM}}{\text{OM}} \times 100\% \tag{8-2}$$

式中：R_0——试样经纬向的尺寸变化率；

OM——试样洗涤前标记间的平均距离，mm；

RM——试样洗涤后标记间的平均距离，mm。

$$H_0 = \frac{\text{AM} - \text{A}'\text{M}}{\text{AM}} \times 100\% \tag{8-3}$$

式中：H_0——缝口的尺寸变化率；

AM——试样洗涤前缝口标记间的距离，mm；

A′M——试样洗涤后缝口标记间的距离，mm。

$$C_0 = R_0 - H_0 \tag{8-4}$$

式中：C_0——试样经向或纬向的尺寸变化与缝口尺寸变化的差异，%。

三、FAST-4缩水实验法

1. 实验目的与要求

通过实验了解FAST-4缩水实验法织物缩水率的测试方法，掌握其测试原理及其操作步骤。

2. 实验原理

用坐标定位系统自动测量织物浸水前、后及干燥时的尺寸，并可自动计算出反映织物尺寸稳定性的两项指标，缩水率（松弛收缩率）和湿膨胀率。该方法无须在空调环境下操作，通常用于全毛或毛混纺织物。

3. 实验仪器与用具

YG701E全自动织物缩水率试验机（图8-6）、仪器样板、鼠标器、剪刀、尺子、记号笔等。

4. 试样准备

裁取300mm×300mm织物试样1块。

5. 实验方法与步骤

（1）将仪器样板放在织物试样上，在样板4个角的定位孔下对织物试样做标记。

（2）用坐标定位系统中的鼠标器对织物试样上的4个点标记进行测量，得到试样经、纬向原始干燥长度L_1。

图8-6　YG701E全自动织物
缩水率试验机

（3）将面料浸泡在25~30℃含有0.1%非离子洗涤剂的水中30min，然后将其移至平台，压去水分，用步骤（2）的方法测出试样经、纬向的湿态长度L_2。

（4）将湿态试样烘干，用步骤（2）的方法测出试样经、纬向的干态松弛尺寸L_3。

6. 实验结果计算与修约

织物试样经、纬向的缩水率和湿膨胀率，按式（8-5）、式（8-6）计算。

$$缩水率 R_S = \frac{L_1 - L_3}{L_1} \times 100\% \qquad (8-5)$$

$$湿膨胀率 H_E = \frac{L_2 - L_3}{L_3} \times 100\% \qquad (8-6)$$

式中：L_1——织物试样的原始干态长度经向或纬向，mm；

L_2——织物试样的湿态长度（经向或纬向），mm；

L_3——经浸渍缩水后的干态长度（经向或纬向），mm。

思考题

1. 请简述常用的织物尺寸收缩测试方法有哪些，有什么区别。

2. 请简单说明织物不同尺寸测试方法的测试原理及其注意事项。

> 本实验技术依据FZ/T 20009—2015《毛织物尺寸变化的测定　静态浸水法》、FZ/T 40002—1993《丝织物尺寸变化的试验方法》、GB/T 8629—2017《纺织品　试验用家庭洗涤和干燥程序》、FZ/T 20010—2012《毛织物尺寸变化率的测定　温和式家庭洗涤法》、《YG701E全自动织物缩水率试验机使用说明书》。

第三节
织物干热熨烫收缩率测试

服装在日常使用或者穿着过程中，很容易起皱。随着生活品质的提高，消费者对服装的外观越来越重视。干热熨烫处理是消除衣物表面褶皱的有效手段之一。织物的干热熨烫尺寸收缩率测试多用于精梳毛混纺织物或毛型织物。

一、实验目的与要求

通过实验了解织物干热熨烫处理对织物尺寸稳定性的影响，并掌握其测试方法及测试步骤。

二、测试原理

一定尺寸的试样在规定条件下熨烫后，根据压烫前后的尺寸，计算其经、纬向尺寸和面积的变化率。

三、实验仪器与用具

YG607A平板式压烫仪（图8-7）、钢尺、剪刀、订书钉、细线、墨水、记号笔等。

四、试样准备

（1）取样前按照GB/T 6529—2008对样品进行预调湿和调湿。实验要求在标准大气条件下进行，常规检验可以在普通大气中进行。

图8-7　YG607A平板式压烫仪

（2）平行于织物的长边和宽边剪取2块无折痕的试样，试样的大小为经（纵）向290mm，纬（横）向240mm。经（纵）向两对标记点，每对距离为250mm，纬（横）向两对标记点，每对距离为200mm（图8-8）。不能直接从织物的端部取样。

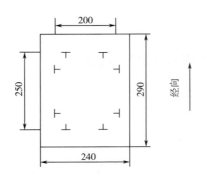

图8-8　织物干热熨烫收缩试样的测量标记及尺寸（单位：mm）

五、实验方法与步骤

（1）将调湿后的试样无张力地平放在工作台上，依次测量经、纬向各对标记间的距离，精确至0.5mm。然后分别计算出每块试样经、纬向的平均距离，计算结果按照GB/T 8170—2019的规定修约到两位小数。

（2）打开YG607A平板式压烫仪电源开关，设定压烫温度为150℃，压烫时间为20s，压力为0.3kPa，压烫板开始加热。

（3）当压烫仪温度控制器上显示值达到所设定的温度值后，将裁好的试样放入衬板上，放下压烫板进行压烫，同时按压烫开关，时间控制器开始计时。

（4）当压烫时间达到设定值时，蜂鸣器开始鸣响，打开压烫板，取出试样。再按一次压烫开关，时间控制器复位，蜂鸣器停止鸣响。

（5）将压烫过的试样在标准大气下重新调湿，再测量和计算经、纬向的平均距离。

（6）对第2个试样重复以上步骤。

（7）压烫实验结束后关闭设备，切断电源，将压烫板处于上翻位置即可。

六、实验结果计算与修约

按式（8-7）计算每个试样经干热处理后的尺寸变化百分率，计算结果精确至小数点后两位。分别计算每个试样各向的尺寸变化率平均值，按照GB/T 8170—2019的规定修约到1位小数。

$$\text{干热尺寸变化率} = \frac{L_1 - L_0}{L_0} \times 100\% \qquad (8-7)$$

式中：L_0——调湿后测得的试样上标记点的距离，mm；

L_1——干热处理冷却和调湿后测得的试样上同一标记点的距离，mm。

思考题

1. 请简述织物干热熨烫收缩率测试方法及测试原理。

2. 请简单说明哪些服装需要测试织物的干热熨烫收缩率。

> 本实验技术依据：GB/T 17031.2—1997《纺织品　织物在低压下的干热效应测定　第2部分：受干热的织物尺寸变化的测定》和《YG607A平板式压烫仪使用说明书》。

第四节
织物经汽蒸处理后尺寸变化率测试

一、实验目的与要求

通过实验了解织物经蒸汽处理后尺寸变化率的测试方法，掌握织物经蒸汽处理后尺寸变化测试原理及其操作步骤。

二、实验原理

测定织物在不受压力的情况下，经蒸汽作用后织物的经、纬向尺寸变化，计算经、纬向平均汽蒸尺寸变化率。

三、实验仪器与用具

YG742-Ⅱ织物汽蒸收缩仪（图8-9）、电熨斗、垫毯（尺寸约为200mm×200mm的双层全毛素毯）、钢尺、订书钉、记号笔等。

图8-9　YG742-Ⅱ织物汽蒸收缩仪

四、试样制备

（1）取样前在GB/T 6529—2008规定的标准大气环境下对样品进行调湿。实验要求在标准大气条件下进行，常规检验可以在普通大气中进行。

（2）按随机取样原则，分别剪取经向和纬向试样各4块，每块尺寸长为300mm，宽为50mm，试样上不得有明显疵点。

（3）试样上用订书钉在相距250mm处的两端对称地各做一个标记。

（4）量取标记间的长度为汽蒸前长度，精确至0.5mm。

五、实验方法与步骤

1. 仪器调整

（1）打开压力锅盖，放入冷水，水量约为压力锅容量的90%。

（2）接通电源，打开仪器开关，设置加热时间限制为60min。

（3）按面板的"+"或"−"符号按钮，设置汽蒸时间为30s。

2. 操作步骤

（1）打开蒸汽阀，预热汽蒸筒，让蒸汽以70g/min（允差20%）的速度通过汽蒸筒至少1min，使汽蒸筒预热。若汽蒸筒过冷，可适当延长预热时间。实验时蒸汽阀保持打开状态。

（2）将调湿后的4块试样分别平放在每一层金属丝支架上，放入汽蒸筒内并立即关紧汽蒸筒门。按汽蒸开始键，计时器开始计时。

（3）汽蒸30s后，提示音响起，计时器停止。按汽蒸复位键，提示音结束。从圆筒内移出试样，冷却30s后再将其放入汽蒸筒内。重复汽蒸冷却步骤，如此进出循环3次。

（4）3次循环后把试样放在光滑平面上冷却，再经预调湿和调湿处理，测量标记间的长度为汽蒸后长度，精确至0.5mm。

（5）实验结束，关闭电源，打开汽蒸筒门，放空锅炉余汽，排净存水。

六、实验结果计算与修约

每一块试样经、纬向的汽蒸尺寸变化率按式（8-8）计算。分别计算全部试样的经、纬向汽蒸尺寸变化率的算术平均值，结果按照GB/T 8170—2019的规定修约到1位小数。

$$汽蒸尺寸变化率 = \frac{L_1 - L_0}{L_0} \times 100\% \qquad （8-8）$$

式中：L_0——汽蒸前长度，mm；

L_1——汽蒸后长度，mm。

思考题

1. 请简述织物汽蒸尺寸变化率测试方法及测试原理。

2. 请举例说明哪些织物需要进行汽蒸尺寸变化率测试。

　本实验技术依据：FZ/T 20021—2012《织物经汽蒸后尺寸变化试验方法》和《YG742-Ⅱ织物汽蒸收缩仪使用说明书》。

第九章
织物色牢度测试

章节名称：织物色牢度测试　　　　　　　　课程时数：3课时

教学内容：

织物耐摩擦色牢度测试

织物耐皂洗色牢度测试

织物耐汗渍色牢度测试

织物耐唾液色牢度测试

织物耐干洗色牢度测试

织物耐刷洗色牢度测试

织物耐热压色牢度测试

教学目的：

通过本章的学习，学生应达到以下要求和效果：

1. 了解织物色牢度测试的重要性及其影响因素。
2. 学习并掌握耐摩擦色牢度仪、耐洗色牢度试验机、耐汗渍色牢度仪等测试用设备或工具的操作方法及操作注意事项。
3. 学习并掌握各织物色牢度测试方法的试样制备尺寸、方法及操作要点。

教学方法：

以理论讲授和实践操作为主，辅以课堂讨论。

教学要求：

了解各种织物色牢度测试的方法与步骤，在熟练运用天平、恒温恒湿箱、耐摩擦色牢度仪、耐洗色牢度试验机、耐汗渍色牢度仪等测试用设备或工具的前提下，严格按照实验操作规范，在专业实验室中开展各种织物色牢度测试的实操练习。

教学重点：

掌握织物各项色牢度的测试方法和评级要求。

教学难点：

结合理论知识和实验结论，讨论影响织物色牢度的主要因素及规律，分析提高织物色牢度的工艺参数设计方法，明确各测试方法的适用场景。

色牢度是指有色织物在加工和使用过程中，织物颜色耐受各种作用的能力。通常用织物的变色程度和贴衬织物的沾色程度进行评定。根据与织物接触的介质和受力方式的不同，国家制定了耐摩擦、耐皂洗、耐汗渍等几十个测试织物色牢度的方法，实际生产中应按织物的实际加工和使用情况，选择相应的方法来测试其色牢度。

第一节
织物耐摩擦色牢度测试

织物的耐摩擦色牢度，是指印染到织物上的色泽耐受摩擦的坚牢程度，分为干摩擦和湿摩擦两种。织物耐摩擦色牢度的测试指标分为5级，其中5级为最好，1级为最差。

一、实验目的与要求

通过实验了解织物耐摩擦色牢度仪的结构及测试原理，并掌握织物耐摩擦（干、湿）色牢度的测试方法与步骤。

二、测试原理

试样分别与一块干摩擦布和一块湿摩擦布摩擦，用灰色样卡评定摩擦布沾色程度。该方法适用于各类纤维制品，经染色或印花的纱线、织物等，包括纺织毛毯和绒类织物。

三、实验仪器与用具

耐摩擦色牢度仪（图9-1）、白色摩擦布（贴衬织物）、沾色用灰色样卡、耐水洗砂纸、滴水网、蒸馏水。

（1）耐摩擦色牢度仪具有两种不同尺寸的摩擦头，长方形（19mm×25.4mm）摩擦头用于绒类织物和地毯，圆形（直径为16mm）摩擦头用于其他纺织品。

（2）摩擦布，按标准规定采用退浆、漂白、不含任何整理剂的棉织物。用于圆形摩擦头的棉布剪成正方形（50mm×50mm）；用于长方形摩擦头的棉布剪成长方形

（25mm×100mm）。摩擦布的数量是试样数的两倍。

图9-1　耐摩擦色牢度仪

四、试样制备

（1）取2组面积不小于50mm×140mm的织物或地毯试样，每组2块。一组其长度方向平行于经纱，用于经向的干摩擦和湿摩擦；另一组长度方向平行于纬纱，用于纬向的干摩擦和湿摩擦。

（2）当测试有多种颜色的试样时，应注意选择试样的位置，使所有的试样都被摩擦到。若各种颜色面积较大，则必须全部取样。

（3）若试样为纱线，则应将纱线编织成织物，试样尺寸不小于50mm×140mm，或将纱线平行缠绕于与试样尺寸相同的纸板上。

（4）实验前按照GB/T 6529—2008对样品进行预调湿和调湿。实验要求在标准大气条件下进行，常规检验可以在普通大气中进行。

五、实验方法与步骤

（1）将试样用夹紧装置固定在耐摩擦色牢度仪平台上，试样的长度方向与仪器的动程方向一致。在平台和试样之间，放置一块金属网或砂纸，帮助缩短试样在摩擦过程中的移动距离。

（2）将调湿后的摩擦布固定在摩擦头上，使摩擦布的经向与摩擦头运动方向一致。在干摩擦试样的长度方向上，在10s内摩擦10个循环，摩擦动程104mm，垂直压力为9N。取下摩擦布，对试样进行调湿，去除摩擦布上可能影响评级的任何多余纤维。

（3）更换新的试样，称量调湿后的摩擦布，将其完全浸入蒸馏水中，重新称量摩擦布以确保摩擦布的含水率达到95%~100%。重复步骤（2）。

（4）摩擦结束后，将湿摩擦布晾干。

（5）在适宜的光源下，对照沾色用灰色样卡，分别评定干、湿摩擦布的沾色级数。在评定时，每个被评级的摩擦布背面需放置3层摩擦布。

六、实验结果计算与修约

耐摩擦色牢度分别用摩擦后干、湿摩擦布的沾色级数表示，修约到0.5级。

思考题

1. 请简述织物耐摩擦色牢度的测试原理。

2. 请举例说明哪些服装面料需要进行耐摩擦色牢度测试。

本技术依据GB/T 3920—2008《纺织品　色牢度试验　耐摩擦色牢度》。

第二节

织物耐皂洗色牢度测试

织物耐皂洗色牢度，是指印染到织物上的色泽耐受皂液洗涤的坚牢程度。根据国家最新制定的标准，从温和到剧烈的洗涤操作，耐皂洗色牢度实验共包含5种操作方式。此外，不同标准的实验步骤和方法有许多相同之处，仅在实验条件方面，从温和到剧烈的洗涤过程存在一定差异。至于洗涤条件，在具体执行时，可根据产品要求选择合适的标准进行实验。织物水洗色牢度的指标分为5级，其中5级为最好，1级为最差，主要测试棉、麻、丝、毛的有色织物。

一、实验目的与要求

通过实验了解纺织品SW-24耐洗色牢度试验机的结构及测试原理，并掌握纺织品耐皂洗色牢度的测试方法与步骤。

二、测试原理

将有色纺织品试样与一块或两块规定的标准贴衬织物缝合，放于皂液中，在规定的时间和温度条件下，经机械搅拌，再冲洗、干燥。用灰色样卡对比评定试样的变色和贴衬织物的沾色程度，决定试样的耐皂洗色牢度等级。

三、实验仪器与用具

SW-24耐洗色牢度试验机（图9-2）、天平、机械搅拌器、不锈钢容器（直径为75mm，高度为125mm，容量为550mL）、不锈钢珠、加热板、肥皂、无水碳酸钠、皂液、三级水、贴衬织物、染不上色的织物、变色用灰色样卡、沾色用灰色样卡等。

图9-2　SW-24耐洗色牢度试验机

四、试样与试液制备

1. 贴衬织物选用

两种贴衬织物的方法可以任选其一。若使用多纤维贴衬织物，准备一块即可；若使用单纤维贴衬织物，需要准备两块。

（1）多纤维贴衬织物：含羊毛和醋酸纤维的多纤维织物用于40℃和50℃的实验，不含羊毛和醋酸纤维的多纤维织物用于60℃和所有95℃的实验。

（2）单纤维贴衬织物：第一块用与试样织物同类纤维制成，第二块用表9-1所指定的纤维制成。如试样为混纺或交织品，则第一块由主要含量的纤维制成，第二块由次要含量的纤维制成，或另做规定。

表9-1　单纤维贴衬织物

第一块	第二块	
	40℃和50℃的实验	60℃和95℃的实验
棉	羊毛	黏胶纤维

续表

第一块	第二块	
	40℃和50℃的实验	60℃和95℃的实验
羊毛	棉	—
丝	棉	—
麻	羊毛	黏胶纤维
黏胶纤维	羊毛	棉
醋酯纤维	黏胶纤维	黏胶纤维
聚酰胺纤维	羊毛或棉	棉
聚酯纤维	羊毛或棉	棉
聚丙烯腈纤维	羊毛或棉	棉

2. 试样制备

（1）织物试样：取40mm×100mm试样1块，正面与1块40mm×100mm或多纤维贴衬织物贴合，沿一短边缝合，形成一个组合试样；或取40mm×100mm试样1块，夹于两块40mm×100mm单纤维贴衬织物中，沿一短边缝合，形成一个组合试样。

（2）纱线或散纤维试样：取纱线或散纤维的质量约等于贴衬物总质量的一半，夹于1块40mm×100mm多纤维贴衬织物及1块40mm×100mm染不上色的织物（如丙纶织物）之间，沿四边缝合；或夹于两块40mm×100mm单纤维贴衬织物之间，沿四边缝合，形成一个组合试样。

（3）用天平测定组合试样的质量，以便于精确浴比。

3. 试液制备

用搅拌器将肥皂（含水率≤5%，游离碱按碳酸钠计≤0.3%，游离碱按氢氧化钠计≤0.1%，总脂肪物≥850g/kg，制备肥皂混合脂肪酸冻点≤30℃，碘值≤50，不含荧光增白剂）充分地分散在温度为（25±5）℃的三级水中，搅拌（10±1）min。每升水含5g肥皂，其配制方案如表9-2所示。

表9-2　耐洗色牢度试液与实验条件

检测方法	试液与条件						
	试剂用量 /（g/L）				温度 /℃	时间 /min	不锈钢珠 /粒
	一		二				
	肥皂	无水碳酸钠	合成洗涤剂	无水碳酸钠			
方法 1	5	—	4	—	40±2	30	—
方法 2	5	—	4	—	50±2	45	—
方法 3	5	2	4	1	60±2	30	—
方法 4	5	2	4	1	95±2	30	10
方法 5	5	2	4	1	95±2	240	10

注　试剂用量选一、二中的一种。

　　此外，由于皂液温度的选择是评价试样皂洗色牢度的重要影响因素之一，所以在实际的操作中，我们应根据纤维的种类选择合适的实验温度。例如，黏胶纤维、真丝或者羊毛织物一般选择40℃；棉、麻、合成纤维织物选择60℃；混纺、交织、复合产品以产品中耐温较低的纤维种类而定。如涤棉混纺，其皂洗温度则选择60℃。

五、实验方法与步骤

　　（1）测试前，应将实验机工作室、预热室中注入三级水，水位在实验机工作室内高低位刻度线之间，开启电源，根据表9-2设置实验机工作室、预热室的温度及试样杯旋转时间。

　　（2）将组合试样和钢珠放在不锈钢容器内，依据表9-2注入预热至实验温度需要的皂液，浴比为50∶1，盖上容器，立即依据表9-2中规定的温度和时间进行操作。

　　（3）洗涤结束后取出组合试样，用冷的三级水清洗2次，然后在流动水中冲洗至干净。

　　（4）用手挤去组合试样上过量的水分。如果需要，留一个短边上的缝线，去除其余缝线，展开组合试样。

　　（5）将试样放在两张滤纸之间并挤压除去多余水分，再将其悬挂在不超过60℃的空气中干燥，试样和贴衬仅有一条缝线连接。

　　（6）用灰色样卡，对比原始试样，评定试样的变色牢度和贴衬织物的沾色牢度。

六、实验结果计算与修约

耐皂洗色牢度分别用皂洗后试样的变色级数和每种贴衬织物的沾色级数表示，修约到0.5级。

思考题

1. 请简述织物耐皂洗色牢度的测试原理。
2. 请简述织物耐皂洗色牢度测试方法的试样准备方法及注意事项。
3. 请举例说明日常生活中哪些服装面料需要进行耐皂洗色牢度测试。

> 本技术依据GB/T 3921—2008《纺织品 色牢度试验 耐皂洗色牢度》、GB/T 250—2008、GB/T 251—2008和GB/T6151—2016相关技术标准。

第三节

织物耐汗渍色牢度测试

织物耐汗渍色牢度是指印染到织物上的色彩耐受汗液的坚牢程度。织物耐汗渍色牢度的指标分为5级，其中5级为最好，1级为最差。本实验适用于各种纺织品的测试，尤其是适用于棉、棉型化纤纯纺或混纺印染布的耐汗渍色牢度实验。

一、实验目的与要求

通过实验了解纺织品耐汗渍色牢度仪的结构及测试原理，并掌握纺织品耐汗渍色牢度的测试方法与步骤。

二、测试原理

将织物试样与规定的贴衬织物缝合在一起，放在含有组氨酸的酸性、碱性两种试液中分别处理，去除试液后，再将其放在实验装置的两块平板之间，施加规定压力，除去余液后，再将该组合试样在一定温度的恒温箱内放置规定的时间，然后将组合试样分别干燥。用灰色样卡评定试样的变色和贴衬织物的沾色级别。

三、实验仪器与用具

耐汗渍色牢度仪（图9-3）、恒温箱、碱性试液、酸性试液、贴衬织物、变色用灰色样卡、沾色用灰色样卡、丙烯酸树脂板、染不上色的织物、天平、三级水、pH计。

图9-3 耐汗渍色牢度仪

四、试样与试液制备

1. 贴衬织物选用

两种贴衬织物的方法可以任选其一。若使用多纤维贴衬织物，准备一块即可；若使用单纤维贴衬织物，需要准备两块。

（1）多纤维贴衬织物：符合GB/T 7568.7—2008。

（2）单纤维贴衬织物：第一块用与试样织物同类纤维制成，第二块用表9-3所指定的纤维制成。如试样为混纺或交织品，则第一块由主要含量的纤维制成，第二块由次要含量的纤维制成，或另做规定。

表9-3 耐汗渍色牢度实验用单纤维贴衬织物原料

第一块贴衬织物纤维	第二块贴衬织物纤维	第一块贴衬织物纤维	第二块贴衬织物纤维
棉	羊毛	黏胶纤维	羊毛

续表

第一块贴衬织物纤维	第二块贴衬织物纤维	第一块贴衬织物纤维	第二块贴衬织物纤维
羊毛	棉	聚酰胺纤维	羊毛或黏胶纤维
丝	棉	聚酯纤维	羊毛或棉
麻	羊毛	聚丙烯腈纤维	羊毛或棉

2. 试样制备

试样制备方法同织物耐皂洗色牢度测试，需要准备两块组合试样。

3. 试液制备

耐汗渍色牢度测试所用试液有2种（碱液和酸液），均是用试剂与三级水配制得到，现配现用，其配制方案如表9-4所示。

表9-4　耐汗渍色牢度试液中试剂量与实验条件

试液类型	L-组氨酸盐一水合物/（g/L）	氯化钠/（g/L）	磷酸氢二钠二水合物/（g/L）	0.1mol/L 氢氧化钠溶液
碱液	0.5	5	2.5	调整试液 pH 值至 8
酸液	0.5	5	2.2	调整试液 pH 值至 5.5

五、实验方法与步骤

（1）在浴比为50∶1，pH值为8的碱性试液里放入1块组合试样，使其完全润湿，在室温下放置30min，必要时可稍加撤压和拨动，使试液均匀充分渗透。

（2）取出组合试样，用两根玻璃棒夹去组合试样上过多的余液。把组合试样放在两块丙烯酸树脂板之间，放入已预热到实验温度的实验装置中，使试样受压（12.5±0.9）kPa。

（3）采用相同的程序将另一组合试样置于pH值为5.5的酸性试液中浸湿，然后放入另一个已预热的实验装置中进行实验。每台实验装置最多可同时放置10块组合试样进行实验，每块试样间用一块试样板隔开。碱和酸实验使用的仪器应分开。

（4）把装有组合试样实验装置放入温度为（37±2）℃的恒温箱里，放置4h。

（5）取出带有组合试样的实验装置，展开每个组合试样，使试样和贴衬间仅由一条缝线连接（需要时，拆去一短边外的所有缝线），悬挂在不超过60℃的空气中干燥。

（6）用灰色样卡评定每块试样的变色牢度和贴衬织物的沾色牢度。

六、实验结果计算与修约

耐汗渍色牢度分别用经酸碱液处理后试样的变色级数和每种贴衬织物的沾色级数表示，修约到0.5级。

思考题

1.请简述织物耐汗渍色牢度的测试原理。

2.请简述织物耐汗渍色牢度测试方法的试样准备方法及其注意事项。

3.请举例说明日常生活中哪些服装面料需要进行耐汗渍色牢度测试。

本技术依据GB/T 3922—2013《纺织品　色牢度试验　耐汗渍色牢度》。

第四节
织物耐唾液色牢度测试

织物耐唾液色牢度是指印染到织物上的色彩耐受唾液浸渍的坚牢程度，其主要是针对婴幼儿机织服装和婴幼儿针织服装特别加做的色牢度测试项目。织物耐唾液色牢度的指标分为5级，其中5级为最好，1级为最差。耐唾液色牢度可用于各种染色、印花纺织品（不包含纱线）的测试，尤其是适用于与嘴有直接接触的有色玩具。

一、实验目的与要求

通过实验了解织物耐唾液色牢度测试方法，并掌握织物耐唾液色牢度的测试原理与步骤。

二、测试原理

将织物试样与规定的贴衬织物合在一起，放置于人造唾液中处理后去除试液，放在实验装置内两块平板之间并施加规定压力，且在规定条件下保持一定时间，然后将试样和贴衬织物分别干燥，用灰色样卡评定试样的变色和贴衬织物的沾色级别。

三、实验仪器与用具

组装实验装置、恒温箱、人造唾液、贴衬织物、染不上色的织物、变色用灰色样卡、沾色用灰色样卡、测色仪、天平、丙烯酸树脂板、耐腐蚀平底容器、pH计、三级水。其中实验装置由一个不锈钢架和重约5kg、底部面积约为115mm×60mm的重锤组成，并附有尺寸约为115mm×60mm×1.5mm的丙烯酸树脂板。将100mm×40mm组合试样夹于板间，可使组合试样受压12.5kPa。实验装置的结构应保证在实验中移开重锤后，试样所受压强保持不变。

四、试样和试液制备

1. 贴衬织物的选用

贴衬织物的选用方法同织物耐汗渍色牢度测试。

2. 试样制备

试样制备方法同织物耐皂洗色牢度测试。

3. 试液制备

耐唾液色牢度测试所用试液是由试剂与三级水配制得到，现配现用，其配制方案如表9-5所示。将规定用量的钾盐和钠盐溶于900mL三级水中，加入氯化镁和氯化钙，不停搅拌，直至其完全溶解。将经过校准的pH计电极浸没在溶液中，慢慢加入1%的盐酸溶液，轻轻搅拌，使溶液的pH值达到6.8。加入三级水定容至1000mL，摇匀，避光保存。

表9-5　耐唾液色牢度试液中试剂量

试剂	六水合氯化镁	二水合氯化钙	三水合磷酸氢二钾	碳酸钾	氯化钠	氯化钾
含量/（g/L）	0.17	0.15	0.76	0.53	0.33	0.75

注　用质量分数为1%的盐酸溶液调节试液pH值至6.8。

五、实验方法与步骤

（1）在室温下，将组合试样平放在平底容器中，注入人造唾液，使之完全浸湿，浴比为50∶1。在室温下放置30min。不时揿压和拨动，以确保试液能充分而均匀地渗透。

（2）取出组合试样，用两根玻璃棒夹去组合试样上过多的余液。将组合试样放在两块丙烯酸树脂板之间，放入实验装置中，使其受压（12.5±0.9）kPa。每台实验装置最多可同时放置10块组合试样进行实验，每块试样间用一块板隔开。

（3）把带有组合试样的实验装置放入温度为（37±2）℃的恒温箱里，放置4h。

（4）取出实验装置，展开每个组合试样，使试样和贴衬间仅在一条短边处连接，将组合试样悬挂在不超过60℃的空气中干燥。

（5）用灰色样卡评定每块试样的变色牢度和贴衬织物的沾色牢度。

六、实验结果计算与修约

耐唾液色牢度用经唾液处理后试样的变色级数和每种贴衬织物的沾色级数表示，修约到0.5级。

思考题

1. 请简述织物耐唾液色牢度的测试原理。

2. 请简述织物耐唾液色牢度测试方法中的试样准备方法及其注意事项。

3. 请举例说明日常生活中哪些服装面料需要进行耐唾液色牢度测试。

本技术依据GB/T 18886—2019《纺织品　色牢度试验　耐唾液色牢度》。

第五节

织物耐干洗色牢度测试

织物耐干洗色牢度，是指印染到织物上的色泽耐受干洗的坚牢程度。根据国家标准，耐干洗色牢度仅在实验条件方面，从温和到剧烈的洗涤过程存在一定差异。至于洗涤条件，在具体执行时，可根据产品要求选择其中合适的标准进行实验。织物耐干洗色牢度的指标分为5级，其中5级为最好，1级为最差，主要测试棉、麻、丝、毛的有色织物。

一、实验目的与要求

通过实验了解织物耐干洗色牢度的测试方法，并掌握织物耐干洗色牢度的测试原理与操作步骤。

二、测试原理

将试样与规定的贴衬织物贴合在一起，和不锈钢片一起放入棉布袋内，置于四氯乙烯内搅动，然后将试样和贴衬织物挤压或离心脱液，在热空气中烘燥，以原样作为参考，用灰色样卡评定试样的变色情况和贴衬织物的沾色情况。

三、实验仪器与用具

Gyrowash耐水/干洗色牢度实验机、不锈钢容器（直径为75mm，高度为125mm，容量为550mL）、不锈钢圆片[直径（30±2）mm，厚度（3±0.5）mm，重量为（20±2）g]、通风橱、贴衬织物、变色用灰色样卡、沾色用灰色样卡、分光光度测色仪、三级水、染不上色的织物、未染色的棉斜纹布[单位质量为（270±70）g/m²，不含整理剂]、四氯乙烯。

四、试样制备

试样制备方法同织物耐皂洗色牢度测试。

五、实验方法与步骤

（1）测试前，应将实验机工作室、预热室注入蒸馏水，水位在实验机工作室内高低位刻度线之间。开启电源，设置实验机工作室、预热室的温度为30℃，试样杯旋转时间30min。

（2）沿三边缝合两块未染色的正方形棉斜纹布，制成一个尺寸为100mm×100mm的布袋。将一个组合试样和12片不锈钢圆片放入袋中，缝合袋口。

（3）从Gyrowash耐水/干洗色牢度实验机中取出不锈钢容器，确保不锈钢容器内部、盖子和密封圈是干燥的，可用干棉布擦拭达到该要求。

（4）将装有试样和不锈钢圆片的布袋放入不锈钢容器内。

（5）在通风橱中向每个不锈钢容器中加入温度为30℃的四氟乙烯200mL。需要特别注意，四氟乙烯可能会伤害人体健康，必须按照安全规定进行操作，需要佩戴防护手套、防护目镜和口罩，避免皮肤直接接触溶剂和吸入溶剂气体。严格按照规定安全处理溶剂。

（6）盖上不锈钢容器，将其放入实验机中。所有容器放置完毕后，启动运转。

（7）在通风橱用镊子从容器中拿出布袋，拆开布袋缝合线，取出组合试样，夹于吸水纸或布之间，挤压或离心去除多余的溶剂。将组合试样打开，使试样和贴衬织物仅在缝合处连接。将试样悬挂于通风设备中干燥。

（8）以原样和原贴衬织物作为参照样，用灰色样卡评定试样的变色和贴衬织物的沾色情况。

六、实验结果计算与修约

耐干洗色牢度用经四氟乙烯处理后试样的变色级数和每种贴衬织物的沾色级数表示，修约到0.5级。

思考题

1. 请简述织物耐干洗色牢度的测试原理。

2. 请简述织物耐干洗色牢度测试方法的试样准备方法及其注意事项。

3. 请举例说明日常生活中哪些服装面料需要进行耐干洗色牢度测试。

本技术依据GB/T 5711—2015《纺织品　色牢度试验　耐四氯乙烯干洗色牢度》。

第六节
织物耐刷洗色牢度测试

织物的耐刷洗色牢度，是指纺织品的颜色经浸渍皂液或试剂后，耐标准刷子刷洗的能力。实验是模拟家庭洗涤实践中的刷洗条件，以及穿着过程中，特别是润湿状态下头发对衣领的摩擦作用。织物耐刷洗色牢度的指标分为5级，5级为最好，1级为最差。

一、实验目的与要求

通过实验了解织物耐刷洗色牢度测试机的结构及测试原理，并掌握织物耐刷洗色牢度的测试方法与步骤。

二、测试原理

将试样浸渍于皂液或者洗涤剂溶液后，用标准的尼龙刷子在规定时间内往复刷洗，然后将试样冲洗和晾干，再用灰色样卡评定试样的变色程度。

三、实验仪器与用具

耐刷洗色牢度测试仪（图9-4）、尼龙刷子、白色摩擦布（贴衬织物）、肥皂、过硼酸钠、标准洗涤液、加热装置、灰色样卡、天平、三级水。

图9-4 耐刷洗色牢度测试仪

四、试样和试液制备

1.试样制备

（1）若试样为织物，沿织物经向（纵向）剪取一块尺寸不小于250mm×80mm的试样。对于印花织物，若试样的受试面积不能包括全部颜色，需取多个试样分别实验。

（2）若试样是纱线，须将其编成织物，试样尺寸不小于250mm×80mm，或将纱线平行缠绕于试样尺寸相同的塑料板上。

2.试液制备

（1）将5g肥皂和2g过硼酸钠溶解在1L水中，或将4g洗涤剂和1g过硼酸钠溶解在1L水中。

（2）将250mL皂液或洗涤剂溶液加入500mL烧杯中，浴比不小于50∶1。使用加热装置将皂液或洗涤剂加热至指定温度（27℃、41℃、49℃、60℃、70℃），并在实验报告中说明。

五、实验步骤与结果评定

（1）将试样投入预设温度的皂液或洗涤剂溶液中，充分润湿，浸渍1min后取出。用两根玻璃棒去除试样上的多余溶液，将试样平铺在实验机的平板上，使试样的长度与摩擦头的运行轨迹相一致，其两端用夹持器固定。

（2）将尼龙刷子放在试样上，摇动手柄或开启开关，刷子在试样上沿100mm轨迹往复直线刷洗25次或50次或100次，每次往复刷洗时间为1s，摩擦头向下的压力为9N。每刷洗25次后，往试样上添加10mL皂液或洗涤剂溶液，使其保持润湿。

（3）刷洗结束后，取下试样，投至40℃左右的三级水中充分洗净，再将其悬挂在不超过60℃的空气中干燥。

（4）在进行下一次刷洗实验前，应清洁尼龙刷子，消除尼龙刷子上的任何纤维、纱线和试液等。

（5）试样经调湿后，用灰色样卡评定其变色程度。

六、实验结果计算与修约

耐刷洗色牢度用刷洗后试样的变色级数表示，修约到0.5级。

思考题

1. 请简述织物耐刷洗色牢度的测试原理。

2. 请简述织物耐刷洗色牢度测试方法的试样准备方法及其注意事项。

3. 请举例说明日常生活中哪些服装面料需要进行耐刷洗色牢度测试。

本技术依据GB/T 420—2009《纺织品 色牢度试验 颜料印染纺织品耐刷洗色牢度》。

第七节
织物耐热压色牢度测试

织物耐热压色牢度，是指织物颜色耐一定温度和压力作用的能力。加压的温度按照纤维的类型和织物或服装的组织结构来确定。如为混纺织物，建议选用的温度应与最不耐热的纤维相适应。通常使用的温度分三档：（110±2）℃、（150±2）℃、（200±2）℃，根据织物最终用途选择干态、湿态、潮态的热压实验。织物耐热压色牢度的指标分为5级，其中5级为最好，1级为最差，主要用于测定各类有色织物耐热压及耐热辊筒加工能力。

一、实验目的与要求

通过实验了解熨烫升华色牢度仪的结构及测试原理，并掌握织物耐热压色牢度的测试方法与步骤。

二、测试原理

1. 干压

干试样在规定温度和规定压力的加热装置中受压一定时间。

2. 潮压

干试样用一块湿的棉贴衬织物覆盖后，在规定温度和规定压力的加热装置中受压一定时间。

3. 湿压

湿试样用一块湿的棉贴衬织物覆盖后，在规定温度和规定压力的加热装置中受压一定时间。

4. 评定

实验后立即对照标准灰色样卡评定试样的变色和贴衬织物的沾色，然后将试样在空气中暴露一段时间再进行评定。

三、实验仪器与用具

熨烫升华色牢度仪（图9-5）、平滑石棉板（厚3~6mm）、衬垫、漂白棉布、棉

图9-5　熨烫升华色牢度仪

贴衬织物（40mm×100mm）、变色用灰色样卡、沾色用灰色样卡、三级水。

（1）衬垫：采用260g/m²的羊毛法兰绒，用两层做成厚度为3mm的衬垫。

（2）漂白棉布：采用100~130g/m²的未染色、未丝光处理的棉布，表面光滑。

四、试样制备

（1）若试样为织物，剪取40mm×100mm的试样一块。

（2）若试样是纱线，须将其编成织物，取40mm×100mm的试样一块，或将纱线平行缠绕在与试样尺寸相同的热惰性材料上。

（3）若试样是散纤维，取足够量，梳压成40mm×100mm的薄层，并缝在一层棉贴衬织物上，以作支撑。

（4）实验前在GB/T 6529—2008规定的标准大气环境下对样品进行调湿。

五、实验方法与步骤

（1）开启仪器电源，将温度升到设定温度。依次将石棉板、羊毛法兰绒、干漂白棉布铺在下平板上。

（2）把干试样置于覆盖在羊毛法兰绒衬垫的棉布上，放下加热装置的上平板 [压力为（4±1）kpa]，在规定温度受压15s。

（3）把干试样放在覆盖在羊毛法兰绒衬垫的棉布上，取一块40mm×100mm的棉贴衬织物浸在三级水中，经挤压或甩水使之含有自身重量的水分后，放在干试样上，放下加热装置的上平板，在规定温度受压15s。

（4）将干试样和一块40mm×100mm的棉贴衬织物浸在三级水中，经挤压或甩水使之含有自身重量的水分后，把湿的试样覆盖在羊毛法兰绒衬垫的棉布上，再把湿的棉贴衬织物放在试样上，放下加热装置的上平板，在规定温度受压15s。

（5）立即对照标准灰色样卡评定试样的变色和贴衬织物的沾色，然后试样在标准大气中调湿4h后再做一次评定。注意要用棉贴衬织物沾色较重的一面评定。

六、实验结果计算与修约

耐热压色牢度用经热压处理后试样的变色级数和每种贴衬织物的沾色级数表示，修约到0.5级。

思考题

1. 请简述织物耐热压色牢度的测试原理。

2. 请简述织物耐热压（熨烫）牢度测试方法的试样准备方法及其注意事项。

3. 请举例说明日常生活中哪些服装需要进行耐热压色牢度测试。

本技术依据GB/T 6152—1997《纺织品　色牢度试验　耐热压色牢度》。

第十章
织物功能性测试

章节名称：织物功能性测试　　　课程时数：3 课时

教学内容：

织物亲水性测试

织物防水性测试

织物阻燃性测试

织物抗静电性能测试

织物防紫外线性能测试

织物防电磁辐射性能测试

织物防钻绒性测试

教学目的：

通过本章的学习，学生应达到以下要求和效果：

1. 了解织物功能性测试的原理及重要性。

2. 学习并掌握织物亲水性、防水性、阻燃性、抗静电性能、防紫外线
性能、防电磁辐射性能、防钻绒性的测试方法。

教学方法：

以理论讲授和实践操作为主，辅以课堂讨论。

教学要求：

在熟悉织物功能性检测标准和测试方法的前提下，严格按照实验操作
规范，在专业实验室中开展织物功能性测试与实验分析。

教学重点：

掌握织物功能性的各项测试方法和评价指标。

教学难点：

讨论功能性织物的用途及加工方法。

织物的功能性主要指其具有某方面特殊功能，如亲水、防水、阻燃、抗静电、防紫外线、防电磁辐射等。织物的功能性可由功能性纤维赋予，也可通过功能性后整理来获得。织物的功能性赋予了服装更高的使用价值和更广的应用领域。

第一节

织物亲水性测试

亲水性是指织物表面与水形成氢键而结合的性能。亲水性是织物的一项重要性能，能够影响服装的穿着舒适性和耐脏污性。贴身衣物应具有良好的亲水性，以便吸收汗水并保持皮肤清爽。冬季服装因天气干燥容易起静电，服装表面的静电使穿着舒适性降低，织物良好的亲水性能够抑制服装表面产生静电。影响织物亲水性的主要因素有纱线的材质、织物表面的粗糙度、织物的比表面积、织物组织结构以及后处理加工方式等。

一、实验目的与要求

通过实验了解水接触角测量仪的结构及测试原理，掌握织物亲水性的测试方法。

二、实验原理

在水平试样表面滴加规定体积的液滴，液滴达到平衡时，用光学成像装置获取液滴与界面的图像，测定水接触角（即在气、液、固三相交点处作气液界面的切线，该切线与固液交界线之间包含液滴的夹角），如图10-1所示。

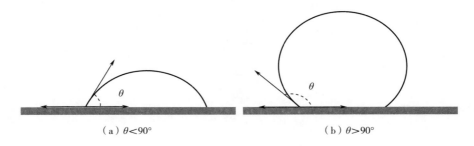

（a）$\theta < 90°$　　　　　　　（b）$\theta > 90°$

图10-1　水接触角示意图

三、实验仪器与用具

水接触角测量仪、剪刀、烧杯、去离子水等，其中水接触角测量仪主要由光源、试样台、光学成像装置、液体供应装置和测量系统等组成，如图10-2所示。

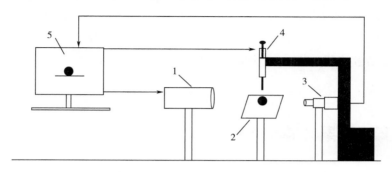

图10-2 水接触角测量仪示意图
1—光源 2—试样台 3—光学成像装置 4—液体供应装置 5—测量系统

四、试样准备

（1）取样前在GB/T 6529—2008规定的标准大气条件下对样品进行调湿。实验要求在标准大气条件下进行，常规检验可以在普通大气中进行。

（2）随机裁取11个试样，其中1个为仪器调试试样，其余经向（纵向）和纬向（横向）各5个试样。试样尺寸应大于滴液区域，并能使试样平整地放置在试样台上。试样应具有代表性，无污迹、无褶皱或其他缺陷。在剪取、固定和移动试样的过程中，避免触摸待测区域，并保持测试区域清洁无异物。

五、实验方法与步骤

（1）调节液体供应装置，使其吸取适量去离子水，若注射头处有气泡，需将气泡排出，确保液体供应装置中无气泡。

（2）用水平仪将试样台调平，将仪器调试试样的测试面朝上平整地固定在试样台上。

（3）设定注射液体的体积为5μL，注射头距待测试样表面约2mm。

（4）在仪器调试试样表面滴加（5±1）μL的去离子水后移开注射头，调节摄像头和试样台，使液滴图像轮廓清晰、大小适当，当液滴呈半球形或近球形时，液滴直径约占图像窗口长度的1/3。

（5）移除仪器调试试样，擦拭试样台使其保持干燥，安装测试试样。在试样表面滴加（5±1）μL的去离子水后移开注射头，当接触时间为30s时，对试样及其上面的液滴进行拍照，使用测量系统计算液滴左右两个接触角，取两个接触角的平均值作为该试样的水接触角。

（6）重复步骤（5），测量剩余经向（纵向）和纬向（横向）试样的水接触角。若5个试样中出现差异较大的结果，需剔除补做。经向（纵向）接触角为液滴在试样经向（纵向）切面上所成的接触角，纬向（横向）接触角为液滴在试样纬向（横向）切面上所成的接触角。

六、实验结果计算与修约

水接触角分别以经向（纵向）和纬向（横向）的5次测量的平均值 θ_1 与 θ_2 作为结果，按照GB/T 8170—2019的规定修约到一位小数。

思考题

1. 影响织物亲水性的因素有哪些？如何影响？
2. 如何提高服装面料的亲水性？

本技术依据GB/T 42694—2023《纺织品　表面抗润湿性能的检测和评价　接触角和滚动角法》和《Krüss DSA100水接触角测量仪使用说明书》。

第二节
织物防水性测试

防水性是指织物具有能够阻止一定压力下的液态水从织物外部渗透到织物内部的能力，包括阻碍液态水渗透和润湿两方面的性能。防水性是雨衣雨具、军用服装、户外服装面料需要考量的重要功能性指标之一。

为了达到较好的防水效果，通常利用拒水纤维、提高织物紧密度和防水性后整理等方式实现。防水性后整理的方式主要有三种：①耐水压涂层织物，使用橡胶类涂层，可防较高的冲击水压（能经受暴风雨或海浪的冲击）；②防水透气整理织物，例如使用有机硅材料进行整理，一般雨水能滚动而不沾湿织物，既防雨水又能透空气；③防水透气复合织物，在织物上复合一层具有细密微孔的功能膜，水分子可以通过而雨滴不能通过，达到防雨且能透气的目的，增加穿着舒适性。

　　不同防水性服装材料的实际使用情况不同，测试方法和表征指标也不相同。目前常用的测试方法有：表面抗湿性测定法（沾水法）、水平喷射淋雨法和抗渗水性测定法（静水压法）。其中沾水法用于测定已经或未经防水整理织物的表面抗湿性，水平喷射淋雨法是表征在不同雨水压力作用下织物或复合材料的防水性能，静水压法用于测试高防水性的防水透湿织物，模拟织物在暴雨环境中的防水性能。

一、表面抗湿性测定法（沾水法）

1. 实验目的与要求

通过实验了解织物表面抗湿性的测试原理，掌握织物防水性的测试方法（沾水法）。

2. 实验原理

把试样安装在环形夹持器上，保证夹持器与水平面成45°角放置，试样中心位置距喷嘴下方有一定的距离。用一定量的蒸馏水或去离子水喷淋试样。喷淋后，通过试样外观与沾水现象描述及图片的比较，确定织物的沾水等级，并以此评价织物的防水性能。

3. 实验仪器与用具

YG813沾水度仪（图10-3）、蒸馏水、试样夹持器、烧杯、剪刀、尺子等。

4. 试样准备

（1）取样前在GB/T 6529—2008规定的标准大气条件下对样品进行调湿。实验要求在标准大气条件下进行，常规检验可以在普通大气中进行。

（2）从织物的不同部位至少取3块试样，每块试样尺寸至少为180mm×180mm，试样应具有代表性，取样部位不应有折皱或折痕。

图10-3　YG813沾水度仪

5. 实验方法与步骤

（1）试样调湿后，用夹持器夹紧试样，放在支座上，实验时试样正面朝上。除另有要求外，应将试样经向或长度方向与水流方向平行。

（2）将250mL蒸馏水迅速而平稳地倒入漏斗中，持续喷淋25～30s。

（3）喷淋停止后，立即将夹有试样的夹持器拿开，使织物正面向下几乎成水平，然后对着一个固体硬物轻轻敲打一下夹持器，水平旋转夹持器180°后再次轻轻敲打夹持器一下。

（4）敲打结束后，根据表10-1中沾水现象描述，立即对夹持器上的试样正面润湿程度进行评级。

（5）重复以上步骤，对剩余试样进行测定。

6. 实验结果计算与修约

（1）沾水评级：按照表10-1和图10-4，确定每个试样的沾水等级。对于深色织物，图片对比不是十分令人满意，主要依据文字描述来评级。

表10-1　沾水等级描述

沾水等级	沾水现象描述
0	整个试样表面完全润湿
1	受淋表面完全润湿
1-2	试样表面超出喷淋点处润湿，润湿面积超出受淋表面一半
2	试样表面超出喷淋点处润湿，润湿面积约为受淋表面一半
2-3	试样表面超出喷淋点处润湿，润湿面积少于受淋表面一半
3	试样表面喷淋点处润湿
3-4	试样表面等于或少于半数的喷淋点处润湿
4	试样表面有零星的喷淋点处润湿
4-5	试样表面没有润湿，有少量水珠
5	试样表面没有水珠或润湿

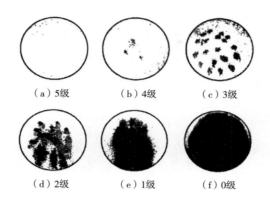

图10-4 沾水等级图

（2）防水性能评价：对样品进行防水性能评价时，计算所有试样沾水等级的平均值，修约到最接近的整数级或半级，按照表10-2评价样品的防水性能。

表10-2 防水性能评价

沾水等级	防水性能评价
0	不具有抗沾湿性能
1	
1~2	抗沾湿性能差
2	
2~3	抗沾湿性能较差
3	具有抗沾湿性能
3~4	具有较好的抗沾湿性能
4	具有很好的抗沾湿性能
4~5	具有优异的抗沾湿性能
5	

二、水平喷射淋雨法

1. 实验目的与要求

通过实验了解织物防雨淋测试仪的结构及测试原理，掌握织物防雨淋的测试方法。

2. 实验原理

将背面附有吸水纸（质量已知）的试样在规定条件下用水喷淋5min，然后重新称量吸水纸的质量，通过吸水纸质量的增加来测定实验过程中渗透试样的水的质量。

3. 实验仪器与用具

YG814N织物防雨淋测试仪（图10-5）、吸水纸、天平、秒表、蒸馏水。

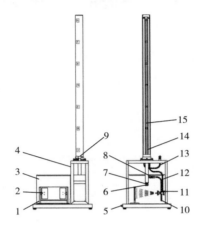

图10-5　YG814N 织物防雨淋测试仪示意图

1—刚性支架　2—试样夹持器　3—水箱　4—机架　5—排水口　6—阀门指示盘　7—拼紧螺帽　8—节流阀门
9—进水阀门　10—溢水管　11—喷嘴　12—喷嘴连接管　13—进水连接管　14—A处（0.6m）阀门　15—阀杆

4. 试样准备

（1）从测试样品上裁取至少3块试样，每块试样的尺寸约为200mm×200mm。

（2）在GB/T 6529—2008规定的标准大气条件下对样品进行调湿。实验过程要求在标准大气条件下进行，常规检验可以在普通大气中进行。

5. 实验方法与步骤

（1）将吸水纸贴合在试样背面，与试样同时夹持在试样夹持器上，吸水纸的尺寸为150mm×150mm，并经过称重，称重精度为0.1g。试样夹持器固定在刚性支架上，使试样位于正对喷嘴且距喷嘴面305mm的位置。

（2）在喷嘴上放上隔离罩，以便在刚性支架上取放试样夹持器时，隔离喷嘴喷出的水。

（3）把水位调节部件的拼紧螺帽松开，转动阀杆使实验所需的水柱处阀门处于全开位置后，再把拼紧螺帽旋紧，以免阀门位置改变。

（4）节流阀门适当关小，打开进水阀门并调节水位至实验所需的水柱处。

（5）移开隔离罩后立即用电子秒表开始计时，对着试样持续喷淋5min，迅速放上喷嘴隔离罩。

（6）喷淋结束后，小心地取下吸水纸并立即称重，精确到0.1g。

（7）重复上述实验，可测得多块试样、多种压力水柱下的实验结果。

（8）实验结束后，务必切断水源，关闭仪器电源。

6. 实验结果计算与修约

以5min实验过程中吸水纸质量的增加值作为水的渗透值，计算多块试样的平均值。试样的测试结果平均值或单个试样的测定值超过5g的记为"5+g"或">5g"。根据不同压力水柱下测得的平均渗透值可以绘制试样抗渗透性的完整曲线。通过增大压力水柱值（从610mm起，以305mm为一档依次增加）可测得：

（1）没有出现"渗透现象"的最大压力水柱。

（2）随着压力水柱的增加，织物的渗水性发生改变。

（3）发生"击穿现象"时的最小压力水柱，也就是渗透值超过5g时的压力水柱。

在每个压力水柱下至少测试3块试样，计算在该压力水柱下的平均渗透值。

三、抗渗水性测定法（静水压法）

1. 实验目的与要求

通过实验了解织物渗水性测试仪的测试原理，掌握织物防水性的静水压测试方法。

2. 实验原理

以织物承受的静水压来表示水透过织物所遇到的阻力。在标准大气条件下，试样的一面承受持续上升的水压，直到另一面出现三处渗水点为止，记录第三处渗水点出现时的压力值，并以此评价试样的防水性能（抗渗水性）。

3. 实验仪器与用具

YG825E数字式织物渗水性测试仪（图10-6）、

图10-6 YG825E数字式织物渗水性测试仪

剪刀、烧杯、蒸馏水。

4. 试样准备

（1）取样前按照GB/T 6529—2008对样品进行预调湿和调湿。实验要求在标准大气条件下进行，常规检验可以在普通大气中进行。

（2）试样须在距匹端2m以上，距布边1/10幅宽以上处裁取。试样应无任何影响实验结果的疵点和折皱。如需测定接缝处静水压值，宜使接缝位于试样的中间位置。试样可为圆形、方形，也可不剪开直接进行测试。低压实验的试样直径为130~200mm，高压实验的试样直径为60~80mm。每个样品至少裁取5个代表性试样。取样后，尽量减少对试样的处理，避免用力折叠，除调湿外不作任何处理（如熨烫）。

5. 实验方法与步骤

（1）检查仪器各阀门、接口是否渗漏水。确认水箱是否有水，如果没有，打开加水口，注满蒸馏水，水温保持在（20±2）℃或（27±2）℃。

（2）打开仪器电源，按住"进水"键，使水面与试样台上的橡皮圈齐平或溢出。

（3）设置升压速率为6kPa/min，测试指标单位是Pa。

（4）将调湿后的试样覆盖在试样台橡皮圈上，呈平坦无张力状态，顺时针拧紧压圈，压紧试样，确保试样不鼓起，在测试开始前实验用水不会因受压而透过试样。每次实验前，夹持装置必须擦干。单面涂层织物的涂层面接触水面；双面涂层织物的涂层较厚的一面接触水面；多层涂层或有特殊要求的织物，按有关规定指定一面接触水面。

（5）点击电子显示屏上的"启动"按钮，进入实验测试。观察试样表面的渗水情况，当试样上出现第3处水珠时，立刻点击"停止"按钮，测试完毕，活塞自动回位，仪器自动保存测试数据。按住"排水"键，泄压至试样表面鼓包明显消失，逆时针拧开压圈，取出试样。

（6）如若橡皮圈外圈水满，打开排水阀门。擦干夹持装置，更换试样，重复上述实验步骤，直至完成规定的测试次数。不考虑那些形成以后不再增大的微细水珠，在织物同一处渗出的连续性水珠不作累计。注意第3处渗水是否出现在夹紧装置的边缘处，且导致静水压值低于同一样品其他试样的最低值，则此数据应予剔除，需增补试样另行实验，直到获得正常实验结果为止。

6. 实验结果计算与修约

计算5块试样的算术平均值作为最终结果，按照GB/T 8170—2019的规定修约成一位小数。按照表10-3给出样品的抗静水压等级或防水性能评价。对于同一样品的不同类型试样（例如有接缝试样和无接缝试样）分别计算其静水压平均值，以及进行抗静水压等级和防水性能评价。

表10-3 抗静水压等级和防水性能评价

抗静水压等级	静水压值 P/kPa	防水性能评价
0级	$P < 4$	抗静水压性能差
1级	$4 \leq P < 13$	具有抗静水压性能
2级	$13 \leq P < 20$	
3级	$20 \leq P < 35$	具有较好的抗静水压性能
4级	$35 \leq P < 50$	具有优异的抗静水压性能
5级	$50 \leq P$	

思考题

1. 影响织物防水性的因素有哪些？如何影响？

2. 织物防水性能测试有哪些方法？

3. 哪些面料需要具备防水性？

本技术依据GB/T 4745—2012《纺织品 防水性能的检测和评价 沾水法》、GB/T 23321—2009《纺织品 防水性 水平喷射淋雨试验》、GB/T 4744—2013《纺织品 防水性能的检测和评价 静水压法》、《YG814N 织物防雨淋测试仪说明书》、《YG825E数字式织物渗水性测试仪说明书》。

第三节
织物阻燃性测试

织物的阻燃性是指织物遭遇火源时能自动阻断燃烧继续进行，离开火源后自动熄灭不再续燃或阴燃的能力。大部分纺织材料都是可燃的，织物的阻燃有一定的相对性，较常见的是用特定环境下织物的燃烧特征来表征织物的阻燃性能。通常，评定织物的阻燃性主要从织物的可燃性、燃烧性能方面考虑。织物的可燃性即着火点的高低，表明织物着火的难易程度；织物燃烧性能主要从织物的燃烧速率、极限氧指数等进行表征。阻燃织物的主要评价指标有着火点、有焰燃烧时间、阴燃时间、续燃时间、损毁长度、残炭长度（残炭面积）、极限氧指数等。

目前，我国纺织品燃烧性能测试方法较多，常用的测试方法有垂直燃烧法、水平燃烧法、45°燃烧法、氧指数法、片剂燃烧法、香烟法等，各种测试方法的结果能说明在某一规定实验条件下，织物对火焰、热或燃烧所表示的安全性。其中垂直燃烧法、水平燃烧法、45°燃烧法、氧指数法测试适用于有阻燃要求的服装、装饰、帐篷用机织物、针织物、涂层织物和层压产品的测定，在纺织品阻燃性能评定中应用较多。

一、垂直法

1. 实验目的与要求

通过实验了解垂直法织物阻燃性能测试仪的结构及测试原理，掌握垂直法织物阻燃性能的测试方法，对比分析不同织物的阻燃性能。

2. 实验原理

垂直燃烧法是在规定的实验条件下，用规定点火器产生的火焰，在垂直放置的试样底边中心点火，测试规定点燃时间后，试样的续燃时间、阴燃时间及损毁长度（面积），观察并记录试样实验过程中是否有燃烧滴落物、是否引起箱底平铺的10mm厚脱脂棉的燃烧或阴燃。

（1）续燃时间：在规定的实验条件下，移开点火源后材料持续有焰燃烧的时间，单位为s。

（2）阴燃时间：在规定的实验条件下，当有焰燃烧终止后，或本为无焰燃烧织物，移开点火源后，材料持续无焰燃烧的时间，单位为s。

（3）损毁长度：在规定的实验条件下，在规定方向上材料损毁面积的最大距离，单位为cm。

3. 实验仪器与用具

YG815B垂直法织物阻燃性能测试仪（图10-7）、直尺、剪刀、密封容器、干燥器、医用脱脂棉等，其中YG815B垂直法织物阻燃性能测试仪主要由前透视门、通风孔板、顶板、控制板、安全开关、试样夹持器、试样夹持器固定装置、焰高测量装置、高压点火发生装置、重锤、燃气瓶及输出气压调节装置等组成。

图10-7 YG815B垂直法织物阻燃性能测试仪

4. 试样准备

（1）每种织物经向及纬向分别裁取5块试样，尺寸为300mm×89mm，应从距离布边至少100mm、无沾污、无褶皱的部位裁取。经（纬）向试样不能取自同一根经（纬）纱。若测试制品，试样中可包含接缝或装饰物。

（2）试样需在GB/T 6529—2008规定的标准大气条件下进行调湿，调湿后取出放入密封容器内备用。实验要求在温度为10～30℃、相对湿度为30%～80%的大气环境中进行。实验用到可燃气体，操作人员必须掌握可燃气体使用安全知识，并做好安全防范措施。

5. 实验方法与步骤

（1）仪器调整：

①开机前查看仪器配带的气源（工业用丙烷或丁烷气体）管道是否与该仪器安全连接，并认真检查燃气管道，严防燃气泄漏。

②先将"输出气压调节把手"按逆时针方向旋转到底，然后打开气瓶总开关，按顺时针方向缓慢旋转"输出气压调节把手"，气压表调至（17.2±1.72）kPa。

③接通电源，通过调节按钮"◀""▼""▲"，设置施燃时间，按"MD"完成施燃时间设置（若为触摸屏设备，可在工作界面直接设定"施燃时间"）。

④按下"气源""点火"，顺时针旋转"火焰调整"旋钮，火焰高度变小，逆时针方向旋转火焰变大，需小幅度调节火焰高度至"（40±2）mm"，待火焰稳定后，可锁定"火焰调整"旋钮（实验过程中不必重复调整），然后移开焰高测量装置，准备开始实验。在

常断电磁阀未接通的状态下，通过"输出气压调节把手"调节气压时，必须从小到大调节燃气输出气压；如果从大到小调节，气压表所显示的气压值并不是燃气输出气压。

（2）操作步骤：

①将试样下边沿与试样夹持器下端平齐放入试样夹持器中，用配备的夹子将夹持器两侧固定，打开实验箱门，将试样夹持器垂直悬挂于试样箱中固定，并关好箱门。

②按下"气源"按钮、"点火"按钮，待燃烧器火焰稳定后，按下"开始"按钮，燃烧器移至悬挂试样的正下方，施燃时间开始计时，到设定时间（12s）后，气源指示灯熄灭，燃烧器熄灭并移至初始位置。此时控制板上的燃烧时间表开始计时，观察续燃情况，待续燃结束后按动"续燃"按钮，阴燃时间表开始计时，观察阴燃情况，待阴燃结束后按动"阴燃"按钮。燃烧时间表上显示的时间即为该试样的续燃时间、阴燃时间，精确到0.1s。

③实验过程中观察并记录是否有燃烧滴落物，是否引起箱底平铺的脱脂棉的燃烧或阴燃。

④打开箱门取出试样夹持器，卸下试样，先沿试样长度方向向炭化最高点处对折一下，然后在试样下端的一侧，距其边底各约6mm处，挂上按试样单位面积重量对应的重锤，重锤选择如表10-4所示，再用手缓缓提起试样下端的另一侧，使重锤悬空再放下，测量试样撕裂的长度，即为损毁长度，结果精确到1mm。

⑤每个试样测试完成后，清除箱中的烟、气和织物燃烧残渣，再重复步骤测试下一个试样。

⑥实验结束后，及时关闭气瓶总开关，然后依次按动"气源"按钮、"点火"按钮，直至燃烧器燃尽管内残余燃气，再关闭电源。

表10-4　织物质量与选用重锤重量的关系

织物单位面积重量 / (g/m^2)	重锤质量 /g
101 以下	54.5
101 ~ 206	113.4
207 ~ 337	226.8
338 ~ 649	340.2
650 及以上	453.6

6. 实验结果计算与修约

分别计算织物经向、纬向5块试样的续燃时间、阴燃时间求取平均值，结果按照GB/

T 8170—2019的规定修约到一位小数，损毁长度修约到个数位。某些样品部分试样若被烧通，则需记录各个未烧通试样的续燃时间、阴燃时间及损毁长度的实测值，并在测试报告中说明有几块试样烧通。

二、水平法

1. 实验目的与要求

通过实验了解水平法织物阻燃性能测试仪的结构及测试原理，掌握水平法织物阻燃性能测试仪的测试方法，对比分析不同织物的阻燃性能。

2. 实验原理

水平燃烧法是在规定的实验条件下，对水平放置的试样底边中心点火，在一定的点火时间后，测定火焰在试样上的蔓延距离和蔓延此距离所用时间，计算火焰蔓延速率来表征织物的阻燃性能，观察并记录试样在实验过程中是否有燃烧滴落物，是否引起箱底平铺的脱脂棉的燃烧或阴燃。

（1）火焰蔓延时间：在规定的实验条件下，火焰在燃烧着的材料上蔓延规定距离所需的时间。

（2）火焰燃烧速率：在规定的实验条件下，单位时间内火焰蔓延的距离。

3. 实验仪器与用具

YG815D水平法织物阻燃性能测试仪（图10-8）、直尺、剪刀、试样架、金属梳、密封容器、干燥器、医用脱脂棉等。其中YG815D水平法织物阻燃性能测试仪主要由前透视门、左侧门、顶板、U形试样夹、试样夹导轨、焰高测量装置、点火发生装置、标记线指示板、燃气瓶及输出气压调节装置等组成。

图10-8　YG815D水平法织物阻燃性能测试仪

4. 试样准备

（1）每种织物经纬方向分别裁取5块试样，尺寸为340mm×100mm，应从距离布边1/10幅宽以上的部位裁取试样，长的一边需与织物经向或纬向平行，经（纬）向试样不能取自同一根经（纬）纱。

（2）非绒面纺织品不需要经过刷毛程序。对于拉绒、起绒、簇绒等绒面纺织品，需把试样在台面上放平整，用金属梳从逆绒毛的方向梳两次，使火焰能从逆绒毛方向蔓延。

（3）不足规定尺寸的特殊产品，需满足试样经向或纬向被U形试样夹夹持。宽度小于60mm的试样，长度取340mm；宽度为60～100mm的试样，长度至少取160mm。

（4）试样需按照GB/T 6529—2008进行预调湿和调湿，调湿后取出放入密封容器内备用。实验要求在温度为10～30℃、相对湿度为30%～80%的大气环境中进行。实验用到可燃气体，操作人员必须掌握可燃气体使用安全知识，并做好安全防范措施。

5. 实验方法与步骤

（1）仪器调整：

①开机前查看仪器配带的气源（工业用丙烷或丁烷气体）管道是否与该仪器安全连接，并认真检查燃气管道，严防燃气泄漏。

②先将"输出气压调节把手"按逆时针方向旋转到底，然后打开气瓶总开关，按顺时针方向缓慢旋转"输出气压调节把手"，气压表调至（17.2±1.72）kPa。

③接通电源，通过调节按钮"◀""▼""▲"，设置施燃时间（标准施燃时间为15s），按"MD"完成施燃时间设置（若为触摸屏设备，可在工作界面直接设定"施燃时间"）。

④按下"气源""点火"，顺时针旋转"火焰调整"旋钮，火焰高度变小，逆时针方向旋转火焰变大，需小幅度调节火焰高度至"（38±2）mm"，待火焰稳定后，可锁定"火焰调整"旋钮（实验过程中不必重复调整），准备开始实验。在常断电磁阀未接通的状态下，通过"输出气压调节把手"调节气压时，必须从小到大调节燃气输出气压；如果从大到小调节，气压表所显示的气压值并不是燃气输出气压。

（2）操作步骤：

①将从密封容器中取出的试样实验面朝下放入试样夹中夹好，并将夹好试样的夹持器沿夹持器支架导轨推至底端，行程开关动作闭合。

②按动"气源""点火"按钮，点燃点火器，待火焰稳定燃烧30s后，关上侧门，按动"开始"按钮，计时开始，使火焰与试样表面接触15s，同时观察记录试样的燃烧状态，是否有滴落物。当计时到设定时间后，已接通的常断电磁阀自动断开。为提高实验准确性，将从密封容器中取出试样到点燃试样的时间控制在60s内。

③试样夹上有3条标记线，标记线距离点火处的距离分别为38mm、138mm、292mm。当火焰蔓延至第一条标记线时，马上按动"计时"按钮，燃烧时间开始计时，火焰蔓延至第三标记线时，马上再次按动"计时"按钮，燃烧时间停止计时。如果火焰蔓延至第三标记线前熄灭，则按动"计时"按钮，燃烧时间停止计时，并测定第一标记线至火焰熄灭处

的距离。长度不足340mm的试样，测量火焰根部从第一标记线蔓延至第二标记线的时间，记录火焰蔓延时间，并记录火焰蔓延距离为100mm。火焰蔓延时间和距离分别精确至0.1s和1mm。

④抽出试样夹持器，卸下试样，打开排气扇，清除实验箱中的烟、气及织物燃烧碎片，确定箱内温度在15～30℃范围内，再重复步骤测试下一个试样。

⑤实验完成后，快速熄灭仍在阴燃的试样，及时关闭气瓶总开关，然后依次按动"气源"按钮、"点火"按钮，直至燃烧器燃尽管内残余燃气，再关闭电源。

6. 实验结果计算与修约

每块试样的燃烧速率按式（10-1）计算，结果按照GB/T 8170—2019的规定修约到两位小数，再分别计算经向、纬向5块试样燃烧速率的平均值，结果修约到一位小数。如果试样没被点燃或火焰蔓延至第1标记线前自熄，火焰蔓延速率则记为0mm/min。

$$B = \frac{L}{t} \times 60 \qquad\qquad (10-1)$$

式中：B——燃烧速率，mm/min；

L——火焰蔓延距离，mm；

t——火焰蔓延距离L对应的蔓延时间，s。

三、45°法

1. 实验目的与要求

通过实验了解45°法织物阻燃性能测试仪的结构及测试原理，掌握45°法织物阻燃性能测试仪的操作方法，对比分析不同织物的阻燃性能。

2. 实验原理

45°法是在规定的实验条件下，试样在其长度方向与水平线成45°角放置时，火焰平行作用于织物，有A法和B法两种测试方法。

A法原理：在规定的实验条件下，对45°方向纺织试样点火，测量织物燃烧后的续燃和阴燃时间、损毁面积及损毁长度，适用于多类纺织物，尤其适用于交通工具内饰。

B法原理：在规定的实验条件下，对45°方向纺织试样点火，测量织物（纱线束）燃烧至90mm处需要接触火焰的次数，适用于熔融燃烧的织物、纱线。

3. 实验仪器与用具

YG815E 45°法织物阻燃性能测试仪（图10-9）、直尺、剪刀、密封容器、干燥器、求积仪等。其中YG815E 45°法织物阻燃性能测试仪主要由前透视门、控制面板、A法试样夹持器、B法试样支承螺线圈、试样架固定装置、试样夹支架、焰高测量装置、燃烧器等组成。

4. 试样准备

（1）裁取试样时距离布边至少100mm，长的一边需与织物经向或纬向平行。A法，每块试样尺寸为330mm×230mm，每种织物经向、纬向各裁

图10-9　YG815E 45°法织物
阻燃性能测试仪

取3块，若织物正反面不同，则需另取一组试样，分别对两面进行实验；B法，每块试样长度为100mm，质量约为1g，每种织物经向、纬向各裁取5块；纱线样品则需取5束，每束长度为100mm，质量为1g。

（2）试样需按照GB/T 6529—2008进行预调湿和调湿，调湿后取出放入密封容器内备用。对于B法，先将试样卷成圆筒状塞入试样支承线圈中后再调湿。实验要求在温度为10~30℃、相对湿度为15%～80%的大气环境中进行。实验用到可燃气体，操作人员必须掌握可燃气体使用安全知识，并做好安全防范措施。

5. 实验方法与步骤

（1）仪器调整：

①开机前查看仪器配带的气源（工业用丙烷或丁烷气体）管道是否与该仪器安全连接，并认真检查燃气管道，严防燃气泄漏。

②先将"输出气压调节把手"按逆时针方向旋转到底，然后打开气瓶总开关，按顺时针方向缓慢旋转"输出气压调节把手"，气压表调至（17.2±1.72）kPa。

③接通电源，通过调节按钮"◄""▼""▲"，设置施燃时间（标准施燃时间为30s），按"MD"完成施燃时间设置（若为触摸屏设备，可在工作界面直接设定"施燃时间"）。

④按动"气源"按钮、"点火"按钮，顺时针旋转"火焰调整"旋钮，火焰高度变小，逆时针方向旋转火焰变大，需小幅度调节火焰高度至"（45±2）mm"［厚试样调节火焰高度"（65±2）mm"］，待火焰稳定，可锁定"火焰调整"旋钮（实验过程中不必重复调整），准备开始实验。在常断电磁阀未接通的状态下，通过"输出气压调节把手"调节气

压时，必须从小到大调节燃气输出气压；如果从大到小调节，气压表所显示的气压值并不是燃气输出气压。

（2）操作步骤：

①A法测试。

从密封容器中取出试样，放入A法试样夹持器中，固定好试样，将试样夹持器45°方向放入燃烧实验箱内，听到"咔嚓"声后，轻轻关上箱门。

按动"气源""点火"按钮，火焰稳定后，按动"开始"按钮，试样表面与火焰接触，施燃时间开始计时，到设定时间后，已接通的常断电磁阀自动断开，气源指示灯、燃烧器熄灭。此时燃烧时间表开始计时，观察续燃情况，待续燃结束按动"续燃"按钮，阴燃时间表同时开始计时，观察阴燃情况，待阴燃结束后，按动"阴燃"按钮。燃烧时间表、阴燃时间表显示的即为试样的续燃时间和阴燃时间，精确至0.1s。

记录实验结果，打开门取出试样夹持器，卸下试样，清除实验箱中的烟、气及碎片，再测试下一个试样。

实验结束，应及时关闭气瓶总开关，然后依次按动"气源"按钮、"点火"按钮，直至燃烧器燃尽管内残余燃气，再关闭电源。若是厚型试样，采用A法点不着时，可将ϕ6.4燃烧器拆下，换上附件ϕ20大喷嘴燃烧器进行测试。注意换大喷嘴燃烧器后，调整高压点火器位置，以方便点火，同时相应地调整火焰高度。

用求积仪测定每个燃烧后试样的损毁面积，测量损毁长度。当燃烧引起布面不平整时，先用复写纸将损毁面积复写在纸上，再用求积仪测量，对于脆损边界不清晰的试样，撕剥边界后测量。

②B法测试。

将调湿平衡的试样支承线圈从密封容器中取出（距试样下端90mm处画标记线，标记线的一侧向外），45°方向放在燃烧实验箱内螺线圈支架位置，并调节试样最下端与火焰顶端接触。

按动"气源""点火"按钮，火焰稳定后，按动"开始"按钮，对试样点火，当试样熔融、燃烧停止时，重新45°方向移动螺线圈支架位置，使残存的试样最下端与火焰接触，反复进行这一操作，直到试样熔融燃烧90mm的距离为止，记录试样熔融燃烧到90mm处所需接触火焰的次数。若试样在接近90mm处再次点火时，试样继续燃烧超过90mm，此次燃烧不记录到接触火焰次数中。

（3）打开实验箱，取出螺线圈夹持器，去除残留物，清除实验箱中的烟、气及碎片，再重复步骤测试下一个试样。

（4）实验结束，应及时关闭气瓶总开关，然后依次按动"气源""点火"按钮，直至燃烧器燃尽管内残余燃气，再关闭电源。

6. 实验结果计算与修约

（1）A法：分别计算经向、纬向试样续燃时间、阴燃时间、损毁长度和损毁面积的平均值，续燃时间（s）、阴燃时间（s）的计算结果按照GB/T 8170—2019的规定修约到一位小数，损毁长度和损毁面积修约到个数位。

（2）B法：分别计算经向、纬向试样或纱线试样接触火焰次数的平均值，结果修约到个数位。

思考题

1. 影响织物阻燃性能的因素有哪些？
2. 常用的织物阻燃性能的表征指标有哪些？
3. 总结国内外纺织品阻燃性能的测试方法及标准，并简单分析其适用范围。
4. 织物阻燃性测试实验过程中，应如何做好安全防范措施？

> 本技术依据GB/T 5455—2014《纺织品　燃烧性能　垂直方向损毁长度、阴燃和续燃时间的测定》、FZ/T 01028—2016《纺织品　燃烧性能　水平方向燃烧速率的测定》、GB/T 14645—2014《纺织品　燃烧性能 45°方向损毁面积和接焰次数的测定》、GB/T 14644—2014《纺织品　燃烧性能 45°方向燃烧速率的测定》。

第四节
织物抗静电性能测试

　　静电是由静电荷产生的一种物理现象，织物受摩擦时会产生静电。尤其是化纤织物在日常使用过程中更容易积聚静电，造成服装吸附灰尘、纠缠身体产生黏附感，影响其美观性和舒适性，在某些工业作业环境中，甚至可能会因为静电荷大量积聚产生火花，引发火灾、爆炸等工业灾害。因此，织物的抗静电性能是电子、化工、矿冶等领域织物材料的重要检测标准之一。

　　影响织物抗静电性能的因素很多，主要有纤维导电性能、织物结构、环境温湿度等。改善织物抗静电性能的方法主要有以下几种：①提高湿度，使织物表面具备水分保持性能，可降低表面电阻；②添加导电纤维，将导电纤维融入纱线可以使电荷离域（接地）；

③加入助剂，可以在纺丝油剂中加入抗静电剂、功能性整理助剂、新型抗静电柔软整理剂等。

纺织品静电性能的评价有电阻类指标（体积比电阻、质量比电阻、表面比电阻、泄漏电阻、极间等效电阻等）、静电电压及其半衰期、电荷面密度等指标。我国现行的评定纺织品静电性能的标准较为完善，检测方法标准有GB/T 12703《纺织品　静电性能试验方法》8个部分，分别从不同的测试项目表征织物的抗静电性能。基于电荷衰减的半衰期和静电荷的聚集情况，我们可以用以下几种方法进行测试和评价。

一、电晕充电法（静电压半衰期法）

1. 实验目的与要求

通过实验了解感应式静电测试仪的结构和测试原理，掌握织物抗静电性能测试（静电压半衰期法）的操作步骤。

2. 实验原理

通过电晕充电装置对试样充电一定时间，在停止施加高压电瞬间，试样静电压值达到最大。试样上的静电压值开始自然衰减，但不一定降到零。通过确定峰值电压和半衰期，或者峰值电压衰减到一定比例，来量化试样的静电性能。

3. 实验仪器与用具

感应式静电测试仪（图10-10）、烘箱、尺子、剪刀、镊子、棉手套等，其中感应式静电测试仪包括转动平台、放电电极、感应电极等。

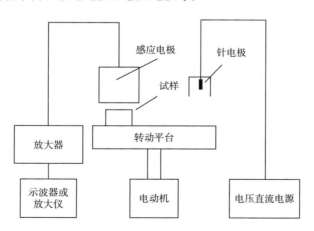

图10-10　感应式静电测试仪示意图

4. 试样准备

（1）从织物或成衣上取样。

（2）使用 GB/T 8629—2017 中规定的标准洗涤剂 3，按照程序 4N 或 4M 在 40℃水温条件下循环洗涤 3 次，按照自然干燥程序晾干样品。

（3）使用烘箱将样品在 70℃的温度下预烘 1h，随后置于调湿和实验用大气条件下调湿至平衡。调湿和实验用大气条件为：温度（20±2）℃，相对湿度（40±4）%。

（4）样品调湿后，裁取 5 块代表性试样，试样尺寸为 45mm×45mm。

5. 实验方法与步骤

（1）仪器调整：

①对仪器进行检查和校验。实验前仪器需要在测试环境中调湿平衡 2~4h。

②打开仪器开关，预热 15min 后开始实验。

③旋转高压调节旋钮，使高压指示表的指针停留在 10kV。调节静电压值指示表和半衰期值电压表的显示为 0。在定时器上预设高压放电时间为 30s。

④将放电针针尖与试样夹的距离调至（18±1）mm，将感应电极与试样夹的距离调至（13±1）mm。

（2）操作步骤：

①将试样置于垫片上，并用试样夹压紧。

②打开电动机开关，驱动转动平台，待转动平稳后在针电极上施加 10kV 高压。

③加压 30s 后断开高压，平台继续旋转，直至静电电压衰减至 1/2 以下时停止实验。若 120s 后仍未到达试样的半衰期，则停止实验，记录实验结果为 >120s。

④关闭电动机电源，从试样夹上取出试样。

⑤更换试样，重复上述操作步骤，测试剩余试样。

6. 实验结果计算与修约

记录高压断开瞬间试样的静电电压（V）及其衰减至 1/2 所需时间，即半衰期（s）。实验结果以 5 块试样峰值静电电压及半衰期的算术平均值表示，结果按照 GB/T 8170—2019 的规定修约成两位有效数字。按照表 10-5 的技术要求，对织物的抗静电性能进行评价。非耐久型抗静电纺织品，洗前应达到表 10-5 要求；耐久型抗静电纺织品，洗前、洗后均应达到表 10-5 要求。

表10-5　抗静电性能的评价

半衰期（HDT）/s	HDT ≤ 10	10 < HDT ≤ 30	30 < HDT ≤ 60	HDT > 60
抗静电性能评价	优异	较好	一般	差

二、手动摩擦法（电荷面密度法）

1. 实验目的与要求

通过实验了解织物抗静电性能（手动摩擦法）的测试原理和检测装置，掌握织物电荷面密度的测试方法。

2. 实验原理

试样与另一种织物经摩擦后带电，用法拉第筒实验装置测量试样产生的电量，并计算电荷面密度。

3. 实验仪器与用具

法拉第筒（图10-11）、手动摩擦装置（图10-12）、静电消除设备、尺子、剪刀、烘箱、棉布手套等。手动摩擦装置是由摩擦布、摩擦棒、垫板、垫座和绝缘棒等组成。摩擦布有两种，分别是双罗纹针织结构的腈纶布［克重为（200 ± 15）g/m²］和尼龙布［克重为（230 ± 15）g/m²］。

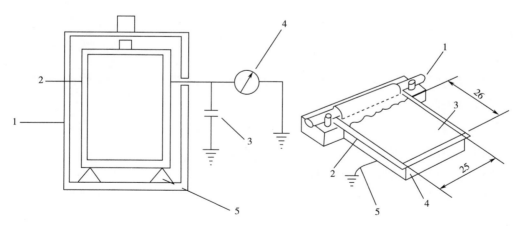

图10-11　法拉第筒示意图
1—外筒　2—内筒　3—电容器
4—静电电压表　5—绝缘支架

图10-12　手动摩擦装置示意图
1—绝缘棒　2—垫板　3—垫座
4—样品　5—地线

4.试样准备

（1）从布匹或成衣上取样。

（2）使用GB/T 8629—2017中规定的标准洗涤剂3，按照程序4N或4M在40℃水温条件下循环洗涤3次，按照自然干燥程序晾干样品。

（3）使用烘箱将样品在70℃的温度下预烘1h，随后置于调湿和实验用大气条件下调湿24h。调湿和实验用大气条件为：温度（20±2）℃，相对湿度（40±4）%。

（4）样品调湿后，裁取6块代表性试样，经向3块，纬向3块，试样尺寸为350mm×250mm。

（5）将摩擦布（500mm×450mm）卷绕在硬质聚氯乙烯管（外径32mm，厚度3.1mm，长度400mm）周围，两端拉紧塞入管内，固定在摩擦棒上。

5.实验方法与步骤

（1）按图10-13所示，沿长度方向折叠试样，使未折叠部分长度为260mm。距边10mm用法式针将试样折叠部分缝住，将绝缘棒插入缝套内。

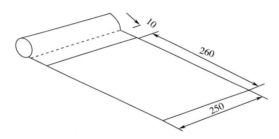

图10-13　试样缝制要求示意图（单位：mm）

（2）将垫板放置在底座上，并将地线接地。将试样放在垫板上，避免产生折皱，并将绝缘棒置于栓柱外侧。

（3）使用静电消除设备消除试样、垫板和摩擦棒上的静电。

（4）在摩擦电荷测量装置的电容两端之间进行短路，并再次打开电路。

（5）将摩擦棒放置在试样上，置于栓柱的另一侧。

（6）用手握住摩擦棒的两端，实验员通过导电鞋与地面连接，或者通过由实验员佩戴接地腕带与地板连接。

（7）以额定压力均匀地按压并拉动摩擦棒，不应转动摩擦棒，约1s摩擦1次。

（8）重复步骤（6）和步骤（7）总共5次。每次重复时，通过转动摩擦棒，使摩擦布新的一面摩擦试样。使用完所有角度后，将摩料从卷筒上展开，剪去用过的部分以露出新的表面，或者将卷筒解开，翻面。

（9）握住绝缘棒一端，向上提起绝缘棒，小心地将试样提起来，以免试样在垫板上滑动，1s内将试样揭离，把试样和绝缘棒迅速投入法拉第筒，读取静电电压值。将试样投入法拉第筒时，试样应距人体或其他物体300mm以上，法拉第筒事先需进行消电处理。

（10）重复步骤（2）至步骤（9）。计算该试样5次静电电压值测量结果的平均值。

（11）对另外2个经向的试样和3个纬向试样进行步骤（1）至步骤（10）实验。

（12）使用另一种摩擦布的垫板和摩擦棒，重复上述所有的实验步骤。

6. 实验结果计算与修约

根据式（10-2）分别计算每个试样在2个测试方向与2种摩料实验的摩擦电荷面密度。该试样的摩擦电荷面密度应以4个平均值的最大值作为最终的实验结果，按照GB/T 8170—2019的规定修约到一位小数。

$$\sigma = \frac{CV}{A} \qquad\qquad (10-2)$$

式中：σ——摩擦电荷面密度，$\mu C/m^2$；

$\quad\ \ C$——法拉第筒总电容量，μF；

$\quad\ \ V$——静电电压平均值，V；

$\quad\ \ A$——试样摩擦面积，m^2。

对于非耐久型抗静电纺织品，洗前电荷面密度应不超过$7\mu C/m^2$；对于耐久型抗静电纺织品，洗前、洗后电荷面密度均应不超过$7\mu C/m^2$。

三、电荷量法

1. 实验目的与要求

通过实验了解织物抗静电性能（电荷量法）的测试原理及检测装置，掌握织物电荷量的测试方法。

2. 实验原理

用摩擦装置模拟试样摩擦带电的情况，将试样投入法拉第筒，测量其带电电荷量。

3. 实验仪器与用具

法拉第筒（图10-11）、摩擦带电滚筒测试装置（图10-14）、尺子、剪刀、静电消除设备、烘箱、标准布、绝缘手套等。

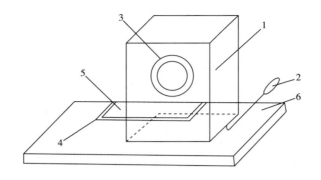

图10-14 摩擦带电滚筒测试装置示意图
1—转鼓 2—手柄 3—绝缘胶带 4—盖子 5—标准布 6—底座

4.试样准备

（1）将待测样品按照GB/T 8629—2017中7A程序洗涤，根据样品穿用条件，选择洗涤5、10、30、50、100次等，多次洗涤时，可将时间累加进行连续洗涤。

（2）将洗涤后的样品在50℃的温度下预烘一定时间。

（3）将预烘后的样品在调湿和实验用大气条件下调湿平衡。调湿和实验用大气条件为：温度（20±2）℃，相对湿度（35±5）%，环境风速应在0.1m/s以下。

（4）样品调湿后，每个样品至少取1件制品作为试样。

5.实验方法与步骤

（1）开启摩擦装置，使其温度达到（60±10）℃。

（2）将试样在模拟穿用状态下（扣上纽扣或拉链）放入摩擦装置，运转15min。

（3）运作完毕，将试样从摩擦装置中取出（须戴绝缘手套取出试样），投入法拉第筒。操作过程中试样应距法拉第筒以外的物体300mm以上。

（4）用法拉第筒测试试样的带电量。

（5）重复5次操作，两次实验之间静置10min时间，并用静电消除设备对试样及转鼓内的标准布进行消电处理。

（6）带衬里的制品，应将衬里翻转朝外，再次重复以上测试步骤。

6.实验结果计算与修约

以5次测量的平均值作为实验结果，按照GB/T 8170—2019的规定修约到一位小数。对于非耐久型抗静电纺织品，洗前电荷量应不超过0.6uC/件；对于耐久型抗静电纺织品，洗前、洗后电荷量均应不超过0.6uC/件。

思考题

　　1. 各种抗静电性能测试方法的检测原理是什么？

　　2. 纺织品的抗静电性能与哪些因素有关？

　　本技术依据：GB/T 12703.1—2021《纺织品　静电性能试验方法　第1部分：电晕充电法》、GB/T 12703.2—2021《纺织品　静电性能试验方法　第2部分：手动摩擦法》、GB/T 12703.3—2009《纺织品　静电性能的评定　第3部分：电荷量》。

第五节
织物防紫外线性能测试

　　紫外线具有杀菌消毒、促进维生素D合成的功能，对人体钙的吸收有积极作用，但过量照射紫外线会破坏人体皮肤细胞中的胶质厚度和弹性纤维，引发各种皮肤疾病。日光中的紫外线根据波长分为3个部分：长波紫外线（UVA，波长为315~400nm），中波紫外线（UVB，波长为280~315nm）和短波紫外线（UVC，波长为200~280nm）。在三个波段中，UVC会被臭氧层吸收，不能达到地面；UVB大部分能被臭氧层吸收，只有不足2%到达地面，停留在皮肤的表皮层，会导致皮肤晒红、晒伤；UVA被臭氧层吸收最少，超过98%的UVA能到达地面，可透过皮肤表皮层，到达真皮层，导致皮肤松弛、形成皱纹和色斑，可见UVA对皮肤的危害更为显著。为了减少紫外线的透过量，可采用防紫外线织物减少对人体皮肤的伤害。

　　GB/T 18830—2009《纺织品　防紫外线性能的评定》中规定紫外线防护系数UPF值大于40、UVA透射比 $T(UVA)_{AV}$ 小于5%时，才能被称为防紫外线产品。UPF值是指皮肤无防护时计算出的紫外线辐射平均效应与皮肤有织物防护时计算出的紫外线辐射平均效应的比值，UPF数值越大，紫外线防护效果越好。$T(UVA)_{AV}$ 是指有试样时UVA的透射辐射通量占无试样时UVA的透射辐射通量百分率。

　　目前的防紫外线产品大都是将能吸收或反射紫外线的遮蔽剂与成纤高聚物通过混合或复合纺丝，获得防紫外线功能纤维，或将这些遮蔽剂通过浸渍或涂层等后整理技术黏附在纺织品上来获得防紫外线功能。其中前者的防护效果耐久性较好，后者经过多次穿着和洗涤，防护效果会逐渐降低。防紫外线织物的防护效果除了与使用遮蔽剂种类有关外，还与织物中的纤维种类、截面形态，织物的组织结构、紧密度、厚度及色泽等有关，应根据防紫外线织物的用途及防护要求综合设计，特别是夏令服装、野外工作服的面料，既要考虑防护效果，又要考虑与皮肤的相容性，并尽可能不影响织物的手感和原有风格。

一、实验目的与要求

通过实验了解织物防紫外线及防晒保护测试仪的结构以及测试原理，掌握织物防紫外线性能的测试指标及操作步骤。

二、实验原理

用单色或多色的UV射线辐射试样，收集总的光谱透射射线，测定出的总的光谱透射比，并计算试样的紫外线防护系数UPF值。

三、实验仪器与用具

YG902C防紫外线及防晒保护测试仪（图10-15）、剪刀等。防紫外线及防晒保护测试仪主要是由UV光源、积分球、单色仪、UV透射滤片以及试样夹等构成。

图10-15　YG902C防紫外线及防晒保护测试仪

四、试样准备

（1）对于匀质材料，至少裁取4块代表性试样，距布边5cm以内的织物应舍去。对于不同色泽或结构的非匀质材料，每种颜色和每种结构至少需要实验2块试样。试样尺寸

（直径为7cm的圆形试样）应保证充分覆盖住仪器的孔眼。

（2）取样前在GB/T 6529—2008规定的标准大气条件下对样品进行调湿。实验要求在标准大气条件下进行。如果实验装置未放在标准大气条件下，调湿后试样从密闭容器中取出至实验完成应不超过10min。

五、实验方法与步骤

1.仪器调整

（1）打开仪器电源开关，点击电脑上的YG902C防紫外线及防晒保护测试软件。

（2）点击软件工具栏上的联机按钮，系统自动联机。

（3）在测试参数一栏输入所需的参数，点击菜单栏中参数设置，保存参数。

（4）在工具栏上点击"打开光源"，待光源指示图标由灰色变成红色，启动光源成功，预热30min后准备进行实验。

2.操作步骤

（1）不放置任何试样，检测在当前光源的辐射下，UV射线在没有任何遮挡时的辐射强度。

（2）空白实验完成后，在实验舱中放置待测试样，将试样正面朝着UV光源（正面朝下放置），点击启动按钮，开始有样测试。

（3）有样测试结束后，更换试样，重复上述操作步骤（2）。待所有待测样品测试完成后，取出试样，关闭UV光源。点击打印报表，或根据需要导出报表。

六、实验结果计算与修约

根据报表中的检测结果，计算样品的UPF和UVA透射比的平均值和标准差。

对于匀质试样，当样品的UPF值低于单个试样实测的UPF值时，以所测试样中最低的UPF值作为样品的UPF值。对于具有不同颜色或结构的非匀质材料，应对各种颜色或结构进行测试，以其中最低的UPF值作为样品的UPF值。

防紫外线产品应在标签上做标识，说明UPF值和UVA透射比，同时要标明测试标准的编号。当样品的$40<UPF \leqslant 50$时，则标明UPF40+；若UPF>50时，则标明UPF50+。此外还应标明长期使用以及在拉伸或潮湿情况下，该产品所提供的防护有可能减少。

思考题

　　1. 哪些织物需要进行防紫外线性能检测？

　　2. 织物的防紫外线性能与哪些因素有关？

　　本技术依据GB/T 18830—2009《纺织品　防紫外线性能的评定》和《YG902C防紫外线及防晒保护测试仪说明书》。

第六节

织物防电磁辐射性能测试

　　随着电子电器产品使用量的迅猛增长，电磁波污染已成为继空气、水、噪声污染之后的第四大污染源，不仅给人类生存和健康带来了很大威胁，而且会对电子、电气设备的运行产生干扰，因此进行电磁波辐射防护具有重要意义。良好的防电磁辐射织物能够有效屏蔽电磁波，显著降低电磁辐射对人体的潜在危害。在电磁辐射强度较高的环境中，如电子制造业或医疗设施，穿着防电磁辐射服装能够显著提高个人安全防护水平，确保工作人员的健康与安全。电磁屏蔽织物的制备方式主要有两种：一是采用功能性纤维织造屏蔽织物；二是以后整理方式加工屏蔽织物。

　　织物的防电磁辐射性能通常使用屏蔽效能（Sheild Effectiveness，SE）表征。GB/T 34938—2017《平面型电磁屏蔽材料通用技术要求》规定了两种测试方法：法兰同轴法和屏蔽室窗口法。其中法兰同轴法具有操作简便、测试效率高、测试装置及测量费用价格低廉等优点，可以满足单层或多层常见电磁屏蔽织物的测量要求，目前被广泛应用于电磁屏蔽织物的防电磁辐射性能研究和生产方面。

一、实验目的与要求

　　通过实验了解织物防电磁辐射性能测试仪的结构与测试原理，掌握织物防电磁辐射性能的测试方法。

二、实验原理

屏蔽效能（SE）是在同一激励下的某点上，计算有屏蔽材料与无屏蔽材料时所测量到的电场强度、磁场强度或功率之比，单位为分贝（dB）。屏蔽效能SE值越大，表示织物的防电磁辐射性能越好。

三、实验仪器与用具

DR-S02平面材料屏蔽效能测试仪（图10-16）、矢量网络分析仪、程控计算机等。

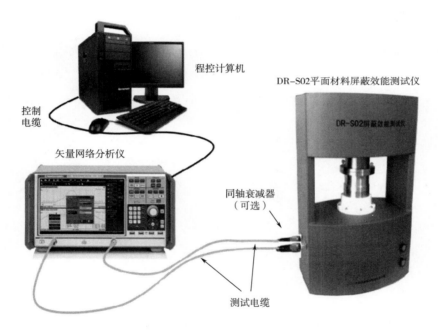

图10-16 DR-S02平面材料屏蔽效能测试系统配置示意图

四、试样准备

被测试样分为参考试样和负载试样，两者的材质和厚度应相同，均为电薄材料。不同测试频段被测试样的形状和尺寸要求如图10-17和图10-18所示。被测试样应在温度（23±5）℃，相对湿度40%～75%的条件下存放48h后，立即开展测量。

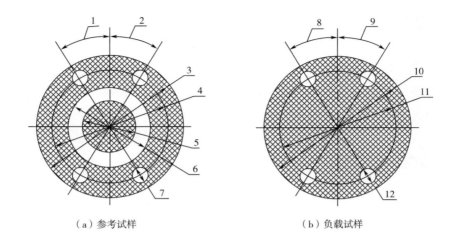

（a）参考试样　　　　　　　　　（b）负载试样

图10-17　参考试样和负载试样的尺寸要求（30MHz~1.5GHz法兰同轴装置法）

1—（30±2）°　2—（30±2）°　3—133mm　4—（110±0.2）mm　5—（33.10±0.01）mm　6—（76.2±0.1）mm
7—4×7.2mm　8—（30±2）　9—（30±2）°　10—133mm　11—（110±0.2）mm　12—（4×7.2）mm

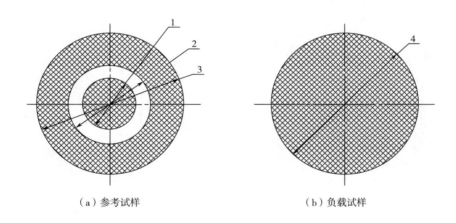

（a）参考试样　　　　　　　　　（b）负载试样

图10-18　参考试样和负载试样的尺寸要求（30MHz~3GHz法兰同轴装置法）

1—17.6mm　2—（40.36±0.01）mm　3—（94±0.04）mm　4—（94±0.04）mm

五、实验方法与步骤

（1）打开矢量网络分析仪预热10min后，再依次打开程控计算机、DR-S02屏蔽效能测试仪。

（2）打开程控计算机上屏蔽效能测试程序，进行各项参数的设置。仪器连接上后，点击参数设置，输入起始频率、终止频率、矢量网络分析仪带宽、测试点数。

（3）确认屏蔽效能测试仪闭合完整，然后点击校准。

（4）按下DR-S02屏蔽效能测试仪的绿色下降按钮，放入参考试样（如果试样只有一面导电，应将导电面朝向信号源），再按红色上升按钮，闭合上下同轴。

（5）当矢量网络分析仪曲线稳定时，点击测量，保存参考试样的屏蔽效能SE_1实验数据。

（6）重复步骤（4）和步骤（5），测试并保存负载试样的屏蔽效能SE_2实验数据。

六、实验结果计算与修约

根据测试结果，按式（10-3）计算样品的屏蔽效能SE。

$$SE=SE_2-SE_1 \tag{10-3}$$

式中：SE_1——参考试样的屏蔽效能，dB；

SE_2——负载试样的屏蔽效能，dB。

思考题

1. 电磁辐射对人体有什么影响？防电磁辐射织物有哪些应用场景？
2. 常用的织物防电磁辐射性能测试方法有哪些？它们的原理和步骤是什么？

> 本技术依据GB/T 34938—2017《平面型电磁屏蔽材料通用技术要求》、GB/T 30142—2013《平面型电磁屏蔽材料屏蔽效能测量方法》、GJB 6190—2008《电磁屏蔽材料屏蔽效能测量方法》、《DR-S02平面材料屏蔽效能测试仪使用说明书》。

第七节
织物防钻绒性测试

防钻绒性属于羽毛绒制品的重要性能之一，是指试样阻止羽毛、羽绒、绒丝和羽丝等从其表面钻出的性能。一般用在规定条件作用下的钻绒根数表示。羽绒制品的钻绒一直以来都困扰着生产企业和消费者。影响羽绒服装及羽绒制品钻绒性的因素主要包括织物密度、缝制质量、羽绒质量等。目前常用的防钻绒性测试方法主要为摩擦法和转箱法。

一、摩擦法

1. 实验目的与要求

通过实验了解织物防钻绒测试仪器（摩擦法）的结构及测试原理，掌握织物防钻绒性（摩擦法）的测试方法。

2. 实验原理

将被测织物制成具有一定尺寸的试样袋，内装一定质量的羽绒、羽毛填充物。将试样袋安装在仪器上，经过挤压、揉搓和摩擦等作用，通过计算从试样袋内部所钻出的羽毛、羽绒和绒丝根数来评价织物的防钻绒性能。

3. 实验仪器与用具

织物防钻绒性实验机（图10-19）、塑料袋[厚度为（25±1）μm，长为（240±10）mm，宽为（150±10）mm]、天平（精确度0.01g，最大称量1000g）、镊子、缝纫机、羽绒填充料、封口用电热枪和胶棒等，其中织物防钻绒性实验机由一个驱动轮和两个夹具组成。

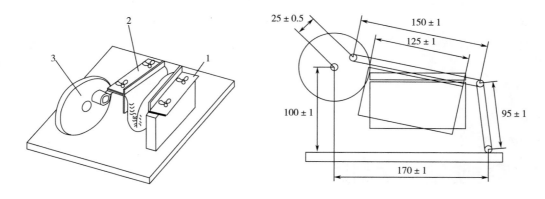

图10-19　织物防钻绒性实验机（单位：mm）

1—底部加紧装置　2—与轮子连接装置　3—轮子

4. 试样制备

（1）在织物上裁取长度为（420±10）mm、宽度为（140±5）mm的试样，经向和纬向各2块。试样应在距布边至少1/10幅宽以上处剪取。

（2）将裁剪好的试样测试面朝里，沿长边方向对折成210mm×140mm的袋状，用11

号家用缝纫针，针密为12~14针/30mm，沿两侧边距边10mm处缝合，起针、落针应回针5~10mm，且要回在原线上。然后将试样测试面翻出，距折边20mm处缝一道线，两头仍打回针5~10mm。

（3）按表10-6称取一定质量的填充料装入袋中，将袋口用来去针在距边20mm处缝合，两头仍打回针5~10mm。缝制后得到的试样袋有效尺寸为170mm×120mm。

表10-6　防钻绒性实验羽绒填充材料要求

含绒量 /%	填充材料质量 /g
> 70	30 ± 0.1
30~70	35 ± 0.1
< 30	40 ± 0.1

（4）按图10-20所示在试样袋的两短边缝线外侧分别钻出两个固定孔。

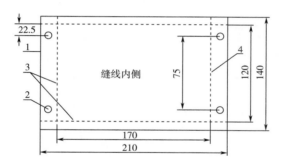

图10-20　试样包装袋示意图（单位：mm）
1—对折边　2—固定孔　3—缝合线　4—袋口缝合边

（5）用黏封液将试样袋缝线处黏封，以防实验过程中羽毛、羽绒和绒丝从缝线处钻出。

（6）试样袋要求在标准大气条件下进行调湿和实验。

5. 实验步骤

（1）将实验机和缝制时残留在待测试样袋外表面的羽毛、羽绒和绒丝等清理干净。

（2）将试样袋放置在如图10-20所示的钻有4个固定孔的塑料袋中，将塑料袋固定在两个夹具上，使试样袋沿长度方向折叠于两个夹具之间。塑料袋用于收集从试样袋中完全钻出的填充物。每次试样应使用新的塑料袋。

（3）预置计数器转数为2700次，按正向启动按钮，驱动轮开始转动。

（4）当满数自停后，将试样袋从塑料袋中取出，计数塑料袋内的羽毛、羽绒和绒丝的根数，并将试样袋放在合适的光源下，计数钻出试样袋表面>2mm的羽毛、羽绒和绒丝的根数。将以上两次计数的根数相加，即为1只试样袋的实验结果。若两次计数合计根数>50，则终止计数，在结果中标注">50"。用镊子将所计数到的羽毛、羽绒和绒丝逐根夹下，以免重复计数。羽绒填充料只允许在一次完整实验过程中使用。

（5）重复步骤（1）至步骤（4），直至测完所有试样袋。

6. 实验结果计算与修约

分别计算两个方向试样袋钻绒根数的平均值，按照GB/T 8170—2019的规定修约到个数位。根据表10-7对织物的防钻绒性进行评价。

表10-7　织物防钻绒性的评价（摩擦法）

防钻绒性的评价	钻绒根数 / 根
具有良好的防钻城性	<20
具有防钻绒性	20~50
防钻绒性较差	>50

二、转箱法

1. 实验目的与要求

通过实验了解织物防钻绒测试仪器（转箱法）的结构及测试原理，掌握织物防钻绒性（转箱法）的测试方法。

2. 实验原理

将试样制成具有一定尺寸的试样袋，内装一定质量的羽绒、羽毛填充物，把试样袋放在装有硬质橡胶球的实验仪器回转箱内，通过回转箱的定速转动，将橡胶球带至一定高度，冲击箱内的试样，达到模拟羽绒制品在服用中所受的挤压、揉搓、碰撞等作用，通过计数从试样袋内部所钻出的羽毛、羽绒和绒丝根数来评价织物的防钻绒性能。

3. 实验仪器与用具

YG819N织物钻绒性能测试仪（图10-21）、丁腈橡胶球[硬度（45±10）A、质量（140±5）g]、天平、镊子、刷子、缝纫机、羽绒填充料、封口用电热枪和胶棒。

4. 试样准备

（1）在距布边至少1/10幅宽以上处裁取3块试样，尺寸420mm（经向）×830mm（纬向）。

图10-21　YG819N织物钻绒性能测试仪

（2）将裁剪好的试样测试面朝里，沿经向对折成420mm×410mm的袋状，用11号家用缝纫针，针密为12~14针/30mm，分别在距两侧边5mm处缝合，起针和落针时应回针5~10mm，且要回在原线上。然后将试样测试面翻出，在距边5mm处再缝一道线，两头仍需回针5~10mm。将袋口卷进10mm，在袋子中央加缝一道与袋口垂直的缝线，将袋子分成2个小袋。

（3）称取调湿后的羽绒（25±0.1）g两份，分别装入两个小袋，然后将袋口用来去针在距边5mm处缝合，两头仍打回针5~10mm。缝制后得到的试样袋有效尺寸约为400mm×400mm。

（4）用黏封液将试样袋缝线处黏封，以防实验过程中羽毛、羽绒和绒丝从缝线处钻出。

（5）试样袋要求在标准大气条件下进行调湿和实验。

5. 实验步骤

（1）将测试仪回转箱内外的羽毛、羽绒和绒丝等清理干净，擦净硬质橡胶球，放置10只在回转箱内。

（2）清除干净缝制时残留在待测试样袋外表面的羽毛、羽绒和线丝，然后将其放入回转箱内，每次1只试样袋。

（3）设置计数器转数为1000次，按正向启动按钮，回转箱开始转动。

（4）当达到设定的转数，仪器自停后，将试样袋取出，计数袋子表面钻出的羽毛、羽绒及绒丝根数，然后再计数并取出回转箱内及橡胶球上的羽毛、羽绒及绒丝根数。

（5）将试样袋重新放入回转箱内，使计数器复零，按反向启动按钮，回转箱反向转动1000次。待仪器自停后，重复步骤（4）。将正、反向两次的羽毛、羽绒及绒丝根数相加，即为1只试样袋的实验结果。羽毛、羽绒或飞丝等钻出布面即为一根，不考虑其程度。用镊子将所计数到的羽毛、羽绒和绒丝逐根夹下，以免重复计数。羽绒填充料只允许在一次完整实验过程中使用。

（6）重复上述步骤，直至测完所有试样袋。

6. 实验结果计算与修约

计算3只试样袋钻绒根数的算术平均值，按照GB/T 8170—2019的规定修约到个数位。根据表10-8评价织物的防钻绒性。

表10-8　织物防钻绒性的评价（转箱法）

防钻绒性的评价	钻绒根数 / 根
具有良好的防钻绒性	<5
具有防钻绒性	6~15
防钻绒性较差	>15

思考题

1. 请简单陈述影响织物防钻绒性的因素有哪些，如何影响。

2. 如何改善织物/服装的防钻绒性?

本技术依据GB/T 12705.1—2009《纺织品　织物防钻绒性试验方法　第1部分：摩擦法》、GB/T 12705.2—2009《纺织品　织物防钻绒性试验方法　第2部分：转箱法》。

第十一章
羽绒羽毛性能测试

章节名称：羽绒羽毛性能测试　　　课程时数：3 课时

教学内容：

　成分分析测试

　鹅、鸭毛绒种类鉴定

　蓬松度测试

　耗氧量测试

　残脂率测试

　浊度测试

　气味等级测试

　酸度（pH值）测试

教学目的：

　通过本课程的学习，要求学生达到以下要求和效果：

　1. 了解羽绒羽毛的术语和定义。

　2. 学习并掌握羽绒羽毛的成分分析、蓬松度、耗氧量、残脂率、浊度、
　　气味等级和酸度的测试方法。

教学方法：

　以理论讲授和实践操作为主，辅以课堂讨论。

教学要求：

　在熟悉羽绒羽毛检测标准和测试方法的前提下，严格按照实验操作规
　范，在专业实验室中开展羽绒羽毛的检测实验。

教学重点：

　了解羽绒羽毛的术语和定义，掌握羽绒羽毛的试样处理及检验方法。

教学难点：

　结合理论知识和实验结论，讨论影响羽绒羽毛制品保暖性能的主要因素。

　　羽毛绒是生长在水禽类动物身上的羽绒和羽毛的统称。羽绒是长在鹅、鸭的腹部，呈芦花朵状的叫绒毛，成片状的叫羽毛。由于羽绒是一种动物性蛋白质纤维，羽绒球状纤维上密布千万个三角形的细小气孔，能随气温变化而收缩膨胀，产生调温功能，可吸收人体散发流动的热气，隔绝外界冷空气的入侵。所以羽绒单纯作为一种保暖材料，它的经济价值远远高于其他保暖材料。

　　羽绒、羽毛的主要测试项目包括：成分分析、鹅鸭毛绒种类鉴定、蓬松度、耗氧量、残脂率、浊度、气味等级及酸度（pH值）测试。

第一节
成分分析测试

　　成分分析包括绒子、绒丝、羽丝、水禽羽毛、水禽损伤毛、陆禽毛、长毛片、大毛片、杂质的分离。

　　（1）绒子：包括朵绒、未成熟绒、类似绒、损伤绒。

　　（2）绒子含量：羽绒羽毛中绒子所占的质量百分比。通常，标称值为"绒子含量"大于或等于50%的称为羽绒，标称值为"绒子含量"小于50%的称为羽毛。

　　（3）朵绒：一个绒核放射出许多绒丝并形成朵状者。

　　（4）未成熟绒：未长全的绒，呈伞状。

　　（5）类似绒：毛型带茎，其茎细而较柔软，梢端呈丝状而零乱。

　　（6）损伤绒：从一个绒核放射出两根及以上绒丝者。

　　（7）绒丝：从绒子或毛片根部脱落下来的单根绒丝。

　　（8）毛片：生长在鹅、鸭全身的羽毛，两端对折而不断。

　　（9）长毛片：长度大于或等于7cm的鸭毛片或大于或等于8cm的鹅毛片，或纯毛片中超过约定长度的鸭毛片或鹅毛片。

　　（10）未成熟毛：全根毛有三分之二以上形成毛片状、下半部带有血管的毛。

　　（11）羽丝：从毛片羽面上脱落下来的单根羽枝。

　　（12）大毛片：长度大于或等于12cm或羽根长度大于或等于1.2cm的毛片。

　　（13）异色毛绒：白鹅、白鸭毛绒中的有色毛绒。

　　（14）损伤毛：虫蛀、霉烂以及加工时机械损伤的毛片。包括折断毛和损伤面积超过总面积的三分之一以上的毛片。

（15）陆禽毛：以陆地为栖息习性的禽类羽毛。常见种类有鸡、鸽、鸵鸟。

（16）杂质：灰沙、粉尘、皮屑、小血管及其他外来异物。

一、实验目的与要求

通过成分分析，更加清晰准确地了解和掌握羽绒羽毛各组成成分的形态、特点。

二、实验原理

成分分析包括绒子、绒丝、羽丝、水禽羽毛、水禽损伤毛、陆禽毛、长毛片、大毛片、杂质的分离。成分分析分两步进行，试样比照 GSB 16—2763—2011 的规定进行归类分离。

（1）初步分拣，需要手工分离出包含绒子/绒丝/羽丝的混合物、水禽羽毛、水禽损伤毛、陆禽毛（含陆禽损伤毛和陆禽丝）、长毛片、大毛片、杂质。

（2）第二步分拣，从包含绒子/绒丝/羽丝的混合物中分离出绒子、绒丝和羽丝，如第二步分拣时仍存在水禽羽毛、杂质等其他成分，则需进一步分离。样品如为纯毛片，不需要进行第二步分拣。

三、实验仪器与用具

分拣箱（箱底60cm×40cm，前高25cm，后高40cm，顶部透明）、混样槽（木质或不锈钢等抗静电材质制成，长度150~200cm，宽度80~100cm，深度20~30cm，底面离地面高度55~65cm）、分析天平（精确度0.0001g）、钢尺、烧杯、镊子。

四、试样准备

将全部样品置于混样槽中，采用"先拌后铺"的方法，先用手将样品铺均匀，铺绒方法左起右落，右起左落，交叉逐层铺平，然后用四角对分法反复缩至100g。在样品中心到边缘的中间圆形取样区，选择均匀分布的5点用手指夹取取样。取样时注意应从顶部取到底部。若发现缩样后的样品仍不均匀，则需反复缩样至规定的试样质量。

根据指定检验项目，按表11-1规定，称取三份相应质量的试样，剩余样品用作留样。将试样放置在标准大气条件下，调湿24h后精确称重，记录初始质量。

表11-1 各检验项目所需试样数量

检验项目		单份试样质量 /g	实验份数
成分分析	绒子含量≥50%	≥2	3(2份用于检验,1份备用)
	绒子含量<50%	≥3	3(2份用于检验,1份备用)
	纯毛片	≥30	3(2份用于检验,1份备用)
蓬松度		30±0.1 (前处理:40)	1
耗氧量		10±0.1	2
浊度		10±0.1	2
残脂率	绒子含量≥50%	2~3	2
	绒子含量<50%	4~5	2
气味		10±0.1	2
酸度(pH值)		1±0.01 (样品准备:5)	2

注 表中"绒子含量"均为标称值。

五、实验方法与步骤

1. 初步分拣

（1）将检验试样及七个烧杯置于分拣箱内。用镊子挑出各类毛片，再用拇指和食指轻拂毛片，去除附着的其他成分。将完整的水禽羽毛、水禽损伤毛、陆禽毛（含陆禽损伤毛和陆禽羽丝）、长毛片、大毛片、包含绒子/绒丝/羽丝的混合物、杂质七种成分分别置于不同容器中。

（2）分拣后分别称量并记录各容器中内容物的质量，精确到0.0001g。将七个容器中的内容物质量相加，得出分拣后的总质量（m_1）。

（3）完成初步分拣后，将各成分中的异色毛绒（含异色绒子、绒丝、羽丝、水禽羽毛、水禽损伤毛、陆禽毛及其损伤毛、丝）一并拣出，进行称重（m_3），精确到0.0001g，然后将异色毛绒成分各自放回原先的各成分中去。

2. 第二步分拣

（1）将包含绒子/绒丝/羽丝的混合物在混样槽中混匀，采用"四角对分法"取0.2g以上的代表性试样，精确到0.0001g，并将五个及以上的容器置于分拣箱中。

（2）将试样中的绒子、绒丝、羽丝分别分拣后放入不同容器中。如果仍发现有水禽羽毛、陆禽毛（含陆禽损伤毛和陆禽丝）、杂质等其他成分，应分别置于不同容器中。

（3）用镊子小心地夹住绒子（包括朵绒、未成熟绒、类似绒和损伤绒），上下轻摇5次，将附着物抖落。用镊子小心地挑去缠绕在绒子上的羽丝或夹杂的杂质、小毛片等其他成分，不要特意挑出缠绕在绒子上的绒丝。人为意外拉断的绒丝应放入绒子成分中。

（4）第二步分拣结束后分别称量，并记录各容器中内容物的质量，精确到0.0001g。将各容器中内容物质量相加，得出第二步分拣后的总质量（m_2）。

六、实验结果计算与修约

1.初步分拣的计算

以式（11-1）水禽羽毛含量为例，分别计算初步分拣所得的各种成分占分拣后总质量的百分比，按照GB/T 8170—2019的规定修约到一位小数。

$$水禽羽毛含量（\%）= \frac{m_F}{m_1} \times 100 \qquad (11-1)$$

式中：m_F——水禽羽毛质量，g；

$\quad\ m_1$——初步分拣后的各种成分总质量，g。

2.异色毛绒的计算

按式（11-2）计算异色毛绒含量，按照GB/T 8170—2019的规定修约到一位小数。

$$异色毛绒含量（\%）= \frac{m_3}{m_1} \times 100 \qquad (11-2)$$

式中：m_3——异色毛绒的质量，g；

$\quad\ m_1$——初步分拣后的各种成分总质量，g。

3.第二步分拣的计算

以式（11-3）绒子含量为例，分别计算第二步分拣后的各种成分占分拣后总质量的百分比，按照GB/T 8170—2019的规定修约到一位小数。

$$绒子含量（\%）= \frac{m_D}{m_1} \times \frac{m_1}{m_2} \times 100 \qquad (11-3)$$

式中：m_1——初步拣后所得的各种成分总质量，g；

$\quad\quad m_2$——第二步分拣后所得的各种成分总质量，g；

$\quad\quad m_D$——初步分拣所得绒子/绒丝/羽丝的混合物质量，g；

$\quad\quad m_1$——第二步分拣后的绒子质量，g。

4.最终结果的计算

最终报告结果包括绒子、绒丝、羽丝、水禽羽毛、水禽损伤毛、陆禽毛、长毛片、大毛片、杂质等各种成分的含量。初次分拣与第二步分拣相同成分的结果相加之和即为本次实验的该成分含量结果。按同样方法对第二份试样进行检验，以两次实验结果的平均值为最终结果，按照GB/T 8170—2019的规定修约到一位小数。

本技术依据GB/T 17685—2016《羽绒羽毛》、GB/T 10288—2016《羽绒羽毛检验方法》。

第二节
鹅、鸭毛绒种类鉴定

一、实验目的与要求

通过种类鉴定，掌握分辨鹅、鸭毛绒的方法。样品标称鹅毛（绒）的，应进行鹅、鸭毛绒种类鉴定；样品标称鸭毛（绒）的，无须进行种类鉴定；标称绒子含量为<80%的鹅毛（绒）需分别进行毛、绒种类鉴定，标称绒子含量≥80%的鹅绒仅需进行绒的种类鉴定。

二、实验原理

利用投影仪或显微镜，比照GSB 16—2763—2011样照，进行分类鉴定。

三、实验仪器与用具

投影仪或显微镜（70倍以上）、分析天平（精确度0.0001g）、烧杯、镊子。

四、试样准备

1. 完成成分分析实验的试样制备

（1）将成分分析分拣出的绒子置于混样槽内，混匀铺平，采用四角对分法取0.1g以上的试样（精确到0.0001g）。

（2）将成分分析分拣出的水禽羽毛、水禽损伤毛混匀平摊在混样槽内，采用四角对分法取1g以上的试样（精确到0.0001g）。如毛片少于1g，则取全部试样进行检验。

2. 未进行成分分析实验的试样制备

直接在匀样和缩样的样品中采用四角对分法取足够的试样，在成分分拣箱内分离出0.1g绒子试样（精确到0.0001g）和1.0g羽毛（精确到0.0001g）。

五、实验方法与步骤

用镊子取出绒子、毛片，分别整理，将绒子或毛片上粘着的绒丝等物去净，分别放在投影仪或显微镜下比照GSB 16—2763—2011的相关内容进行分类鉴定。将确定的鸭毛（绒）、鹅毛（绒）和"不可区分毛（绒）"分别置于容器中，称取并记录各容器中内容物质量（精确到0.0001g），分别计算其百分比含量。

六、实验结果计算与修约

1. 完成成分分析实验后，进行毛绒种类鉴定的鹅鸭毛绒计算

（1）初步结果计算：按式（11-4）~式（11-8）分别计算。

$$鹅毛绒（\%）=\left[\frac{鹅绒（\%）\times D(\%)}{100}+\frac{鹅毛（\%）\times F(\%)}{100}\right]\times100 \qquad （11-4）$$

$$鸭毛绒（\%）=\left[\frac{鸭绒（\%）\times D(\%)}{100}+\frac{鸭毛（\%）\times F(\%)}{100}\right]\times100 \qquad （11-5）$$

$$不可区分绒（\%）=\left[\frac{不可区分绒（\%）\times D(\%)}{100}+\frac{不可区分毛（\%）\times F(\%)}{100}\right]\times100 \qquad （11-6）$$

$$D(\%) = \left[\frac{\text{绒子}(\%) \times \text{绒丝}(\%)}{100 - \text{杂质}(\%) - \text{陆禽}(\%)} \right] \times 100 \qquad (11-7)$$

$$F(\%) = \frac{\text{水禽羽毛}(\%) + \text{羽丝}(\%) + \text{损伤毛}(\%) + \text{长毛片}(\%) + \text{大毛片}(\%)}{100 - \text{杂质}(\%) - \text{陆禽}(\%)} \times 100 \qquad (11-8)$$

（2）最终计算：不可区分毛绒分别按已鉴别的鹅鸭比例归类后按式（11-9）、式（11-10）计算。

$$\text{最终鹅毛绒}(\%) = \left[\text{鹅毛绒}(\%) + \frac{\text{不可区分毛绒}(\%) \times \text{鹅毛绒}(\%)}{\text{鹅毛绒}(\%) + \text{鸭毛绒}(\%)} \right] \times 100 \quad (11-9)$$

$$\text{最终鸭毛绒}(\%) = \left[\text{鸭毛绒}(\%) + \frac{\text{不可区分毛绒}(\%) \times \text{鸭毛绒}(\%)}{\text{鹅毛绒}(\%) + \text{鸭毛绒}(\%)} \right] \times 100 \quad (11-10)$$

2. 未完成成分分析实验，仅进行毛绒种类鉴定的鹅鸭毛绒计算

按式（11-11）~式（11-14）分别计算。

$$\text{归类后鹅绒}(\%) = \left[\text{鹅绒}(\%) + \frac{\text{不可区分绒}(\%) \times \text{鹅绒}(\%)}{\text{鹅绒}(\%) + \text{鸭绒}(\%)} \right] \times 100 \quad (11-11)$$

$$\text{归类后鹅毛}(\%) = \left[\text{鹅毛}(\%) + \frac{\text{不可区分毛}(\%) \times \text{鹅毛}(\%)}{\text{鹅毛}(\%) + \text{鸭毛}(\%)} \right] \times 100 \quad (11-12)$$

$$\text{归类后鸭绒}(\%) = \left[\text{鸭绒}(\%) + \frac{\text{不可区分绒}(\%) \times \text{鸭绒}(\%)}{\text{鹅绒}(\%) + \text{鸭绒}(\%)} \right] \times 100 \quad (11-13)$$

$$\text{归类后鸭毛}(\%) = \left[\text{鸭毛}(\%) + \frac{\text{不可区分毛}(\%) \times \text{鸭毛}(\%)}{\text{鹅毛}(\%) + \text{鸭毛}(\%)} \right] \times 100 \quad (11-14)$$

3. 仅进行绒种类鉴定时的鹅鸭绒计算

不可区分绒按已鉴别的鹅鸭比例归类后按式（11-15）、式（11-16）分别计算。

$$\text{归类后鹅绒}(\%) = \left[\text{鹅绒}(\%) + \frac{\text{不可区分绒}(\%) \times \text{鹅绒}(\%)}{\text{鹅绒}(\%) + \text{鸭绒}(\%)} \right] \times 100 \quad (11-15)$$

$$\text{归类后鸭绒}(\%) = \left[\text{鸭绒}(\%) + \frac{\text{不可区分绒}(\%) \times \text{鸭绒}(\%)}{\text{鹅绒}(\%) + \text{鸭绒}(\%)} \right] \times 100 \quad (11-16)$$

4. 最终结果计算

完成成分分析后进行毛、绒种类鉴定的，以最终鹅毛绒含量报告；未进行成分分析而

进行毛、绒种类鉴定的，以归类后鹅绒、归类后鹅毛含量报告；仅进行绒种类鉴定的，以归类后鹅绒含量报告。

按同样的方法对第二份试样进行检验，以两次实验结果的平均值为最终结果，按照GB/T 8170—2019的规定修约到一位小数。

思考题

鹅绒和鸭绒在投影仪下分别是什么样的形态？

本技术依据GB/T 10288—2016《羽绒羽毛检验方法》。

第三节
蓬松度测试

一、实验目的与要求

通过实验了解并掌握羽绒羽毛蓬松度的测试方法。

二、实验原理

蓬松度检测是通过测量羽绒羽毛在一定压力下所占的空间体积来实现的。

三、实验仪器与用具

蓬松度仪、倒料桶、搅拌棒、前处理箱、蒸汽发生器、吹风机、电子秤（精确到0.1g）、秒表。

四、试样准备

（1）将40g样品放入前处理箱并用木棒轻柔打散。

（2）蒸汽发生器的喷头距前处理箱纱网10～15cm处，将蒸汽吹入前处理箱。每面吹15s，四面共吹60s。

（3）将样品放置5～10min。

（4）吹风机距前处理箱纱网1～2cm，吹干样品，每面至少吹30s，四面共吹2min以上。

（5）用手检查样品是否全部干燥，如未干燥，继续吹风至样品全部干燥。

（6）将装有40g样品的前处理箱在标准大气环境下平衡24h以上。

五、实验方法与步骤

（1）用漏斗式倒料桶称取（30±0.1）g处理后的试样。

（2）打开倒料桶底盖让全部试样缓慢飘落到蓬松度测量桶内。移开倒料桶，用搅拌棒轻轻把试样表面拨匀并铺平。

（3）盖上压盘，待压盘自然缓慢下降至试样表面开始计时，2min后记录压盘对应的蓬松度仪刻度值。

（4）同一试样重复测试三次。

六、实验结果计算与修约

以三次结果的平均值为最终结果，单位为cm，按照GB/T 8170—2019的规定修约到一位小数。

思考题

影响羽绒蓬松度的因素有哪些?

本技术依据GB/T 10288—2016《羽绒羽毛检验方法》。

第四节
耗氧量测试

一、实验目的与要求

通过实验了解并掌握羽绒羽毛耗氧量的测试方法。

二、实验原理

在室温下获得的水提取物用 0.02mol/L 浓度的高锰酸钾溶液滴定,以消耗的高锰酸钾的量来计算相应的耗氧量。

三、实验用具与试剂

水平振荡器、磁力搅拌器、标准筛、移液枪、秒表、广口塑料瓶、三角烧杯、烧杯、吸管、量筒、硫酸、高锰酸钾溶液、蒸馏水。

四、试样准备

按表11-1规定,称取两份试样,分别放入两个2000mL塑料广口瓶中,加入1000mL蒸馏水,加盖密封后手动摇匀至试样完全被浸湿。

五、实验方法与步骤

(1)将装有试样的广口瓶水平放置在振荡器中振荡30min,振荡为水平方向(图11-1)。如果样品在广口瓶中振荡5min后仍未完全被水打湿,则需要用手再次摇动。

(2)用150目标准筛过滤检验试样,不要挤压过滤物,将滤液收集于2000mL烧杯中。

(3)用量筒量取100mL试样滤液,加入250mL三角烧杯中。

(4)加入浓度为3mol/L的硫酸3mL,将烧

振荡方向

图11-1 塑料广口瓶的振荡方向

杯放于磁力搅拌器上振荡，同时用微量滴定管逐滴滴入0.02mol/L高锰酸钾溶液，直至杯中液体呈淡粉红色，并持续1min不褪色（用秒表计时），记录所消耗的高锰酸钾溶液的体积（V_1）。

（5）制作空白对照样品：用量筒量取100mL蒸馏水放入一个250mL的三角烧杯中，按步骤（4）对空白对照样进行检测，记录所消耗的高锰酸钾溶液的体积（V_2）。

六、实验结果计算与修约

按式（11-17）计算，并对第二份试样进行检验，以两次实验结果的平均值为最终结果，单位为mg/100g，按照GB/T 8170—2019的规定修约到一位小数。

$$耗氧量 = (V_1 - V_2) \times 80 \qquad (11-17)$$

式中：V_1——滴定100mL样液所消耗的高锰酸钾溶液的体积，mL；

V_2——滴定100mL水所消耗的高锰酸钾溶液的体积，mL；

80——校正系数。

思考题

对于羽绒及制品，为何耗氧量会随贮存时间延长而升高？

本技术依据GB/T 10288—2016《羽绒羽毛检验方法》。

第五节
残脂率测试

一、实验目的与要求

通过实验了解并掌握羽绒羽毛残脂率的测试方法。

二、实验原理

将规定数量的羽毛羽绒放入索氏抽提器中，用无水乙醚抽提，测定残留物的重量。

三、实验用具与试剂

索氏抽提器及其配套的抽提球形烧瓶、恒温水浴锅、循环水冷却器、干燥器、通风柜、通风干燥箱、分析天平（精确度0.0001g）、脱脂滤纸、无水乙醚、分析纯、烧杯。

四、试样准备

按表11-1规定，称取两份试样，分别放于250mL烧瓶中，在（105±2）℃干燥箱中烘至恒重，精确称量，精度为0.0001g。

五、实验方法与步骤

（1）将烘过的试样分别加入两个滤纸筒，再分别放入两个预先洗净烘干的抽提器中。在另一个预先洗净烘干的抽提器中放入一个空滤纸筒作为空白对照。

（2）把抽提器按顺序安装好，接好冷凝水，在每个预先洗净烘干并称量过的抽提球形瓶中各加入120mL的无水乙醚，使其浸没滤纸筒并越过虹吸管口产生回流后流入抽提球形瓶中。

（3）将其放入恒温水浴锅中（恒温水浴锅的温度可根据无水乙醚的实际回流次数决定。若回流太快则降低水浴锅的温度；若回流太慢则升高水浴锅的温度，可先将温度设置为50℃）。

（4）接上抽提器，控制回流20~25次（每小时回流5~6次，回流时间约4h），操作完成后，抽提器中的乙醚应进行回收。

（5）将留有抽提脂类的三个球瓶放入（105±2）℃通风干燥箱中烘至恒重，取出置于干燥器内，冷却至室温，30min后分别称取质量。

六、实验结果计算与修约

按式（11-18）计算，并对第二份试样进行检验，以两次实验结果的平均值为最终结果，按照GB/T 8170—2019的规定修约到一位小数。

$$残脂率（\%）= \frac{m_4 - m_5}{m_6} \times 100 \qquad （11-18）$$

式中：m_4——已恒重的带残脂的球瓶质量减去原空瓶质量，g；

m_5——抽提后空白对照球瓶质量减去原空瓶质量，g；

m_6——烘干后的羽毛绒试样质量，g。

第六节
浊度测试

一、实验目的与要求

通过实验了解并掌握羽绒羽毛浊度的测试方法。

二、实验原理

以水作为载体，经过振荡使羽绒羽毛中含有的微小尘粒进入水中。这些微小尘粒在水中形成悬浮状态，通过测量水的透明程度来判断羽绒的清洁程度。

三、实验仪器与用具

水平振荡器、150目标准筛、普通浊度计（图11-2）、双十字线塑料片或陶瓷片（线粗0.5mm，双线之间间距为1.0mm）、专用浊度检测仪、三角烧杯、蒸馏水。

四、试样准备

（1）按表11-1规定，称取两份试样，分别放入两个2000mL塑料广口瓶中，加入1000mL蒸馏水，加盖密封后手动摇匀至试样完全被浸湿。

（2）将装有试样的广口瓶水平放置在振荡器中振荡30min，振荡方向为水平方向（图11-1）。如果样品在广口瓶中振荡5min后仍未完全被水打湿，则需要用手再次摇动。

图11-2　普通
浊度计

（3）用150目标准筛过滤检验试样，不要挤压过滤物，将滤液收集于2000mL烧杯中。

五、实验方法与步骤

浊度的检测方法有两种：A法（目测法）和B法（专用浊度检验仪法）。当发生争议需要仲裁检验时，以B法为准。

1. A法（目测法）

将清洗干净的双十字线塑料片或陶瓷片放在普通浊度计的底部，将滤液倒入普通浊度计中，待气泡消失后逐渐放出滤液，在光源为600~1000lx的日光或人工光源下，从顶端观察双十字线，直到能看清两条十字线（对照GSB 16—2763—2011规定5级制中的2级）为止，记录能看清双十字线的最高高度，单位以mm表示。

2. B法（专用浊度检测仪法）

将样液注入专用浊度检测仪测量皿中测定。使用前应制作"吸光度—目测值"工作曲线并在检测仪中输入工作曲线回归方程。"吸光度—目测值"数据要求至少30组，且其中的"目测值"应均匀分布在50~1000mm。测定时直接读取浊度检测仪显示的数值。

六、实验结果计算与修约

对第二份试样进行检验，以两次实验结果的平均值为最终结果，单位为mm，按照GB/T 8170—2019的规定修约到个数位。

第七节

气味等级测试

一、实验目的

通过实验了解并掌握羽绒羽毛气味等级的测试方法（定温干式嗅辨法）。

二、实验要求

（1）检验员应无嗅觉缺陷，且吸烟爱好者、用重香味化妆品者、传统的香味或烟草使用者等都不适合作为检验人员。

（2）检验员在检验前一天内不得吸烟、饮酒、食用刺激性食物。

（3）气味检验前，检验员不能使用化妆品，应用无气味的水洗手和漱口。

三、实验仪器与用具

恒温箱、天平（精确度0.1g）、带盖广口瓶（1000mL）。

四、试样准备

（1）将两个1000mL带盖广口瓶用水清洗干净，烘干冷却待用。

（2）从两份在无异味环境中松散放一天的羽毛绒试样中各称取（10±0.1）g，分别放入两个已处理过的广口瓶内，盖上瓶盖。

五、实验方法与步骤

（1）将试样瓶放入恒温箱内，用（50±2）℃温度烘1h，取出冷却至室温。

（2）在无异味环境中开启瓶盖，嗅辨气味。鼻子距离试样表面不大于5cm。

六、结果判定

（1）如两份试样中有一份含有明显的、令人讨厌的气味，则判定为不合格，否则判为合格。

（2）检验至少需三位检验员参加，以半数以上相同的评判结果作为检验结果。

第八节
酸度（pH值）测试

一、实验目的与要求

通过实验了解并掌握羽绒羽毛酸度的测试方法。

二、实验原理

通过测定羽绒羽毛萃取液的pH值来确定羽绒羽毛的酸度。

三、实验用具与试剂

分析天平（精确到0.01g）、pH计、标准筛、水平振荡器、量筒、烧杯、三角烧瓶、扁头玻璃棒、塑料手套、剪刀、缓冲液（邻苯二甲酸缓冲液：0.05mol/L溶液，25℃时其pH值为4.0；硼酸钠缓冲液：0.01mol/L溶液，25℃时其pH值为9.18）、蒸馏水。

四、试样准备

用剪刀将两份5g左右的羽毛绒分别剪成两份约5mm长度的碎片。戴上塑料手套，以避免手与样品的直接接触。

五、实验方法与步骤

（1）从剪碎的样品中称取（1±0.01）g试样，放入一个装有70mL煮沸蒸馏水的250mL的三角烧瓶中，用扁头玻璃棒搅拌使其完全湿透，盖上玻璃塞后用力摇匀。室温下放置3h，其间不时用手或用水平振荡器振荡。

（2）在不去除试样的情况下将水温调到（25±1）℃，并将萃取液倒入100mL烧杯中（用150目标准筛过滤试样以防止带入羽毛绒）。

（3）在（25±1）℃的情况下迅速把电极浸没到液面下至少10mm的深度，静置直到

pH值稳定并记录。在用pH值计测定前，应先用标准缓冲液校准。

六、实验结果计算与修约

以两次检验的平均值作为样品的酸度（pH值）结果，并按照GB/T 8170—2019的规定修约到一位小数。

参考文献

[1] 茆诗松，程依明，濮晓龙. 概率论与数理统计教程 [M]. 2 版. 北京：高等教育出版社，2011.

[2] 包研科. 数据分析教程 [M]. 北京：清华大学出版社，2011.

[3] 梅长林，周家良. 实用统计方法 [M]. 北京：科学出版社，2002.

[4] 何书元. 数理统计 [M]. 北京：高等教育出版社，2012.

[5] 中华人民共和国国家质量监督检验检疫总局，中国国家标准化管理委员会. GB/T 20000.1—2014 标准化工作指南　第 1 部分：标准化和相关活动的通用术语 [S]. 北京：中国标准出版社，2014：12.

[6] 陈东生，阙佛兰. 服装材料检测与设备 [M]. 北京：中国纺织出版社，2016.

[7] 吴淑焕. 纤维定性鉴别与定量分析 [M]. 北京：中国纺织出版社，2011.

[8] 沈新元. 化学纤维鉴别与检验 [M]. 北京：中国纺织出版社，2013.

[9] 姚穆. 纺织材料学 [M]. 北京：中国纺织出版社，2016.

[10] 郭葆青. 纺织材料性能及识别 [M]. 北京：化学工业出版社，2018.

[11] 余序芬. 纺织材料实验技术 [M]. 北京：中国纺织出版社，2014.

[12] 张海霞. 纺织材料学试验 [M]. 上海：东华大学出版社，2015.

[13] 朱进忠. 纺织材料技术 [M]. 2 版. 北京：中国纺织出版社，2008.

[14] 陈东生. 服装材料学试验教程 [M]. 上海：东华大学出版社，2015.

[15] 李晋. 进出口纺织品检验技术手册 [M]. 北京：中国标准出版社，2012.

[16] 李汝勤，宋钧才，黄新林. 纤维和纺织品测试技术 [M]. 上海：东华大学出版社，2015.

[17] 王革辉. 服装材料学 [M]. 3 版. 北京：中国纺织出版社有限公司，2020.

[18] 王府梅. 服装面料的性能设计 [M]. 上海：东华大学出版社，2005.